수학으로 생각하는 힘

일상의 모든 순간, 수학은 어떻게 최선의 선택을 돕는가

수학으로 생각하는 힘

키트 예이츠 지음 | 이충호 옮김

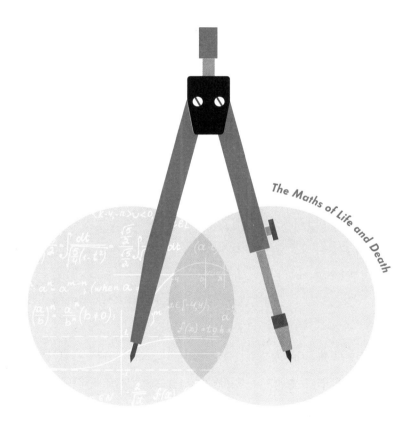

The Maths of Life and Death

웅진 지식하우스

알아두면 쓸모 있는 신비한 수학 잡학사전이다. 현명하게 살고 싶거나, 최선의 결정을 내리고 싶거나, 바이러스와의 전쟁에서 이기고 싶거나, 살인 누명을 뒤집어쓰고 싶지 않은 사람은 이 책을 보라. 내가 수학을 포기하든 말든, 세상은 수학으로 굴러간다는 사실을 깨닫게 될 것이다. 수학은 문제집이 아니라 우리 주변 어디에나 있기 때문이다. 나는 수학한다. 고로 존재한다.

김상욱, 경희대 물리학과 교수 · 『떨림과 울림』 저자

19세기 멘델의 식물 재배 실험, 20세기 인구 유전학의 개발, 슈뢰딩거의 유전인자 예측론, 해밀턴의 이타적 진화 이론 등을 거쳐오며, 수학의 개념과 도구들은 생물학의 발전에 오래 전부터 결정적인 역할을 해왔다. 빅 데이터 시대를 맞아 이제 생명과학계에서도 수학에 대한 수요가 급증하고 있다. 때마침 수리생물학자의 관점에서 수학의 다양한 면모를 명쾌하게 설명한 이 책은 수학과 생물학을 다분히 상호 배타적으로 다루는 교육과정의 약점을 보완하는 데 중요한 역할을 해줄 것이다.

김민형, 워릭대 수학 대중교육 석좌교수 · 『수학이 필요한 순간』 저자

우리 삶과 이 세상이 수학으로 가득 차 있음을 절묘하게 알려주는 책. 무지는 희극 아니면 비극을 불러온다. 흥미진진하면서도 퍽 진지하게 세상을 바라보는 이 책은 나처럼 수학에 약한 사람도 푹 빠져들어 읽을 수 있다.

이언 매큐언, 소설가

키트 예이츠는 훌륭한 해설자요, 이야기꾼이다. 가장 매력적인 점은, 그의 이야기들이 셜록 홈즈 이야기 같다는 것이다. 어떻게 저걸 해결했지 하고 깜짝 놀라지만, 그 교묘한 추리가 일단 밝혀지고 나면 어째서 저걸 몰랐지 싶게 기본적인 미스터리였던 거다. 나는 이 책을 정말 즐겁게 읽었고, 매 페이지마다 새로운 뭔가를 배웠다!

스티븐 스트로가츠, 코넬대 응용수학과 교수 · 『x의 즐거움』 저자

타고난 이야기꾼! 매혹적인 이야기와 사례를 통해 현대인의 삶에서 수학이 얼마나 중추적 역할을 하는지 보여준다. 과학과 대중을 연결하는 무대에 혜성처럼 등장한 흥미진진한 목소리.

마커스 드 사토이, 옥스퍼드대 수학과 교수 · 『소수의 음악』 저자

똑똑하게 사용한다면, 수학은 당신의 삶을 구원할 수 있다. 잘못 사용한다면, 당신 인생을 나락으로 떨어뜨릴 수도 있다. 수학이 어떻게 우리 모두의 삶에 결정적 요소가 되는지를 명쾌하고 매혹적으로 납득시키는, 그야말로 '눈이 번쩍 뜨이는' 책.

이언 스튜어트, 워릭대 수학과 교수 · 『세계를 바꾼 17가지 방정식』 저자

심지어 '수학을 증오하는 사람들의 모임'에서조차 환영할 만한 아이템. 정말이지 누구든, 수포자로 평생을 살아온 사람마저, 이 재미난 수학 수다에 즐겁게 동참하게 될 것이다.

《커커스 리뷰》

이것이 바로 현실 수학! 세상이 이토록 수학적임을 깨닫는 강렬한 여정으로 안내하는 책!

《타임스 에듀케이셔널 서플먼트》

폰지 사기에서 핵분열, 아이스버킷 유행, 책 추천 알고리듬, 전염병 통제에 이르기까지… 일상 세계에서 벌어지는 수학의 활용과 남용의 사례를 흥미롭게 펼쳐놓은 이 책은, 호기심 많고 열린 마인드의 독자라면 누구나 즐길 수 있는 훌륭한 교양서이다.

《퍼블리셔스 위클리》

일상생활에서 수학의 쓰임이란 게 식당에서 팁을 계산하거나 마트에서 할인율을 따지는 정도라고 생각하기 쉽지만, 예이츠는 우리가 인지하는 것보다 우리의 삶이 더 자주 그리고 더 깊이 수학과 상호작용 한다는 것을 알려준다.

《사이언티픽 아메리칸》

읽는 법을 가르쳐준 부모님
팀과 낸시와 메리에게,
그리고 쓰는 법을 가르쳐준 누나
루시에게 이 책을 바친다.

알고 보면 수학으로 이루어진 세상

올해 네 살인 아들은 정원에서 놀기를 좋아한다. 가장 좋아하는 활동은 땅을 파서 꾸물꾸물 기어다니는 벌레를 관찰하는 것인데, 특히 달팽이를 좋아한다. 땅에서 들어올린 뒤 충분히 오래 기다리면, 달팽이는 처음의 충격에서 벗어나 안전한 껍데기 속에서 조심스럽게 몸을 내밀고는 끈적이는 점액 자국을 남기며 아들의 작은 손 위로 기어가기 시작한다. 그러다 싫증이 나면 아들은 달팽이를 두엄더미나 헛간 뒤 장작더미 위로 던져버린다.

지난 9월 하순에 아들은 큰 달팽이를 대여섯 마리 잡았다가 버리느라 아주 바쁜 시간을 보낸 뒤, 톱으로 장작을 자르는 내게 다가와 이렇게 물었다. "아빠, 우리 정원에 있는 달팽이는 모두 몇 마리예요?" 질문은 아주 간단했지만 내가 그 답을 알 리가 없었다. 그 답은 100마리일 수도 있고 1000마리일 수도 있다. 솔직히 말해서, 아들은 그 차이도 모를 것이다. 그런데 나는 그 질문에 큰 흥미를 느꼈다. 어떻게 하면 그 답을 알 수 있을까?

그래서 우리는 실험을 해보기로 했다. 다음 주 토요일 아침에 우리는 정원으로 나가 달팽이를 잡았다. 10분 동안 모두 23마리를 잡았다. 나는 뒷주머니에서 마커를 꺼내 모든 달팽이의 등 위에 십자 표시를 했다. 그렇게 표시한 뒤에 전부 다 도로 정원에 풀어주었다.

1주일 뒤, 다시 달팽이를 잡았다. 10분 동안 잡은 달팽이는 모두 18마리였다. 자세히 살펴보니 등에 십자 표시가 있는 달팽이는 세 마리뿐이고 나머지는 표시가 없었다. 이것으로 계산에 필요한 정보를 모두 얻었다.

기본 개념은 다음과 같다. 첫날에 잡은 달팽이 수 23마리는 정원에 사는 전체 달팽이 개체군 중 일정 비율이다. 이 비율이 정확하게 얼마인지 알 수만 있다면, 잡은 달팽이 수를 그 비율로 나눔으로써 전체 개체군의 수를 계산할 수 있다. 이를 위해 두 번째 표본(그다음 토요일에 잡은 달팽이 수)을 사용한다. 이 표본에서 십자 표시가 된 개체의 비율 $\frac{3}{18}$은 정원에 사는 전체 개체군 중에서 표시된 개체가 차지하는 비율에 해당한다. 이 비율을 간단히 하면 $\frac{1}{6}$이 되므로, 표시가 된 달팽이는 전체 개체군에서 6마리 중 한 마리에 해당한다는 결론을 얻는다(그림 1 참고). 따라서 첫째 날에 잡은 전체 달팽이 수 23마리에 6을 곱하면, 정원에 사는 전체 달팽이 수 138마리가 나온다.

암산을 끝낸 뒤, 나는 채집한 달팽이를 '돌보는' 아들 쪽으로 고개를 돌렸다. 우리 정원에 살고 있는 달팽이는 대략 138마리라고 말했을 때, 아들은 어떤 반응을 보였을까? 아들은 아직 손가락에 달라붙어 있는 껍데기 파편을 보면서 "아빠, 내가 한 마리를 죽인 것 같아요."라고 말했다. 그렇다면 달팽이 수는 137마리로 줄어들었다.

포획-재포획법이라고 하는 이 간단한 수학적 방법은 생태학에서 나

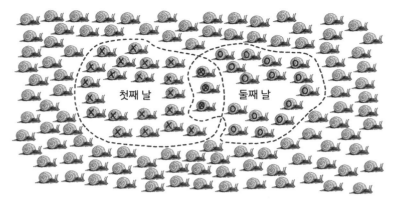

그림1 다시 잡은 달팽이 수(⊗로 표시) 대 둘째 날에 잡은 전체 달팽이 수(○로 표시)의 비 (3:18)는 첫째 날에 잡은 전체 달팽이 수(×로 표시) 대 정원에 사는 전체 달팽이 수(표시가 된 것과 안 된 것 모두 포함)의 비(23:138)와 같아야 한다.

왔는데, 동물 개체군의 크기를 추정할 때 쓰는 방법이다. 여러분도 독립적인 두 표본을 선택한 다음 서로 겹치는 부분을 비교함으로써 이 방법을 직접 사용해볼 수 있다. 사람 수를 일일이 세는 대신에 티켓 반쪽을 사용해 지역 축제에서 팔리는 복권의 수를 추정하거나 축구 경기를 보러 온 관중의 수를 추정할 수도 있다.

포획-재포획법은 진지한 과학 연구 계획에도 쓰인다. 예컨대 이 방법은 멸종 위기에 놓인 종의 개체수 요동과 관련해 중요한 정보를 제공할 수 있다. 이 방법은 호수에 사는 물고기 수의 추정치를 제공함으로써[1] 관계 당국이 어업 허가를 얼마나 내줄지 결정하는 데 도움을 줄 수 있다. 이 방법은 매우 효율적이어서, 생태학뿐만 아니라 약물 중독자 수[2]부터 코소보에서 전쟁으로 사망한 사람의 수[3]에 이르기까지 거의 모든 것을 정확하게 추정하는 데 쓰였다. 이것은 간단한 수학적 개념이 실용 부문에서 얼마나 큰 위력을 발휘하는지 잘 보여준다. 이것들은 이 책 전체에서 살펴볼 개념들이자, 내가 수리생물학자로 일하면서 일상적으로 사용하는 개념들이다.

*   *   *

나를 수리생물학자라고 소개하면, 사람들은 대개 정중하게 고개를 끄덕이고는 어색한 침묵에 빠진다. 마치 근의 공식이나 피타고라스의 정리를 기억하는지 테스트라도 할까 봐 두려워하는 것처럼. 그들은 단순히 기가 죽는 데 그치지 않고, 추상적이고 순수하고 천상의 영역으로 간주되는 수학이 어떻게 현실적이고 너저분하고 실용적인 분야로 간주되는 생물학과 연관이 있을까 하고 어리둥절해한다. 이러한 인위적인 이분법은 흔히 학교에서 맨 먼저 만난다. 과학을 좋아하지만 대수학을 별로 좋아하지 않는 학생은 생명과학 쪽으로 가라고 안내받는다. 반면에 나처럼 과학을 좋아하지만 죽은 동물에 칼이나 가위를 갖다대는 것을 좋아하지 않는다면(나는 첫 해부학 수업 때 실험실에 들어갔다가 내 작업대 위에 물고기 대가리가 놓인 것을 보고서 기절한 적이 있다), 물상과학物象科學(자연과학을 크게 둘로 나눈 부문 중 하나로, 비생물을 다루는 부문을 말한다. 이에 대비되는 부문은 생명과학이다—옮긴이) 쪽으로 가라는 안내를 받는다. 이 둘은 결코 서로 만날 일이 없다는 듯이.

내게도 그런 일이 일어났다. 나는 식스폼sixth-form(16~18세의 학생들이 다니는, 2년간의 대학 입시 과정—옮긴이)에서 생물학을 포기하고 수학과 고급수학, 물리학, 화학 분야에서 A레벨 시험(영국 대입 준비생들이 치르는 과목별 상급 시험—옮긴이)을 치렀다. 대학에 들어가서는 공부하는 분야를 더 좁혀야 했는데, 생물학과 영영 결별해야 한다는 사실이 몹시 슬펐다. 나는 삶을 더 나은 쪽으로 변화시킬 놀라운 힘이 생물학에 있다고 생각했기 때문이다. 나는 수학의 세계에 뛰어들 기회를 얻어서 매우 기뻤지만, 실용적으로 응용되는 일이 거의 없는 분야를 택한 게 아닌가 하는 염려도 있었다. 그러나 그것은 잘못된 생각이었다.

나는 중간값 정리 증명이나 벡터 공간의 정의를 외우며 대학에서 가르치는 순수 수학을 묵묵히 공부하는 한편으로 응용수학 분야의 강의도 열심히 들었다. 응용수학을 가르치는 교수들은 다리가 공명을 일으켜 바람에 무너지지 않게 하기 위해, 또는 비행기가 추락하지 않게 보장하는 날개를 설계하기 위해 공학자들이 사용하는 수학을 실제로 보여주었다. 아원자 세계에서 일어나는 기묘한 현상을 이해하기 위해 물리학자들이 사용하는 양자역학도 배웠고, 광속 불변의 원리가 어떤 기이한 결과를 낳는지 탐구하는 특수 상대성 이론도 배웠다. 화학과 금융, 경제학에서 수학이 쓰이는 방식을 설명하는 강의도 들었다. 스포츠 분야에서 일류 선수들의 경기 능력을 향상하기 위해 수학이 어떻게 쓰이는지, 그리고 영화에서 현실에 존재할 수 없는 장면들의 이미지를 컴퓨터로 만들어내는 데 수학이 어떻게 쓰이는지 설명하는 글들도 읽었다. 요컨대, 나는 수학이 거의 모든 것을 기술하는 데 쓰일 수 있다는 것을 배웠다.

3학년 때 수리생물학 강의를 들은 것은 큰 행운이었다. 당시 40대였던 북아일랜드 출신의 매력적인 교수 필립 마이니Philip Maini의 강의였다. 필립은 자기 분야에서 유명했을 뿐만 아니라(훗날 왕립학회 회원으로 선출된다) 자기 분야를 진정으로 사랑했는데, 그 열정은 강의실에 앉아 있는 학생들에게까지 전파되었다.

필립은 수리생물학뿐만 아니라, 많은 사람들의 생각과 달리 수학자가 1차원적 자동 기계가 아니라 느낌이 있는 사람임을 가르쳐주었다. 헝가리 수학자 알프레드 레니Alfréd Rényi는 수학자를 "커피를 정리로 바꾸는 기계"라고 말한 적이 있지만, 수학자는 그런 존재에 불과한 것이 아니다. 나는 필립 밑에서 박사 과정을 밟기 위해 그의 사무실에서 면접을 기다리다가 벽에 걸려 있는 액자들을 보았다. 액자 안에는 필립이 장난삼아 감독 자리에 응모한 편지에 프리미어 리그 클럽들이 보낸 거절 답장들이 들어 있었다. 우리는 면접에서 수학보다 축구 이야기를 더 많이 나누었다.

학계에 막 발을 내디딘 그때 내게 결정적 전환점을 가져다준 사람이 바로 필립인데, 그는 내가 생물학과 다시 친해지도록 도와주었다. 그의 지도 아래 박사 과정을 밟으면서 나는 메뚜기가 큰 무리를 짓는 방법과 그것을 억제하는 방법을 이해하는 것부터 포유류 배아의 발달을 좌우하는 복잡한 안무와 그것이 잘못될 경우 발생하는 파국적인 결과를 예측하는 것에 이르기까지 모든 것을 연구했다. 나는 새알에 아름다운 색깔의 패턴이 어떻게 생기는지 설명하는 모형을 만들고, 자유롭게 헤엄치는 세균의 움직임을 추적하는 알고리듬을 개발했다. 우리의 면역계에 침범하는 기생충을 시뮬레이션하고, 치명적인 질병이 집단 내에서 확산하는 방식을 모형으로 만들었다. 박사 과정 동안 시작한 연구는 나머지 연구 경력을 지탱하는 토대가 되었다. 나는 아직도 이 흥미로운 생물학 분야를 연구하며, 다른 분야는 배스대학교 응용수학과 부교수 신분으로 내 박사 과정 학생들과 함께 연구한다.

*   *   *

응용수학자인 나는 수학이 무엇보다도 복잡한 세계를 이해하는 실용적 도구라고 생각한다. 수학 모형은 일상적인 상황을 이해하는 데 큰 도움을 주며, 반드시 수백 개의 방정식이나 수많은 행의 컴퓨터 코드가 필요한 것은 아니다. 가장 기본적인 수준에서 볼 때, 수학은 패턴이라고 말할 수 있다. 주변 세계를 바라볼 때마다 우리는 자신이 관찰한 패턴의 모형을 만든다. 나무의 프랙털 가지나 눈송이의 다중 대칭에서 어떤 모티프를 발견했다면, 그것은 바로 수학을 본 것이다. 음악을 들으면서 발로 바닥을 탁탁 치며 박자를 맞추거나 샤워를 하면서 흥얼거리는 목소리가 울려 공명을 일으킬 때 우리가 듣는 소리도 바로 수학이다. 공을 감아차 그물을 흔들거나 포물선 궤적을 그리며 날아오는 크리켓 공을 붙잡을 때에도 우리는 수학을 한다. 새로운 경험을 할 때마다, 새로운 감각 정보를 얻을 때마다 우리가 만든 주변 환경 모형은 개선되고 변경되고 더 자세해지고 복잡해진다. 복잡한 현실을 파악할 수 있도록 설계된 수학 모형 만들기는 주변 세계를 지배하는 규칙을 이해하는 최선의 방법이다.

나는 가장 간단하면서 가장 중요한 모형은 이야기와 비유라고 생각한다. 보이지 않게 작용하는 수학의 영향력은 수학이 우리 삶에 얼마나 큰 영향을 끼치는지 보여주는 구체적인 사례를 통해 실감할 수 있다. 정확한 렌즈를 통해 들여다본다면, 보이지 않게 일상 경험의 바탕을 이루는 수학의 규칙들을 볼 수 있다.

이 책에서는 수학의 응용(또는 오용)이 결정적 원인이 되어 사람들의 운명을 확 바꾸어놓은 실제 사건들을 살펴볼 것이다. 이 이야기에는 유전자 결함 때문에 심각한 손상을 입은 환자, 잘못된 알고리듬 때문에 파산한 기업가, 오심의 무고한 피해자, 소프트웨어 결함 때문에 피해를 입은 선량한 시민이 등장한다. 수학을 잘 몰라 큰 재산을 날린 투자자와 아이를 잃은 부모도 나온다. 선별 검사와 통계적 속임수에 관련된 윤리적 딜레마도 다루고, 총선과 질병 예방, 형사 재판, 인공 지능처럼 이와 관련된 사회적 쟁점도 살펴본다. 이 책에서 우리는 이 모든 주제와 그 밖의 많은 주제에 관해 수학이 알려줄 것이 아주 많다는 사실을 보게 될 것이다.

나는 이 책을 통해 단순히 수학이 불쑥 튀어나올 곳을 알려주는 대신에 단순한 수학 규칙과 도구로 여러분을 무장시켜 일상을 살아가는 데 많은 도움을 주고자 한다. 그렇게 되면 열차에서 가장 좋은 좌석을 차지하는 방법부터 의사에게서 뜻밖의 진단 결과를 들었을 때 침착함을 잃지 않는 방법에 이르기까지 많은 비법을 터득할 수 있을 것이다. 또 수에 관한 실수를 간단하게 피할 수 있는 방법도 배우고, 신문 헤드라인 뒤에 숨어 있는 숫자들의 비밀을 함께 해독할 것이다. 개인 유전체 검사 뒤에 숨어 있는 수학도 자세히 들여다볼 것이고, 치명적인 질병의 확산을 막기 위해 취하는 조치에 수학이 어떤 역할을 하는지도 살펴볼 것이다.

이제 약간 안도하면서 눈치챈 사람도 있겠지만, 이 책은 수학책이 아니다. 수학자를 위한 책도 아니다. 이 책에는 방정식이 하나도 나오지 않는다. 이 책의 목적은 여러분이 오래전에 포기한 수학 수업의 기억을 되살리기 위한 것이 아니다. 오히려 그 반대이다. 만약 여러분이 수학에 동참하는 것을 거부당하거나 수학을 못한다는 느낌을 받은 적이 있다면, 이 책은 그런 패배감에서 여러분을 해방할 것이다.

나는 진심으로 수학은 모든 사람을 위한 것이며, 우리가 날마다 경험하는 복잡한 현상의 중심에 있는 아름다운 수학의 진가는 누구나 알아볼 수 있다고 믿는다. 이어지는 장들에서 보겠지만, 수학은 우리 마음을 희롱하는 거짓 경보이자 우리가 밤에 편안히 자게끔 돕는 거짓 자신감이다. 또 소셜 미디어를 통해 우리에게 쏟아지는 이야기이자 그것을 통해 확산되는 밈meme이다. 수학은 법망에 뚫린 구멍인 동시에 그것을 메우는 바늘이기도 하다. 생명을 살리는 기술이자 생명을 위태롭게 만드는 실수이기도 하다. 치명적인 질병의 돌발 발병인 동시에 그것을 억제하는 전략이기도 하다. 수학은 우주와 우리 종의 수수께끼와 관련된 기본적인 질문들에 답을 얻는 최선의 방법이다. 수학은 우리를 인생의 수많은 경로로 안내하고, 우리가 마지막 숨을 내쉬는 순간을 지켜보려고 베일 뒤에 숨어 기다리고 있다.

차례

1장

눈 깜짝할 사이에
변해버린 세상

기하급수적 변화의 가공할 위력과 한계

대런 캐딕Darren Caddick은 웨일스 남부의 작은 도시 캘디콧에서 운전 교습 강사로 일한다. 2009년에 한 친구가 큰돈을 벌 수 있다며 솔깃한 제안을 했다. 지역 투자 조합에 3000파운드를 기부하고 같은 행동을 할 사람을 두 명만 모집하면, 2주일 뒤에 2만 3000파운드를 받을 수 있다고 했다. 처음에는 너무나도 파격적인 조건이 믿어지지 않아 유혹을 뿌리쳤다. 그러나 "돈을 잃는 사람은 아무도 없어. 왜냐하면 이 방법은 계속 이어져 나갈 테니까."라는 친구의 설득에 넘어가 돈을 투자하기로 결심했다. 결국 그는 돈을 다 날렸고, 10년이 지난 지금도 그 손실을 떠안은 채 살아가고 있다.

캐딕은 자기도 모르게 '계속 이어질 수 없는' 다단계의 밑바닥으로 들어갔던 것이다. 2008년부터 시작된 '기브 앤드 테이크Give and Take' 다단계 사업은 새 투자자를 더 끌어들이지 못해 1년이 채 안 돼 무너지고 말았지만, 그동안 영국 전역에서 1만 명 이상의 투자자에게 2100만 파운드를 끌어들였는데, 투자자 중 90%가 3000파운드를 잃었다. 이익을 실현하려면 더 많은 투자자를 끌어들여야 하는 다단계 사업은 결국은 망하게 돼 있다. 각 단계에 필요한 새로운 투자자 수는 이미 가입한 사람 수에 비례해 증가한다. 이런 종류의 다단계 사업에서는 15단계가 지나면 가입자 수가 1만 명을 넘어선다. 이것은 꽤 많은 수처럼 보이지만, 기브 앤드 테이크는 이 단계를 쉽게 넘어섰다. 그러나 여기서 15단계를 지나가면, 이제 지구에 사는 사람 7명 중 1명이 가입해야 다단계 사업을 계속 이어갈 수 있다. 결국 새로운 가입자 유입 중단에 맞닥뜨릴 수밖에 없는 이 급격한 증가 현상을 기하급수적(또는 지수함수적) 증가라 부른다.

우유는 왜 이렇게 빨리 상할까?

어떤 것이 현재의 크기에 비례해 증가할 때 기하급수적 증가가 나타난다. 아침에 우유병을 열고 나서 미처 뚜껑을 닫기 전에 엔테로코쿠스 파이칼리스Enterococcus faecalis라는 연쇄상구균 하나가 병 속으로 들어갔다고 상상해보자. 엔테로코쿠스 파이칼리스는 우유를 상하게 하고 응고시키는 세균이지만, 세균이 딱 1개만 들어갔다면 별일 없지 않을까?[4] 이 세균이 우유 속에서 한 시간마다 딸세포 2개로 분열한다는 사실을 알게 되면 조금 더 불안할 수도 있다.[5] 한 세대가 지날 때마다 전체 세포 수는 현재의 수에 비례해 증가하기 때문에, 그 수는 기하급수적으로 늘어난다.

기하급수적으로 증가하는 것이 어떤 형태인지 보여주는 곡선은 스케이터나 스케이트보더 또는 BMX를 타는 사람이 사용하는 쿼터파이

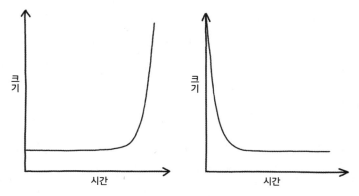

그림 2 J자 모양의 기하급수적 증가 곡선(왼쪽)과 기하급수적 감소 곡선(오른쪽)

프 형태의 경사면을 연상시킨다. 처음에는 경사면의 기울기가 아주 완만하다. 곡선은 아주 밋밋하고 아주 조금씩만 높아진다(그림 2의 왼쪽 곡선처럼). 두 시간 뒤 우유병 속에 존재하는 엔테로코쿠스 파이칼리스 세포는 4개가 되고, 네 시간 뒤에도 겨우 16개에 불과하므로, 그리 큰 문제가 될 것 같지 않다. 그러나 쿼터파이프 형태의 곡선처럼 기하급수적 증가 곡선의 높이와 기울기는 급격히 증가한다. 기하급수적으로 증가하는 양은 처음에는 천천히 증가하는 것처럼 보이지만, 어느 순간부터는 예상 밖의 상황처럼 보일 만큼 아주 빠르게 증가한다. 만약 48시간 동안 엔테로코쿠스 파이칼리스 세포의 기하급수적 증가가 계속되었다면, 여러분이 시리얼에 그 우유를 부을 때에는 병 속에 들어 있는 세포의 수가 1000조에 육박할 것이다. 이 정도면 우유는 말할 것도 없고 여러분의 피까지 응고시킬 것이다. 이 시점에서 세포의 수는 지구 전체 인구보다 약 4만 배나 많다. 기하급수적 증가 곡선은 가끔 'J자 모양'이라고 말하는데, J의 가파른 곡선을 닮았기 때문이다. 물론 세균이 우

1. 눈 깜짝할 사이에 변해버린 세상

유 속의 영양 물질을 소비하면서 그 pH가 변함에 따라 서식 조건이 나빠지기 때문에, 기하급수적 증가는 비교적 짧은 시간 동안만 지속된다. 사실, 거의 모든 현실 세계 시나리오에서 기하급수적 증가는 장기적으로 지속될 수 없고 많은 경우 병리적 현상을 초래하는데, 증가하는 주체가 자원을 지속 불가능한 방식으로 고갈시키기 때문이다. 예를 들면, 몸속에서 세포의 기하급수적 증가가 지속되는 것은 암의 전형적인 특징이다.

기하급수적 곡선의 또 다른 예는 자유 낙하 물 미끄럼틀(워터슬라이드)이다. 이렇게 부르는 이유는 미끄럼틀이 처음에는 아주 가팔라서 자유 낙하를 하는 듯한 느낌이 들기 때문이다. 이번에는 미끄럼틀을 타고 내려가는 동안 기하급수적 '증가' 곡선이 아니라 기하급수적 '감소' 곡선(그림 2의 오른쪽 곡선에서 그런 예를 볼 수 있다)을 경험하게 된다. 기하급수적 감소는 어떤 양이 현재의 크기에 비례해 '감소'할 때 일어난다. 커다란 M&M 봉지를 뜯어서 내용물을 식탁 위에 쏟고는, M자가 윗면에 온 것을 모두 다 먹는 장면을 상상해보라. 나머지는 내일 먹기 위해 봉지 안에 도로 담는다. 이튿날이 되면 봉지를 잘 흔든 뒤, 그 안에 든 M&M을 모두 식탁 위에 쏟는다. 이번에도 M자가 윗면에 온 것을 다 먹고 나머지를 봉지 안에 담는다. 봉지에서 M&M을 쏟을 때마다 여러분은 처음의 개수가 얼마였건 상관없이 봉지 안에 남아 있던 전체 M&M 중에서 약 절반을 먹는다. M&M의 수는 봉지 안에 남아 있는 수에 비례해 감소하며, 따라서 M&M의 수는 기하급수적으로 감소한다. 마찬가지로 물 미끄럼틀은 아주 높은 곳에서 거의 수직으로 곤두박질치는 상태로 시작하기 때문에, 그것을 타는 사람의 높이는 아주 빠르게 낮아진다. M&M의 수가 많으면 우리가 먹는 M&M의 수도 많다. 하지만 그 곡선의 기울기는 갈수록 점점 더 작아져 물 미끄럼틀의 끝부분에서는 거의 수평을 그린다. 남기는 M&M의 수도 점점 적어져 우리가 매일 먹는 M&M의 수도 점점 적어진다. 각각의 M&M에서 M자가 윗면에 올지 아랫면에 올지는 무작위적으로 정해지고 예측 불가능하지만, 시간이 지남에 따라 남는 M&M의 수는 예측 가능한 물 미끄럼틀 형태의 기하급수적 감소 곡선을 그린다.

이 장에서 우리는 기하급수적 행동과 일상적인 현상 사이에 숨어 있는 관계를 살펴볼 것이다. 예컨대 집단 내에서 질병이 확산하거나 인터넷에서 밈이 확산하는 방식, 배아가 급격하게 성장하는 방식과 은행 계좌에 넣어둔 돈이 아주 느리게 불어나는 방식, 시간과 심지어 핵폭탄의 폭발을 우리가 지각하는 방식 등을 자세히 들여다볼 것이다. 그러면서 기브 앤드 테이크 다단계 사업의 비극이 어떻게 일어났는지 자세히 파헤칠 것이다. 큰돈을 잃은 사람들 이야기는 기하급수적 변화를 아는 능력이 얼마나 중요한지 생생하게 보여주며, 가끔 일어나는 현대 세계의 놀라운 변화 속도를 예상하는 데에도 도움을 줄 것이다.

다단계 사기의 수학

어쩌다 예금 계좌에 돈을 넣을 때, 나는 예금한 돈이 아무리 적더라도 그것이 늘 기하급수적으로 불어나리라는 사실에 위안을 얻는다. 예금 계좌는 제약 없는 기하급수적 증가의 한 예이다—적어도 문서상으로는 그렇다. 이자를 복리로 지급한다면(즉, 원금에 이자를 붙여주고, 시간이 지남에 따라 그 이자에 다시 이자를 붙여준다면), 계좌 총액은 현재 금액의 크기에 비례해 증가한다. 이것이 기하급수적 증가의 특징이다. 벤저민 프랭클린Benjamin Franklin이 말했듯이 "돈이 돈을 만들고, 돈이 만든 돈이 더 많은 돈을 만든다." 충분히 오래 기다리기만 한다면, 아무리 적은 투자금도 큰돈이 될 수 있다. 그렇다고 당장 비상금을 다 털어 은행에 묻어두려고는 하지 마라. 만약 연 1%의 이자로 100파운드를 투자하고서 그것이 100만 파운드가 될 때까지 기다리려면 900년 이상을 살아야 한다. 비록 기하급수적 증가가 아주 빠른 증가로 나타날 때가 많긴 하지만, 증가 속도가 느리고 초기 투자금이 적다면, 기하급수적 증가도 정말로 아주 느리게 느껴질 수 있다.

이와 반대로, 신용 카드를 쓰고 결제하지 않은 금액에는 일정률의 이자(그것도 흔히 높은 이율로)가 붙기 때문에 신용 카드 빚도 기하급수적으로 증가할 수 있다. 대출과 마찬가지로 신용 카드 빚도 일찍 갚을수록, 그리고 처음에 많이 갚을수록 여러분이 지불하는 총액이 크게 줄어드는데, 기하급수적 증가가 맹위를 떨치기 전에 미리 싹을 자르기 때문이다.

* * *

기브 앤드 테이크 사기 피해자들이 처음 거기에 가입한 주요 이유 중 하나는 대출을 갚거나 그 밖의 부채를 청산하고 싶은 욕구 때문이었다. 뭔가 석연치 않다는 의심이 머리 한구석에서 떠나지 않는데도, 경제적 어려움에 시달리던 사람들에게 돈을 쉽고 빨리 벌 수 있는 기회는 뿌리치기 힘든 유혹이었다. 캐덕은 "'뭔가가 믿을 수 없을 만큼 너무 좋다면, 틀림없이 믿을 수 없는 것이다.'라는 격언은 정말로 여기에 딱 들어맞습니다."라고 인정한다.

기브 앤드 테이크 다단계 회사를 세운 로라 폭스Laura Fox와 캐럴 차머스Carol Chalmers는 둘 다 연금 수급자로, 가톨릭 수녀원 부속 학교 시절부터 친구 사이였다. 한 사람은 지역 로터리 클럽 부회장으로, 또 한 사람은 존경받는 할머니로 지역 공동체에서 기둥 역할을 하던 두 사람은 사기 투자 계획을 처음 세울 때부터 자신들이 어떤 일을 하는지 정확하게 알고 있었다. 기브 앤드 테이크는 함정을 숨긴 채 잠재적 투자자를 유인하도록 아주 교묘하게 설계되었다. 기브 앤드 테이크는 다단계 사슬 꼭대기에 있는 사람이 자신이 끌어들인 투자자에게서 직접 돈을 챙겨가는 전통적인 2단계 피라미드 체계와 달리 4단계 '비행기' 체계로 운영되었다. 비행기 체계에서는 사슬 꼭대기에 있는 사람을 '기장(파일럿)'이라 부른다. 기장은 '부기장'을 2명 모집하고, 부기장은 '승무원'을 2명씩 모집하며, 승무원은 '승객'을 2명씩 모집한다. 폭스와 차머스의 다단계 체계에서는 일단 15명으로 이루어진 위계가 완성되면, 8명의 승객은 각자 3000파운드를 관리자에게 지불하고, 관리자는 거기서 1000파운드를 뺀 2만 3000파운드의 거금을 최초 투자자에게 지급한다. 1000파운드 중 일부는 아동학대방지협회 같은 자선 단체에 기부해 감사 편지를 받음으로써 이 사업의 합법성을 부여받는 데 쓰인다. 일부는 관리자들이 보관했다가 사업이 원만하게 지속되도록 촉진하는 데 쓴다.

자신의 몫을 챙긴 기장은 이 체계에서 떨어져나가고, 두 부기장이 기장으로 승진해 자기 나무의 밑바닥에 새로운 승객 8명이 채워지길 기다린다. 비행기 체계는 투자자들에게 매우 유혹적인데, 투자금이 8배로 불어나려면 새로운 가입자가 다른 사람 2명만 모집하면 되기 때문이다(물론 이 두 사람은 다시 각자 두 사람을 모집해야 하고, 그런 과정이 계속 이어져야 하지만). 중간 단계가 적은 다단계 방식은 같은 수익을 얻기 위해 각자가 모집해야 하는 사람이 더 많다. 기브 앤드 테이크는 가파른 4단계 구조 때문에 승무원은 자신이 모집한 승객에게서 직접 돈을 챙기지 않는다. 신규 가입자는 승무원의 친구나 친척일 확률이 높기 때문에 친한 사람들 사이에서 돈이 직접 오가게 하지 않는다. 이처럼 승객을 그들의 돈이 흘러들어가는 기장과 분리하는 구조는 모집을 쉽게 하고 보복을 어렵게 한다. 그래서 투자 기회를 더 매력적으로 보이게 함으로써 수천 명의 투자자를 이 다단계 사업에 끌어들이는 데 도움을 주었다.

또한 기브 앤드 테이크의 많은 투자자들은 이전의 성공 사례를 들음으로써, 그리고 가끔 이익금을 지급하는 광경을 직접 목격함으로써 투자에 확신을 얻었다. 기브 앤드 테이크를 창시한 폭스와 차머스는 차머스가 소유한 서머싯호텔에서 종종 화려한 개인 파티를 열었다. 파티에서 나눠준 전단에는 현금이 널린 침대 위에 큰대자로 눕거나 카메라에 대고 50파운드 지폐 뭉치를 흔드는 기브 앤드 테이크 구성원들 사진이 있었다. 파티를 열 때마다 관리자들은 기브 앤드 테이크의 '신부'—자신의 피라미드 세포에서 기장 위치까지 올라가 곧 자신의 몫을 챙길 사람들(주로 여성)—도 몇 명 초대했다. 200~300명의 잠재적 투자자들

앞에서 이들에게 "피노키오가 거짓말을 할 때 커지는 것은?"처럼 간단한 질문을 4개 던졌다.

이 체계에서 이러한 '퀴즈'를 활용하는 방법은 법망의 구멍을 이용하려는 의도였는데, 폭스와 차머스는 어떤 '기술적' 요소가 포함되기만 한다면 그러한 투자가 허용된다고 믿었다. 그런 행사를 휴대 전화로 촬영한 영상에서 폭스는 "우리는 집에서 도박을 하기 때문에 완전히 합법적입니다!"라고 외친다. 하지만 그것은 잘못된 생각이었다. 이 사건의 기소를 맡은 변호사 마일스 베닛Miles Bennet은 이렇게 설명한다. "그 퀴즈는 너무 쉬워서 이익금을 지급받을 위치에 있는 사람 중에서 돈을 따지 못할 사람은 아무도 없었습니다. 심지어 문제를 푸는 데 친구나 위원회 위원의 도움을 얻을 수도 있었는데, 위원회는 정답이 뭔지 알고 있었지요!"

그래도 폭스와 차머스는 상금을 내건 이 파티를 바이럴 마케팅 캠페인에 꾸준히 활용했다. 신부들이 2만 3000파운드짜리 수표를 지급받는 광경을 본 초대 손님 중 많은 사람은 기브 앤드 테이크에 투자했고, 친구와 가족에게도 가입하도록 권유해 자기 밑에 피라미드를 만들었다. 새로운 투자자가 두 사람 또는 더 많은 사람에게 바통을 전달하기만 한다면, 이 다단계 사업은 영원히 계속될 수 있었다. 폭스와 차머스가 2008년 봄에 다단계 사업을 시작할 때, 기장은 그들 둘밖에 없었다. 친구들을 투자에 끌어들이고 그들이 자기 밑의 여러 단계를 조직하도록 도움으로써 두 사람은 금방 네 사람을 더 가입시켰다. 이 네 사람이 8명을 더 끌어들였고, 그다음에는 16명이 가입했으며, 그런 식으로 계속 피라미드 조직이 형성되었다. 새 가입자의 수가 이렇게 기하급수적으로 두 배씩 증가하는 것은 성장하는 배아에서 세포가 두 배씩 늘어나는 방식과 아주 비슷하다.

일주일 동안 16배 성장하는 태아

아내가 첫아이를 임신했을 때, 우리는 임신을 처음 경험하는 많은 예비 부모들처럼 강박증에 빠져 아내의 배 속에서 어떤 일이 일어나는지 알아내려고 애썼다. 아기의 심장 박동을 들으려고 초음파 심장 박동 측정기를 빌렸고, 추가 스캐닝 영상을 얻으려고 임상 시험에 서명했으며, 아내에게 입덧을 유발하며 배 속에서 자라는 딸에게 무슨 일이 일어나는지 설명하는 웹사이트를 닥치는 대로 찾아 읽었다. 우리가 가장 좋아한 웹사이트 중에 '당신의 아기는 얼마만 할까?'가 있었는데, 일주일마다 배 속에서 발달하는 아기의 크기를 과일이나 채소 또는 적절한 크기의 식품과 비교해주었다. 이런 웹사이트에서는 "당신의 작은 천사는 몸무게가 약 42g, 키가 약 8.8cm로, 레몬과 비슷한 크기입니다." 또는 "당신의 소중한 작은 순무는 이제 몸무게가 약 140g, 머리부터 아래까지 길이는 약 12.5cm입니다."와 같은 말로 예비 부모의 태아에게 구체적인 실체를 부여한다.

이 웹사이트들이 제시한 비교 예에서 내가 정말로 놀란 것은 태아의 크기가 일주일마다 아주 빨리 변한다는 사실이었다. 4주째에 태아는 대략 양귀비 씨만 하지만, 5주째에는 참깨만 한 크기로 자란다! 일주일 동안 부피가 약 16배나 늘어나는 셈이다.

그러나 이 급속한 크기 증가는 그리 놀라운 사실이 아닐 수도 있다. 처음에 난자가 정자와 수정해 생겨난 접합자는 '난할卵割'이라는 순차적 세포 분열 과정을 거치면서 배아의 세포 수가 급격히 늘어난다. 처음에는 세포 하나가 둘로 쪼개진다. 8시간이 지난 뒤에는 세포 2개가 분열해 4개가 되고, 다시 8시간이 지난 뒤에는 8개가 되며, 이것이 다시 16개가 되는 식으로 계속 불어난다—다단계 사업의 각 단계마다 신규 투자자 수가 늘어나는 것과 똑같이. 이어지는 세포 분열 단계는 8시간마다 거의 동시에 일어난다. 따라서 세포 수는 주어진 순간에 배아를 이루는 세포의 양에 비례해 증가한다. 본래 있던 세포의 수가 많을수록 다음 분열에서 더 많은 세포가 새로 만들어진다. 이 경우, 각각의 세포는 한 번의 분열이 일어날 때마다 딸세포를 정확하게 하나만 만들기 때문에, 배아의 세포 수는 2배씩 증가한다. 다시 말해서 배아의 크기는 한 세대가 지날 때마다 2배씩 커진다.

사람의 임신에서 배아가 기하급수적으로 성장하는 기간은 다행히도 비교적 짧다. 배아가 임신 기간 내내 똑같은 기하급수적 증가 비율로 자란다면, 840번의 동시 세포 분열 끝에 생긴 슈퍼아기는 세포 수가 약 10^{253}개나 될 것이다. 이것이 얼마나 많은 수인지 감을 잡고 싶다면 이렇게 생각해보라. 우주에 존재하는 모든 원자가 우리 우주를 똑같이 복제한 것이라고 상상해보라. 슈퍼아기의 세포 수는 이 모든 우주에 존재하는 전체 원자의 수와 엇비슷하다. 배아가 발달하는 과정에서 복잡한 사건이 점점 더 많이 일어나기 때문에, 세포 분열이 일어나는 속도는 자연히 점점 느려진다. 그 결과 평균적인 신생아의 몸을 이루는 세포 수는 이보다 훨씬 적은 약 2조 개이다. 이 정도의 세포는 마흔한 번

이 안 되는 동시 세포 분열을 통해 만들어질 수 있다.

세상을 파괴할 수 있는 힘

새로운 생명을 만드는 데 필요한 세포 수의 급격한 팽창에는 기하급수적 증가가 필수적이다. 그런데 핵물리학자 로버트 오펜하이머J. Robert Oppenheimer에게 "나는 이제 죽음이자 세상의 파괴자가 되었다."라고 선언하게 만든 원인도 기하급수적 성장의 가공할 위력이었다. 여기서 성장은 세포나 개개 생명체의 성장이 아니라, 원자핵 분열에서 나오는 에너지의 성장이었다.

제2차 세계 대전 때 오펜하이머는 맨해튼 계획(원자 폭탄 개발이 목적이었던)의 본부였던 로스앨러모스연구소 총책임자였다. 무거운 원자의 원자핵(양성자와 중성자가 빽빽하게 모여 있는)이 더 작은 알갱이로 쪼개지는 현상은 1938년에 독일의 화학자들이 발견했다. 이 현상은 하나의 세포가 둘로 쪼개지는 분열과 비슷하다 하여 '핵분열'이라 부르게 되었다. 핵분열은 불안정한 동위 원소의 방사성 붕괴처럼 자연적으로도 일어나지만, 원자핵에 아원자 입자를 충돌시켜 '핵반응'을 일으킴으로써 인위적으로 유도할 수도 있는 것으로 드러났다. 어느 경우건 원자핵이 작은 두 원자핵이나 핵분열 산물로 쪼개질 때, 전자기 복사나 핵분열 산물의 움직임과 연관된 에너지의 형태로 막대한 에너지가 나왔다. 과학자들은 첫 번째 핵반응에서 생겨난 이 움직이는 핵분열 산물을 다른 원자핵에 충돌시킴으로써(이른바 '핵 연쇄 반응'을 통해) 더 많은 원자핵을 분열시키고 더 많은 에너지를 얻을 수 있다는 사실을 금방 알아냈다. 만약 각각의 핵분열 반응에서 핵분열 산물이 평균적으로 하나 이상 생겨나고 그것으로 다른 원자를 쪼갤 수 있다면, 이론적으로 각각의 핵분열은 다수의 핵분열 사건을 다시 촉발할 수 있다. 이 과정을 꾸준히 일어나게 하면, 반응 사건의 수가 기하급수적으로 증가하면서 유례없는 규모의 에너지를 얻을 수 있을 것이다. 억제할 수 없는 핵 연쇄 반응을 일으키는 물질을 발견하기만 한다면, 짧은 반응 시간 동안 방출되는 에너지의 기하급수적 증가를 이용해 그러한 '핵분열성' 물질을 무기화할 수 있을 것이다.

1939년 4월, 유럽 전역에서 전쟁이 일어나기 전날에 프랑스 물리학자 프레데리크 졸리오-퀴리Frédéric Joliot-Curie(마리 퀴리Marie Curie의 사위이자 아내와 함께 노벨상을 받은)가 중요한 발견을 했다. 그는 《네이처》에 하나의 중성자가 촉발한 핵분열 반응이 일어날 때, 우라늄 동위 원소인 U-235 원자에서 고에너지 중성자가 평균 3.5개(나중에 2.5개로 정정했다) 방출된다는 증거를 발견했다고 발표했다.[6] 이것이 기하급수적으로 증가하는 연쇄 핵반응을 추진하는 데 필요한 바로 그 물질이었다.

나치의 핵폭탄 개발 계획에 참여하고 있던 노벨상 수상자 베르너 하이젠베르크Werner Heisenberg와 그 밖의 유명한 독일 물리학자들과 마찬가지로, 오펜하이머는 자신이 로스앨러모스에서 아주 어려운 과제를 맡았다는 사실을 알았다. 주요 과제는 막대한 에너지가 순간적으로 방출되도록 연쇄 핵반응을 촉진하는 조건을 만드는 것이었다. 자기 지속적이고 충분히 빠른 연쇄 반응을 일으키려면, 핵분열이 일어난 U-235 원자에서 방출된 중성자가 충분히 많이 다른 U-235 원자의 핵과 충돌해 연쇄적으로 핵분열이 일어나야 했다. 오펜하이머는 천연 우라늄의 경우, 방출된 중성자 가운데 너무 많은 수가 U-238 원자(천연 우라늄 중에서 약 99.3%를 차지하는 우라늄 동위 원소[7])에 흡수된다는 사실을 발견했다. 그 때문에 연쇄 반응은 기하급수적으로 증가하는 대신에 기하급수적으로 사그라지고 말았다. 기하급수적으로 증가하는 연쇄 반응을 일으키려면, 우라늄 원광에서 U-238 원자를 최대한 제거함으로써 U-235 원자의 순도를 아주 높게 정제하는 과정이 필요했다.

여기서 핵분열성 물질의 '임계 질량' 개념이 나왔다. 우라늄의 임계 질량은 자기 지속적 연쇄 핵반응을 일으키는 데 필요한 물질의 양을 말한다. 임계 질량은 여러 가지 요인에 따라 달라진다. 가장 중요한 것은 U-235의 순도이다. U-235의 순도가 20%(천연 우라늄에서 U-235의 비율은 0.7%)라 해도 임계 질량은 400kg이 넘기 때문에, 실현 가능한 원자 폭탄을 만들려면 순도가 이보다 더 높아야 한다. 설사 초임계 상태에 이를 정도로 우라늄을 충분히 정제한다 해도, 원자 폭탄 자체를 운반해야 하는 문제가 남는다. 임계 질량의 우라늄을 폭탄 안에 그냥 넣고서 원하는 시점까지 폭발하지 않기만 기대하고 있을 수는 없다. 그 물질에서 자연적 방사성 붕괴가 단 하나만 일어나더라도, 그것이 연쇄 반응을 촉발해 기하급수적 폭발이 일어날 수 있다.

나치의 폭탄 개발자들이 바짝 뒤쫓아오고 있다는 강박에 시달리던 오펜하이머와 연구자들은 원자 폭탄의 운반 방법을 급조해냈다. '포신형' 방법은 재래식 폭발물을 사용해 아임계 질량의 우라늄을 다른 아임계 질량의 우라늄으로 발사함으로써 둘을 합쳐 초임계 질량을 만들어낸다. 그러면 자연 발생적 핵분열이 일어나면서 중성자가 방출되고 연쇄 반응이 시작된다. 우라늄 물질을 아임계 질량의 두 덩어리로 분리함으로써 원할 때까지 폭발이 일어나지 않게 할 수 있었다. 우라늄을 고순도로(약 80%까지) 농축할 수 있게 되자, 20~25kg의 연료만으로 임계 질량을 얻을 수 있었다. 그렇지만 혹시라도 실패하여 독일 경쟁자들에게 유리한 고지를 넘겨줄 위험을 막기 위해 오펜하이머는 그보다 훨씬 많은 양을 사용하라고 강력하게 요구했다.

드디어 충분한 양의 고순도 우라늄이 준비되었을 때, 유럽에서는 이미 전쟁이 끝난 뒤였다. 그러나 태평양에서는 일본군이 심각한 군사적 열세에도 불구하고 항복하지 않고 계속 저항해 전쟁이 치열하게 진행되고 있었다. 일본 본토 침공은 그러잖아도 이미 많이 발생한 미군 사상자를 크게 증가시킬 게 뻔했기 때문에, 맨해튼 계획을 지휘하던 레슬리 그로브스Leslie Groves 장군은 기상 조건이 허락하는 대로 일본에 원자폭탄 투하를 승인하는 명령서를 전달했다.

1945년 8월 6일, 태풍 끝자락의 영향으로 악천후가 며칠 이어지다가 히로시마의 파란 하늘에 밝은 태양이 떠올랐다. 오전 7시 9분에 히로시마 상공에서 미군 비행기가 목격되었고, 도시 전체에 공습경보가 요란하게 울려퍼졌다. 열아홉 살이던 다카쿠라 아키코高蔵信子는 얼마 전에 은행원으로 취직했다. 출근길에 사이렌이 요란하게 울리자, 아키코는 다른 출근자들과 함께 도시 곳곳에 마련된 대피소로 피했다.

히로시마에서 공습경보는 일상적으로 겪는 일이었다. 히로시마는 일본 제2총군 사령부가 있는 전략 군사 기지였다. 그러나 히로시마는 일본의 많은 도시들과 달리 그때까지 공습 피해를 거의 입지 않았다. 아키코를 비롯해 출근 중이던 직장인들은 미국이 신무기의 파괴 규모를 정확하게 평가하기 위해 일부러 히로시마를 남겨두었다는 사실은 꿈에도 몰랐다.

7시 30분에 해제경보가 울렸다. 머리 위로 날고 있던 B-29는 기상 관측 비행기보다 더 위험해 보이지 않았다. 다른 사람들과 함께 대피소에서 나오면서 아키코는 안도의 한숨을 내쉬었다. 오늘 아침에는 공습이 없으리라고 생각하면서.

아키코를 비롯한 히로시마 시민들은 B-29가 히로시마 상공의 쾌청한 기상 조건 정보를 에놀라게이호에 무전으로 보냈다는 사실을 까마득히 몰랐다. 에놀라게이호에는 '리틀 보이Little Boy'라는 별명이 붙은 포신형 핵분열 폭탄이 실려 있었다. 아이들은 학교로 가고 직장인들은 사무실과 공장으로 가면서 평소처럼 일상이 흘러가는 가운데 아키코도 히로시마 중심에 위치한 은행에 도착했다. 여성 직원은 남성 직원보다 30분 먼저 출근해서 업무 준비를 위해 사무실을 청소하고 정리해야 했기 때문에, 아키코는 8시 10분쯤에 거의 텅 빈 건물로 들어가 열심히 일하기 시작했다.

8시 14분, 에놀라게이호를 조종하던 폴 티베츠Paul Tibbets 대령의 시야에 T자 모양으로 생긴 아이오이다리相生橋가 들어왔다. 무게 440kg의 리틀 보이가 투하되어 히로시마를 향해 10km에 이르는 하강을 시작했다. 약 45초 동안 자유 낙하를 하다가 지표면에서 약 600m 높이에서 기폭 장치가 작동되었다. 아임계 질량의 우라늄 덩어리가 다른 덩어리를 향해 발사되었고, 두 우라늄 덩어리는 초임계 질량으로 합쳐져 폭발할 준비가 되었다. 순간적으로 한 원자의 자연 발생적 핵분열에서 중성자들이 방출되었고, 그중 최소한 하나가 다른 U-235 원자에 흡수되었다. 이 원자도 핵분열을 하면서 중성자를 더 방출했고, 이 중성자들이 다른 원자들에 흡수되었다. 이 과정은 급속하게 가속되면서 기하급수적으로 증가하는 연쇄 반응을 촉발했으며, 그와 동시에 어마어마한 에너지가 방출되었다.

아키코가 동료들의 책상을 닦다가 창밖을 내다보는 순간, 마그네슘 조각이 불타는 것처럼 밝은 흰색 섬광이 번쩍였다. 기하급수적으로 증가하는 그 연쇄 반응에서 다이너마이트 3000만 개가 일시에 폭발하는 것에 맞먹는 에너지가 나온다는 사실을 아키코가 알 리 없었다. 폭탄의 온도는 태양 표면보다 훨씬 뜨거운 수백만 도로 치솟았다. 0.1초 뒤에 이온화 방사선이 지표면에 도달했고, 그것에 노출된 생물은 모두 치명적인 방사선 피폭을 당했다. 다시 1초가 지나자, 지름 300m에 온도가 수천 도나 되는 불덩어리가 도시 위로 솟아올랐다. 목격자들은 그날 히로시마에서는 태양이 두 번 떠올랐다고 묘사한다. 음속의 속도로 퍼져 간 폭풍파가 도시 전역의 건물들을 무너뜨렸고, 아키코는 사무실 반대편으로 날아가 의식을 잃었다. 사방 수 킬로미터 이내 지역에서는 적외선 복사에 노출된 피부들이 모두 타버렸다. 폭심爆心에 가까운 지상에 있던 사람들은 즉각 기화하거나 숯으로 변했다.

아키코가 일하던 은행 건물은 내진 설계로 지어 아주 튼튼했기 때문에 폭탄의 가공할 위력에도 완전히 파괴되지 않고 그 충격을 견뎌냈다. 의식을 되찾은 아키코는 비틀거리면서 거리로 나갔다. 위를 올려다보니 맑고 파란 아침 하늘은 어디로 사라지고 없었다. 히로시마에 두 번째로 떠오른 태양은 떠오른 것만큼이나 빨리 사라졌다. 거리는 어두웠고 먼지와 연기가 자욱했다. 눈길이 닿는 곳까지 사방에 시체들이 널려

1. 눈 깜짝할 사이에 변해버린 세상

있었다. 폭심에서 겨우 260미터 거리에 있던 아키코는 이 가공할 기하급수적 폭발에서 살아남은 사람들 중 폭심에 가장 가까운 곳에 있었다.

원자 폭탄 자체의 폭발과 그로 인해 생겨나 도시 전역으로 퍼져간 불폭풍에 약 7만 명이 죽은 것으로 추정되는데, 그중 5만 명이 민간인이었다. 건물들도 대부분 완전히 파괴되었다. 오펜하이머의 예언적 묵상이 현실이 되었다. 제2차 세계 대전을 일찍 끝낸다는 명분으로 히로시마와 나가사키에 원자 폭탄을 투하한 것이 과연 정당했느냐 하는 논쟁은 지금까지 이어지고 있다.

체르노빌에서 벌어진 일

원자 폭탄 자체의 선악이야 어떻건, 맨해튼 계획의 일부로 개발된 핵분열이 야기한 기하급수적 연쇄 반응에 대한 지식은 원자력을 통해 깨끗하고 안전한 저탄소 에너지를 만드는 데 필요한 기술을 제공했다. U-235 1kg에서는 같은 양의 석탄을 태우는 것보다 약 300만 배나 많은 에너지가 나온다.[8] 반대 증거가 있긴 하지만, 원자력은 안전성과 환경 영향 측면에서 매우 나쁜 평판을 얻었다. 부분적인 원인은 기하급수적 증가에 있다.

1986년 4월 25일 저녁, 알렉산드르 아키모프Aleksandr Akimov는 야간 근무를 위해 자신이 일하는 발전소로 출근했다. 그는 교대 근무조 책임자였다. 냉각 펌프 시스템의 응력 테스트를 위한 실험이 두 시간 뒤에 시작될 예정이었다. 아키모프가 실험을 시작하면서 자신이 체르노빌 원자력 발전소에서 안정적인 일자리를 얻어 정말 다행이라고 생각했다 하더라도 충분히 이해해줄 수 있었다. 소련은 붕괴하고 있었고, 전 국민 중 20%가 빈곤 상태로 살아가던 시절이었다.

오후 11시쯤에 아키모프는 테스트의 목적에 따라 출력을 정상 운전 능력의 약 20% 수준으로 낮추기 위해 원자로 중심의 우라늄 연료봉들 사이로 다수의 제어봉을 집어넣었다. 제어봉은 핵분열에서 방출된 일부 중성자를 흡수하여 너무 많은 원자들이 분열하지 않도록 억제하는 역할을 한다. 이것은 원자 폭탄에서 기하급수적으로 증가하면서 통제 불능 상태를 초래하는 연쇄 반응의 급속한 진행을 막는다. 그러나 아키모프는 자기도 모르게 제어봉을 너무 많이 집어넣었고, 그 결과 발전소의 출력이 크게 떨어졌다. 아키모프는 이것이 원자로 중독을 초래한다는 사실을 알고 있었다. 원자로 중독이 일어나면, 제어봉과 비슷한 물질이 만들어져 원자로의 가동을 늦추면서 온도를 떨어뜨리고, 이것은 다시 중독을 심화시키면서 자기 강화 피드백 고리를 통해 온도를 더 떨어뜨리는 결과를 낳는다. 패닉 상태에 빠진 아키모프는 안전 시스템을 무시하고 수동으로 90% 이상의 제어봉을 조작하면서 원자로의 완전한 가동 중단을 방지하기 위해 노심에서 제어봉을 꺼내기 시작했다.

출력이 서서히 높아지면서 계측기의 바늘이 올라가자 아키모프의 심장 박동은 차츰 정상으로 돌아왔다. 위기에서 벗어난 아키모프는 다음 단계의 실험으로 옮아가 펌프 작동을 중단시켰다. 그런데 아키모프는 지원 시스템이 냉각수를 충분히 빨리 순환시키지 않는다는 사실을 까맣게 몰랐다. 처음에는 감지되지 않았지만, 냉각수가 천천히 흐르면서 기화해버리는 바람에 중성자를 흡수하고 노심의 열을 낮추던 기능을 제대로 하지 못하게 되었다. 열과 출력이 높아지자 더 많은 물이 금방 끓어 증기로 변했고, 그러자 출력이 더 높아졌다. 훨씬 치명적인 양성 피드백 고리가 또 하나 생긴 것이다. 아키모프가 수동으로 조작하지 않았던 제어봉 몇 개가 치솟는 열을 줄이기 위해 자동으로 다시 원자로 안으로 들어갔지만, 그것만으로는 효과가 충분하지 않았다. 출력이 너무 급속하게 치솟는다는 사실을 알아챈 아키모프가 모든 제어봉을 집어넣어 노심의 작동을 멈추려고 긴급 운전 정지 버튼을 눌렀지만, 이미 때가 늦었다. 제어봉들이 원자로 안으로 들어갈 때 짧은 순간이지만 출력이 급상승하는 바람에 노심이 과열되었고, 이 때문에 일부 연료봉이 부서지면서 제어봉을 원자로 안으로 더 들어가지 못하게 막았다. 열에너지가 기하급수적으로 증가하자 출력은 평소의 10배 이상으로 급상승했다. 냉각수가 금세 증기로 변하면서 큰 폭발이 두 차례 일어났는데, 이 때문에 노심이 파괴되면서 방사성 핵분열 물질이 사방으로 흩어졌다.

아키모프는 노심 폭발 보고를 믿지 못해 원자로의 상태에 대해 부정확한 정보를 전달함으로써 무엇보다 중요한 원자로 격납 조치를 지연시켰다. 마침내 정확한 사고 규모를 파악한 아키모프는 동료들과 함께 아무 보호 장비도 없이 파괴된 원자로 안으로 물을 펌프질하는 노력을 쏟아부었다. 그러면서 이들은 시간당 200그레이(그레이gray는 방사선 흡수선량을 나타내는 단위로, 기호로는 Gy를 사용한다. 1그레이는 1kg의 물질에 1J〔joule〕의 방사선 에너지가 흡수되는 양이다—옮긴이)의 방사선에 피폭되었다. 치사량이 약 10그레이이기 때문에, 보호 장비 없이 일한 이들은 5분도 지나지 않아 치사량의 방사선에 피폭된 셈이다. 아키모프는 이 사고 2주일 뒤에 급성 방사선 증후군으로 사망했다.

체르노빌 원전 사고로 사망한 사람은 소련 당국의 공식 발표로는 31명밖에 안 되지만, 대규모 정화 작업에 투입된 사람들까지 포함시킨 일부 추정치에 따르면 이보다 훨씬 많다. 물론 여기에는 원자력 발전소 밖으로 방사성 물질이 확산하면서 생긴 사망자는 포함되지 않았다. 파괴된 노심에서 점화한 불은 9일 동안 계속 탔다. 이 불은 히로시마 원폭 투하 때 방출된 것보다 수백 배나 많은 방사성 물질을 대기 중으로 내보내 유럽 전역에 광범위한 환경 오염을 초래했다.[9]

예를 들면 1986년 5월 둘째 주말에 영국 하일랜드에는 계절에 어울리지 않게 많은 비가 내렸다. 그 빗방울에는 스트론튬-90, 세슘-137, 요오드-131 등 폭발에서 나온 방사성 낙진 산물이 포함돼 있었다. 체르노빌 원자로에서 방출된 전체 방사성 물질 중 약 1%가 영국에 떨어졌다. 이 방사성 동위 원소들은 흙에 흡수되었다가 자라고 있던 풀로 들어갔고, 결국에는 풀을 뜯어먹은 양의 몸속으로 들어갔다. 그 결과로 방사능 고기가 만들어졌다.

농무부는 즉각 해당 지역에서 양의 판매와 이동을 금지했는데, 이 조치에 영향을 받은 농가는 약 9000가구, 양은 400만 마리나 되었다. 잉글랜드 북서부 호수 지방에서 양을 기르던 데이비드 엘우드David Elwood는 현실을 받아들이는 데 애를 먹었다. 보이지 않고 거의 감지되지도 않는 방사성 동위 원소를 포함한 구름이 그의 인생에 짙은 그늘을 드리웠다. 양을 팔려고 할 때마다 양을 격리한 다음 정부 당국의 조사관을 불러 방사능 수치를 검사해야 했다. 올 때마다 조사관들은 제한조치는 1년쯤 지나면 풀릴 것이라고 말했다. 엘우드는 이 구름 밑에서

25년 이상을 살았으며, 제한 조치는 2012년에야 해제되었다.

그런데 정부는 엘우드와 농부들에게 언제쯤이면 양을 안전하게 팔 만큼 방사능 수치가 충분히 떨어질지 알려주는 편이 훨씬 쉬웠을 것이다. 방사능 수치는 놀랍도록 정확하게 예측할 수 있는데, 바로 기하급수적 '감소' 현상 때문이다.

기하급수적 감소와 연대 측정 과학

기하급수적 증가와 정반대되는 기하급수적 감소는 현재의 양에 비례해 '감소'가 일어나는 현상이다. M&M의 수가 매일 줄어들던 상황과 그 감소 폭을 기술한 물 미끄럼틀 곡선을 기억하는가? 기하급수적 감소는 체내에서 배출되는 약물[10]과 맥주잔에서 거품이 줄어드는 속도[11]처럼 다양한 현상을 기술한다. 특히 방사성 물질에서 방출된 방사선 수준이 시간이 지남에 따라 감소하는 비율을 아주 잘 기술한다.[12]

방사성 물질의 불안정한 원자는 외부의 촉발 요인이 전혀 없어도 자연 발생적으로 방사선 형태의 에너지를 방출하는데, 이 과정을 방사성 붕괴라 부른다. 개개 원자 수준에서는 방사성 붕괴 과정이 무작위적으로 일어난다. 양자론은 어떤 원자가 언제 붕괴할지 예측하는 것이 불가능하다고 말한다. 그렇지만 많은 원자로 이루어진 물질에서 방출되는 방사능 감소는 기하급수적 감소 패턴에 따라 예측할 수 있게 일어난다. 각각의 원자는 다른 원자들과 독립적으로 붕괴한다. 붕괴 속도는 그 물질의 반감기로 나타낼 수 있다. 반감기는 불안정한 원자들 중 절반이 붕괴하는 시간을 가리킨다. 붕괴는 기하급수적으로 일어나기 때문에, 처음에 존재한 방사성 물질의 양과 상관없이 그 방사능이 절반으로 줄어드는 시간은 언제나 똑같다. M&M을 매일 식탁 위에 쏟아놓고 M자가 윗면에 오는 것을 모두 먹을 경우, M&M의 반감기는 1일이다. M&M을 식탁 위에 쏟을 때마다 우리는 그중 절반을 먹는다.

방사성 원자의 수가 기하급수적으로 감소하는 현상은 방사능 수준으로 물질의 연대를 알아내는 방법인 방사성 연대 측정법의 기초를 이룬다. 자연 속에 존재하는 특정 방사성 원자의 비율을 붕괴 산물에 포함된 그 방사성 원자의 비율과 비교하면, 방사선을 방출하는 물질의 나이를 이론적으로 계산할 수 있다. 방사성 연대 측정법은 지구의 나이를 추정하거나 사해 문서 같은 고대 유물의 나이를 측정하는 것[13]을 포함해 많은 곳에 쓰인다. 시조새가 1억 5000만 년 전에 살았다거나[14] 아이스맨 외치Ötzi가 5300년 전에 죽었다는[15] 사실을 어떻게 알아냈는지 궁금하다면, 그것은 방사성 연대 측정법으로 알아냈을 가능성이 높다.

최근에 더 정확한 측정 기술의 발전에 힘입어 '법의고고학forensic archaeology' 분야에서 방사성 연대 측정법이 많이 쓰이게 되었다. 즉, (고고학의 다른 기술들 중에서도) 방사성 동위 원소의 기하급수적 붕괴 성질을 이용해 범죄를 해결하고 있다. 2017년 11월, 방사성 탄소 연대 측정법을 사용해 세상에서 가장 비싼 위스키가 가짜라는 사실을 밝혀냈다. 라벨에 130년 된 매캘런 싱글 몰트라고 표시된 위스키가 실은 1970년대에 제조된 값싼 블렌디드 위스키로 밝혀져 그것을 한 잔에 1만 달러에 팔던 스위스 호텔은 큰 창피를 당했다. 2018년 12월, 후속 조사에서는 검사한 전체 '빈티지' 스카치위스키 중 3분의 1 이상이 가짜라는 사실이 밝혀졌다. 그러나 방사성 연대 측정법이 세간의 이목을 가장 많이 끄는 사례는 역사적인 미술 작품의 제작 연대 확인이 아닐까 싶다.

*　　*　　*

　제2차 세계 대전 이전에 바로크 시대 네덜란드 화가 요하네스 페르메이르Johannes Vermeer의 작품은 단 35점만 알려져 있었다. 그런데 1937년에 프랑스에서 놀라운 작품이 새로 발견되었다. 미술 비평가들에게 페르메이르의 최고 걸작 중 하나로 칭송받은 〈엠마오의 만찬〉을 로테르담의 보이만스 판 뵈닝언 미술관이 당장 거액을 주고 사들였다. 그러고 나서 그다음 몇 년 동안 그때까지 알려지지 않았던 페르메이르의 작품이 속속 나타났다. 이 작품들은 부유한 네덜란드인들이 재빨리 구입했는데, 중요한 문화적 재산이 나치의 손에 넘어가지 않도록 막으려는 이유도 있었다. 그런 노력에도 불구하고 〈간음한 여인과 함께하신 그리스도〉는 히틀러의 후계자로 지명된 헤르만 괴링Hermann Göring에게 넘어가고 말았다.

　한동안 실종되었던 페르메이르의 이 작품이 나치가 약탈한 다수의 미술품과 함께 전쟁 후에 오스트리아의 한 소금 광산에서 발견되자, 이 그림들의 거래를 주도한 당사자를 찾기 위해 대대적인 조사가 이루어졌다. 페르메이르의 작품을 판 사람은 결국 한 판 메이헤런Han van Meegeren이라는 화가로 밝혀졌는데, 그가 그린 작품들은 많은 미술 비평가에게 옛 거장들의 작품을 모방한 것에 불과하다고 조롱을 받았다. 당연한 일이지만, 체포된 직후에 판 메이헤런은 네덜란드 국민에게 큰 비난을 받았다. 그는 네덜란드의 문화적 재산을 나치에게 팔아넘겼을(사형 선고를 받을 수 있는 중범죄) 뿐만 아니라, 전쟁 동안 많은 시민들이 굶주리고 있을 때 그 거래를 통해 챙긴 거액으로 암스테르담에서 호화로운 생활을 누렸다. 그러자 판 메이헤런은 중형을 피하기 위해 괴링에게 판 그림은 페르메이르의 진품이 아니라 자신이 위조한 그림이라고 주장했다. 게다가 새로 발견된 페르메이르의 다른 작품들과 또 얼마 전에 발견된 프란스 할스Frans Hals와 피터르 더 호흐Pieter de Hooch의 작품들도 자신이 위조했다고 털어놓았다.

위조 사건을 조사하기 위해 설치된 특별위원회는 판 메이헤런의 주장이 옳다고 입증하는 듯한 의견을 내놓았는데, 위원회가 새로운 위작인 〈학자들 사이의 그리스도〉를 판 메이헤런에게 직접 그려보라고 한 결과를 일부 근거로 내세웠다. 1947년에 재판이 시작될 무렵, 판 메이헤런은 자신을 조롱했던 엘리트주의 미술 비평가들을 농락하고 나치 지휘부를 속여 위작을 팔아넘긴 국가적 영웅으로 칭송받았다. 판 메이헤런은 나치에 협력했다는 혐의에서 벗어났고, 위조와 사기 혐의로 징역 1년 형만 선고받았지만, 교도소에 수감되기 전에 심장마비로 사망했다. 그런데 이 평결에도 불구하고 많은 사람들(특히 '판 메이헤런이 위조한 페르메이르의 작품'을 산 사람들)은 여전히 그 그림들이 진품이라고 믿었으며, 평결에 계속 이의를 제기했다.

1967년, 납-121 방사성 연대 측정법을 사용해 〈엠마오의 만찬〉을 재조사했다. 판 메이헤런은 위조할 때 페르메이르가 사용한 것과 동일한 재료를 사용하면서 아주 세심하게 신경 썼지만, 그 재료를 만든 방법까지 완벽하게 재현하지는 못했다. 진품으로 위장하기 위해 17세기에 제조된 캔버스를 사용하고 원래의 제법에 따라 물감을 섞었지만, 백연 페인트를 만드는 데 사용한 납은 그 광석에서 얼마 전에 추출한 것이었다. 천연 납에는 방사성 동위 원소 납-210과 그 부모 방사성 핵종(방사성 붕괴를 통해 납을 만들어낸 원소)인 라듐-226이 포함돼 있다. 납을 광석에서 추출할 때 라듐-226은 대부분 제거되고 극소량만 남는데, 따라서 추출한 납에서는 납-210이 비교적 적게 만들어진다. 그러므로 시료 중에서 납-210과 라듐-226의 농도를 비교하면, 납-210의 방사능이 반감기에 따라 기하급수적으로 감소한다는 사실을 바탕으로 납 페인트가 정확하게 언제 만들어졌는지 알 수 있다. 〈엠마오의 만찬〉에서는 그것을 300년 전에 그렸을 경우보다 납-210이 훨씬 높은 비율로 검출되었다. 이로써 판 메이헤런이 위조한 작품은 17세기에 페르메이르가 직접 그린 것이 아니라는 사실이 확실히 입증되었다. 판 메이헤런이 페인트를 만드는 데 사용한 납은 17세기에는 아직 채굴되기 전이었기 때문이다.[16]

어째서 다들 얼음물을 뒤집어쓰고 있지?

만약 판 메이헤런이 오늘날 활동했다면, 그의 작품들은 한 덩어리로 묶여 '진품이 아니라고 믿기 힘든 위작 아홉 점'과 같은 제목을 단 링크 기사로 인터넷을 통해 널리 퍼졌을 것이다. 큰 부자로 대통령 후보에 나선 밋 롬니Mitt Romney가 6개의 문자로 꾸민 지지자들을 'ROMNEY' 대신에 'RMONEY'가 되도록 줄 세운 듯이 보이는 사진이라든가, 뒤쪽에서 낮은 고도로 접근하는 비행기를 알아채지 못한 채 세계무역센터의 남쪽 타워 전망대에서 포즈를 취하고 있는 '투어리스트 가이Tourist Guy'의 사진처럼 포토샵 조작을 통해 위조한 오늘날의 사기 행각은 전 세계에 널리 알려져 바이럴 마케터들의 꿈을 실현시켰다.

바이럴 마케팅viral marketing은 바이러스 질병의 확산(그 수학은 7장에서 자세히 다룰 것이다)과 비슷한 자기 복제 과정을 통해 광고 목적을 달성하는 현상을 말한다. 어떤 네트워크 내에서 한 개인이 다른 사람들을 감염시키면, 감염된 사람들은 다시 다른 사람들을 감염시킨다. 새로 감염된 사람들이 모두 적어도 한 명을 더 감염시키면, 바이러스성 메시지는 기하급수적으로 증가한다. 바이럴 마케팅은 밈학Memetics의 하위 분야인데, '밈'—어떤 양식이나 행동 또는 더 중요하게는 개념—은 소셜 네트워크를 통해 바이러스처럼 사람들 사이에 퍼져나간다. '밈'은 1976년에 리처드 도킨스Richard Dawkins가 『이기적 유전자』라는 책에서 문화적 정보가 퍼져나가는 방식을 설명하기 위해 만들어낸 용어이다. 그는 밈을 문화적 전파의 기본 단위로 정의했다. 도킨스는 대물림이 가능한 전달 단위인 유전자와 비슷하게 밈도 자기 복제와 돌연변이가 일어날 수 있다고 주장했다. 그가 말하는 밈의 예에는 곡조와 캐치프레이즈, 그리고 그 책을 쓸 당시의 시대상을 잘 반영한 병이나 아치를 만드는 방법 등이 있다. 물론 1976년에는 도킨스가 #thedress나 릭롤링Rickrolling(1987년에 발표된 릭 애스틀리의 곡 "Never Gonna Give You Up"의 뮤직비디오와 관련된 인터넷 밈—옮긴이) 또는 롤캣Lolcat(인터넷상의 고양이 사진에 영어 문단을 넣는 익살스러운 영상과 그 문화 요소들을 뭉뚱그려 일컫는 말. 영어 문단의 문법은 대부분 기이하게 틀리며 외계어를 연상시킨다—옮긴이)처럼

1. 눈 깜짝할 사이에 변해버린 세상

한때는 상상할 수 없었던(그리고 논란의 여지는 있지만 무의미한) 밈의 확산을 가능케 한 오늘날과 같은 형태의 인터넷을 알지 못했다.

가장 성공적이고 어쩌면 매우 조직적인 바이럴 마케팅 캠페인의 한 예는 ALS 아이스 버킷 챌린지이다. 2014년 여름에 머리 위로 찬물을 양동이째 뒤집어쓰는 모습을 촬영하면서 다른 사람도 똑같이 하도록 지명하고, 그러면서 자선 단체에 기부도 하는 놀이는 북반구에서 누구나 해야 하는 것이 되었다. 심지어 나도 그 바이러스에 감염되었다.

나는 아이스 버킷 챌린지의 전형적인 형식에 따라 물을 흠뻑 뒤집어쓴 뒤 내 영상에서 두 사람을 지명했고, 그 영상을 소셜 미디어에 올리면서 그들을 태그했다. 원자로 속의 중성자들처럼 각각의 영상이 게시될 때마다 평균적으로 적어도 한 사람이 그 챌린지에 응하는 한, 그 밈은 자기 지속적 성질을 지녀 기하급수적으로 증가하는 연쇄 반응을 낳는다.

이 밈의 일부 변형에서는 지명받은 사람이 아이스 버킷 챌린지를 수행하면서 근위축측삭경화증ALS협회나 자신이 선택한 자선 단체에 소액을 기부하거나, 아니면 챌린지를 수행하지 않는 대신에 훨씬 많은 금액을 기부해야 한다. 자선 단체와의 연관성은 지명받은 사람에게 이 밈에 동참하도록 압박하는 것 외에, 사회의식을 높이고 이타적 측면을 보여주는 자신의 긍정적인 이미지를 고양함으로써 만족감을 느끼게 하는 보너스를 제공한다. 이러한 자기만족적 측면은 이 밈의 전염성을 높이는 데 기여했다. 2014년 9월 초에 ALS협회는 300만 명 이상의 기부자에게서 추가로 들어온 후원금으로 1억 달러 이상을 받았다고 보고했다. 아이스 버킷 챌린지 동안에 들어온 후원금 덕분에 연구자들은 ALS

를 일으키는 세 번째 유전자를 발견함으로써 바이럴 캠페인의 큰 영향력을 입증했다.[17]

인플루엔자처럼 전염성이 매우 높은 일부 바이러스와 마찬가지로 아이스 버킷 챌린지도 계절에 따른 변동성(이것은 질병 확산 속도가 일 년 중 시기에 따라 큰 차이가 나는 중요한 현상인데, 7장에서 다시 자세히 다룰 것이다)이 아주 강하게 나타났다. 가을이 다가와 북반구의 날씨가 쌀쌀해지자, 아무리 훌륭한 대의를 위한 것이라 해도 얼음처럼 차가운 물을 뒤집어쓰는 것은 갑자기 별로 유쾌하지 않은 경험으로 보였다. 9월이 시작될 무렵, 아이스 버킷 챌린지 열풍은 대체로 사그라들었다. 계절적 인플루엔자처럼 그것은 다음 해 여름과 그다음 해 여름에 다시 비슷한 형식으로 돌아왔지만, 대체로 포화 상태에 이른 집단에서 일어났다. 2015년에 아이스 버킷 챌린지로 ALS협회에 기부한 금액은 전해의 1% 미만에 불과했다. 2014년에 이 바이러스에 노출된 사람들은 강한 면역력이 생겼는데, 약간 돌연변이가 일어난 변종(예컨대 양동이에 물 대신에 다른 물질을 넣은 것)에도 강한 면역력을 보였다. 이 냉담한 면역력에 기세가 꺾이면서 새로운 참가자가 그 바이러스를 평균적으로 적어도 다른 한 사람에게 전달하는 데 실패하자, 이 유행은 새로 일어날 때마다 금방 시들해졌다.

미래는 기하급수적인가

프랑스에는 미루는 행동의 위험을 설명하기 위해 어린이에게 들려주

　　　　　　　　　　　　　　1. 눈 깜짝할 사이에 변해버린 세상

는 우화가 있는데, 이 이야기에 기하급수적 증가가 나온다. 어느 날 호수 표면에 조류藻類가 아주 조금 생겨났다. 그다음 며칠 동안 이 조류 개체군은 하루가 지날 때마다 호수 표면을 덮은 면적이 두 배씩 불어났다. 뭔가 조치를 취하지 않는다면, 이 조류는 호수를 완전히 덮을 때까지 이런 식으로 꾸준히 증식할 것이다. 아무것도 하지 않고 가만히 내버려둔다면, 이 조류가 호수 표면을 완전히 뒤덮어 물을 오염시키는 데에는 60일이 걸린다. 처음에는 조류가 차지한 면적이 아주 작았고 당장은 별다른 위협이 되지 않았기 때문에, 호수 절반을 뒤덮을 때까지 내버려두기로 결정했다고 하자. 여기서 질문은 "조류가 호수 절반을 뒤덮는 날은 언제인가?"라는 것이다.

많은 사람들이 깊이 생각하지 않고 공통적으로 내놓는 답은 30일이다. 그러나 조류 집단은 하루가 지날 때마다 그 면적이 두 배씩 늘어나기 때문에, 어느 날 호수의 절반이 조류로 뒤덮였다면 호수 전체가 완전히 뒤덮이는 날은 바로 그다음 날이다. 따라서 다소 놀랍게 들릴 수도 있지만 정답은 59일째 되는 날이고, 이제 호수를 구할 시간은 하루밖에 남지 않았다. 30일째에 조류 집단이 차지하는 면적은 호수 전체 면적 중 10억분의 1도 되지 않는다. 만약 여러분이 그런 조류라면, 언제쯤 공간이 비좁다고 느낄까? 기하급수적 증가를 제대로 이해하지 못할 경우, 조류가 호수 전체 면적의 겨우 3%를 뒤덮은 55일째 되는 날에 앞으로 불과 5일 뒤에 호수가 완전히 조류로 뒤덮여 질식 상태에 빠질 것이라는 이야기를 듣는다면, 여러분은 그 이야기가 믿어지겠는가? 아마도 믿어지지 않을 것이다.

이것은 우리 인간이 어떤 식으로 사고하도록 조건화해 있는지 잘 보여준다. 우리 조상들의 경우, 한 세대의 경험은 그 이전 세대의 경험과 거의 비슷했다. 그들은 조상과 같은 일을 하고 같은 도구를 사용하고 같은 장소에서 살아갔다. 그들은 후손들도 똑같이 살아가리라고 예상했다. 그러나 오늘날에는 기술 성장과 사회 변화가 너무나도 빠르게 일어나고 있어 단 한 세대 내에서도 괄목할 만한 차이가 나타난다. 일부 이론가들은 기술 발전 속도 자체가 기하급수적으로 증가하고 있다고 믿는다.

컴퓨터과학자 버너 빈지Vernor Vinge는 SF 소설과 에세이에서 그러한 개념들을 요약했는데,[18] 연속적인 기술 발전이 점점 더 잦은 빈도로 일어나다가 마침내 어느 시점에 이르면 새로운 기술이 인간이 이해하는 범위를 넘어서게 된다고 한다. 인공 지능의 폭발은 결국에는 '기술적 특이점'과 전지전능한 초지능의 출현을 낳을 것이다. 미국의 미래학자 레이 커즈와일Ray Kurzweil은 빈지의 개념을 SF 영역에서 끄집어내 현실 세계에 적용하려고 시도했다. 1999년, 자신의 저서 『영혼이 있는 기계의 시대The Age of Spiritual Machine』에서 커즈와일은 '수확 가속의 법칙'이라는 가설을 주장했다.[19] 그는 우리 자신의 생물학적 진화까지 포함하는 광범위한 계들의 진화가 기하급수적 속도로 일어난다고 주장했다. 심지어 거기서 더 나아가 빈지의 '기술적 특이점'이 일어나는 시점—커즈와일의 표현을 빌리면, "기술적 변화가 너무나도 빠르고 깊이 있게 일어나 인류 역사의 구조 자체가 찢어지는" 일이 일어나는 시점—을 2045년경으로 못박기까지 했다.[20] 커즈와일은 특이점에 함축된 의미 중에서 "생물학적 지능과 비생물학적 지능의 결합, 소프트웨어를 기반으로 한 불멸의 인간, 우주에서 빛의 속도로 팽창해나가는 고도의 지능"을 열거한다. 이 극단적이고 기이한 예측은 그동안 SF의 영역에 국한돼 있었지만, 장기간 기하급수적 성장을 실제로 지속해온 기술 발전 사례들이 있다.

무어의 법칙—컴퓨터 회로에 포함되는 부품 수가 2년마다 두 배씩 증가한다는 법칙—은 기술의 기하급수적 성장을 언급할 때 자주 인용되는 예이다. 뉴턴의 운동 법칙과 달리 무어의 법칙은 물리 법칙이나 자연 법칙이 아니기 때문에, 앞으로 계속 성립할 것이라고 믿을 근거는 없다. 그러나 1970년부터 2016년 사이에 이 법칙은 놀랍도록 일관되게 성립했다. 무어의 법칙은 디지털 기술의 더욱 광범위한 가속화와 밀접한 관련이 있으며, 그러한 가속화는 20세기에서 21세기로 넘어올 무렵 경제 성장에 크게 기여했다.

1990년에 인간 유전체를 이루는 염기 문자 30억 개의 지도를 작성하겠다고 나섰을 때, 비판자들은 이 계획의 엄청난 규모에 코웃음을 치면서 현재의 속도로는 수천 년이 걸릴 것이라고 말했다. 그러나 염기 서열 분석 기술은 기하급수적 속도로 발전했다. 완전한 '생명의 책'은 계획보다 일찍, 그리고 책정된 10억 달러의 예산 한도 내에서 2003년에 나왔다.[21] 지금은 한 시간이면 한 개인의 유전체를 완전히 분석할 수 있으며, 그것도 1000달러 미만의 비용으로 할 수 있다.

인구 폭발과 지구의 수용 능력

호수에서 조류가 확산하는 이야기는 기하급수적 증가 개념을 모르면 생태계와 개체군 붕괴 사태를 손 놓고 바라보는 상황에 맞닥뜨릴 수 있음을 보여준다. 명백한 경고가 계속 나오는데도 불구하고, 멸종 위기종 명단에 올라 있는 종 가운데 하나는 바로 우리 자신이다.

1346년부터 1353년까지 인류 역사상 가장 파괴적인 범유행병(요즘은 팬데믹Pandemic이라는 영어명을 그대로 쓰는 경우가 많다. 전염병의 확산은 7장에서 더 자세히 다룰 것이다) 중 하나인 흑사병이 유럽을 휩쓸면서 전체 인구 중 60%가 사망했다. 그때 세계 인구는 약 3억 7000만 명으로 줄어들었다. 그 뒤로 세계 인구는 감소하는 일 없이 꾸준히 증가했다. 1800년에는 처음으로 10억에 가까워졌다. 가파른 인구 증가 추세를 간파한 영국 수학자 토머스 맬서스Thomas Malthus는 인구가 현재 규모에 비례하는 비율로 증가한다고 주장했다.[22] 이 단순한 규칙은 초기의 배아 세포나 은행 계좌에 넣어둔 돈처럼 이미 혼잡한 지구에서 인구가 기하급수적으로 증가할 것이라고 이야기한다.

많은 SF 소설과 영화(예컨대 최근의 블록버스터 작품인 〈인터스텔라〉와 〈패신저스〉)에서는 우주로 이주함으로써 인구 증가 문제를 해결하는 방법을 선호한다. 대개는 적절한 지구형 행성을 발견해 지구의 과잉 인구를 이주시킬 준비를 한다. 이것은 단순히 SF 소설에 등장하는 해결책에 불과한 게 아니다. 2017년, 유명한 과학자 스티븐 호킹Stephen Hawking이 외계 행성 식민지 개념에 힘을 실어주었다. 호킹은 인류가 인구 과잉과 기후 변화로 인한 멸종 위협에서 살아남으려면, 앞으로 30년 안에 화성이나 달을 식민지로 만드는 작업을 시작해야 한다고 경고했다. 그러나 만약 인구 성장률이 꺾이지 않고 계속 이어진다면, 세계 인구 중 절반을 새로운 지구형 행성으로 옮긴다 해도, 63년 후에는 세계 인구가 다시 두 배로 늘어나 두 행성이 모두 포화되고 말 것이다. 맬서스는 기하급수적 증가가 행성 간 이주를 헛된 노력으로 만들 것이라고 예측했다. "이곳 지구에 존재하는 생명의 싹들은 풍부한 먹이와 팽창해갈 풍부한 공간만 있다면, 수천 년 안에 수백만 개의 지구를 가득 채울 것이다."

그러나 앞에서 이미 보았듯이(우유병 속에서 엔테로코쿠스 파이칼리스 세균이 증식하는 상황을 떠올려보라) 기하급수적 성장은 영원히 이어질 수 없다. 보통은 개체군이 커지면, 그 개체군을 부양하는 환경의 자원 분포가 더 희박해지고, 순 증가율(출생률과 사망률의 차이)은 자연히 떨어진다. 주어진 환경에는 특정 종의 '수용 능력'—지속 가능한 개체군의 최대 크기—이 정해져 있다. 다윈은 환경의 한계로 인해 개체들이 "자연의 경제에서 자신의 자리를 놓고 경쟁을 벌이기" 때문에 '생존 경쟁'이 벌어진다는 사실을 간파했다. 종 내에서 또는 종 간에 한정된 자원을 놓고 벌어지는 경쟁의 효과를 표현하는 가장 간단한 수학 모형을 '로지스틱 성장 모형logistic growth model'이라고 한다.

〈그림 3〉에서 로지스틱 성장은 처음에는 기하급수적으로 증가하는 것처럼 보이는데, 개체군이 환경 조건에 제약받지 않고 현재의 크기에 비례해 자유롭게 성장하기 때문이다. 그러나 개체군이 커지면 자원 부족으로 인해 사망률이 출생률에 점점 가까워진다. 순 개체수 증가율은 결국 0으로 떨어진다. 즉, 새로 태어나는 개체가 죽는 개체를 겨우 대체하는 정도에 그쳐 개체수는 수용 능력 수준을 유지하는 선에서 수평선을 그린다. 스코틀랜드 과학자 앤더슨 매켄드릭Anderson McKendrick(초기의 수리생물학자 중 한 명으로, 7장에서 전염병 확산 모형에 관한 연구를 살펴볼 때 자세히 다룰 것이다)은 세균 개체군에 로지스틱 성장이 일어난다는 것을

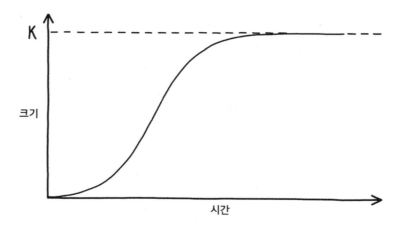

그림3 로지스틱 성장 곡선은 처음에는 거의 기하급수적으로 증가하지만, 자원 부족이 제한 요인으로 작용하면서 성장이 느려지고, 개체군 크기는 수용 능력 K에 접근한다.

최초로 입증했다.[23] 그 후로 로지스틱 성장 모형은 양,[24] 물범,[25] 두루미[26]처럼 다양한 동물 개체군의 성장을 잘 표현하면서 새로운 환경에 도입된 개체군을 아주 훌륭하게 나타낸다는 사실이 입증되었다.

많은 동물 종은 주어진 환경에서 이용 가능한 자원에 의존해 살아가기 때문에 그 수용 능력은 대체로 일정하게 유지된다. 그러나 사람은 산업 혁명, 농업의 기계화와 녹색 혁명을 포함한 다양한 요인에 힘입어 수용 능력을 끊임없이 높일 수 있었다. 현재 지속 가능한 최대 인구 추정치는 다양하지만, 많은 추정치는 90억 명에서 100억 명 사이라고 이야기한다. 저명한 사회생물학자 윌슨E.O.Wilson은 지구의 생물권이 부양할 수 있는 인구 크기에는 근원적으로 분명한 한계가 있다고 믿는다.[27] 제약 조건에는 이용 가능한 민물과 화석 연료와 그 밖의 재생 불능 자원, 환경 조건(무엇보다 중요한 것은 기후 변화), 생활 공간 등이 포함된다.

1. 눈 깜짝할 사이에 변해버린 세상

더 많이 고려되는 요인 중 하나는 이용 가능한 식량이다. 윌슨은 모든 사람이 채식주의자가 되어 생산된 식량을 가축에게 먹이는 대신에 직접 먹는다 해도(동물을 먹는 것은 식물 에너지를 식품 에너지로 바꾸는 비효율적 방법이므로), 현재 경작 가능한 땅 14억 헥타르에서 생산되는 식량으로는 100억 명만 먹여 살릴 수 있다고 추정한다.

만약 (약 75억 명에 이르는) 세계 인구가 현재의 성장률과 같은 연 1.1%의 증가 속도로 계속 성장한다면 30년 안에 100억 명에 이를 것이다. 맬서스는 인구 과잉에 대한 두려움을 1798년에 다음과 같은 경고로 표현했다. "인구의 힘은 지구가 인류를 먹여 살리기 위해 생산하는 힘을 훨씬 능가하기 때문에, 이런저런 형태로 이른 죽음이 인류를 찾아올 것이다." 인류 역사의 맥락에서 볼 때, 우리에게는 호수를 구할 날이 하루밖에 남지 않은 상황이다.

그러나 낙관해도 될 이유가 몇 가지 있다. 비록 인구는 꾸준히 증가하고 있지만, 효과적인 산아 제한과 유아 사망률 감소(이것은 낮은 재생산율로 이어진다) 덕분에 이전 세대들보다 훨씬 느린 속도로 증가한다. 인구 성장률은 1960년대 후반에 연간 약 2%로 정점에 이르렀지만, 2023년께에는 연간 1% 아래로 떨어질 것으로 예상된다.[28] 만약 인구 성장률이 1960년대와 같은 수준을 유지했더라면, 세계 인구가 두 배로 늘어나는 데에는 35년밖에 걸리지 않았을 것이다. 그러나 실제로 세계 인구가 73억 명(1969년의 세계 인구 36억 5000명의 두 배)에 이른 것은 2016년으로, 예상보다 약 50년이나 늦었다. 연간 성장률이 1%일 때 인구가 두 배가 되기까지 걸리는 시간은 69.7년으로 늘어나는데, 이것은 1969년의 성장률을 바탕으로 한 기간보다 거의 두 배나 긴 시간이다. 기하급수적 성장에서는 증가율이 조금만 감소해도 결과에 큰 차이가 생긴다. 따라서 우리는 지구의 수용 능력 한계를 향해 다가가는 가운데 인구 성장 속도를 늦춤으로써 시간을 벌 수 있다. 그런데도 기하급수적 행동이 우리에게 시간이 덜 남은 것처럼 느끼게 만드는 이유가 있다.

나이 들수록 시간이 쏜살같이 흐른다

어린 시절에 여름의 휴일이 영원히 계속될 것처럼 느껴지던 기억이 있는가? 네 살과 여섯 살인 내 아이들에게는 다음 크리스마스까지 기다리는 시간이 한없이 길게 느껴질 것이다. 이와는 대조적으로 점점 늙어가는 나에게는 시간이 놀라운 속도로 빨리 지나가는 것처럼 느껴지는데, 하루가 어느새 1주일로 바뀌고 1주일은 다시 금방 한 달로 바뀌면서 모든 나날은 바닥이 없는 과거의 싱크홀로 사라지고 만다. 나는 70대인 부모님에게 매주 전화를 걸 때마다 부모님의 빡빡한 일정 때문에 내가 방문할 시간이 거의 없을 것 같은 인상을 받는다. 그러나 막상 한 주를 어떻게 보내는지 물어보면, 두 사람의 빡빡한 일정은 나 같으면 단 하루 만에 다 처리할 일들로 채워진 듯이 보일 때가 많다. 그런데 나는 어떤 것들 때문에 시간의 압박을 받는가? 내게는 돌봐야 할 아이 둘과 풀타임 일자리와 써야 할 책 한 권이 있다.

그러나 부모님의 그런 태도를 비아냥대서는 안 되는데, 나이를 먹을수록 지각된 시간은 정말로 더 빨리 흐르는 것처럼 보이고, 그래서 시간이 부족하다는 느낌을 더욱 부추기기 때문이다.[29] 1996년에 어떤 실험에서 청년 집단(19~24세)과 노인 집단(60~80세)을 대상으로 머릿속으로 3분의 시간을 헤아려보게 했다. 청년 집단은 평균적으로 실제 시간으로 3분 3초가 지나는 동안 3분을 헤아린 반면, 노인 집단은 평균적으로 3분 하고도 40초가 지날 때까지 멈추지 않았다.[30] 이와 연관된 다른 실험들에서는 피험자에게 어떤 과제를 수행하는 동안 흐른 일정 시간의 길이를 추정하게 해보았다.[31] 나이가 많은 집단은 젊은 집단보다 경험한 시간의 길이를 훨씬 짧게 추정했다. 예를 들면 실제로는 2분이 지났는데 채 50초도 지나지 않았다고 생각했다. 그러고는 나머지 1분 10초가 도대체 어디로 사라졌느냐고 물었다.

시간 경과에 대한 지각이 이렇게 가속되는 현상은 근심 걱정 없던 젊은 시절이 다 지나가고 달력을 어른의 책임으로 가득 채우게 된 상황과는 아무 관계가 없다. 사실, 나이를 먹을수록 시간 지각이 가속되는 이유를 설명하는 이론은 아주 많다. 한 이론은 나이가 들수록 대사 속도가 느려지고 그와 함께 심장 박동과 호흡이 느려진다는 사실을 지적한다.[32] 빨리 가도록 설정해놓은 스톱워치처럼 어린이 버전의 이 '생물학적 시계'는 더 빨리 재깍거린다. 그래서 고정된 시간 동안 어린이는 이 생물학적 페이스메이커(예컨대 호흡이나 심장 박동)가 더 많이 뛰는 것을 경험하고, 시간이 더 많이 흐른 것처럼 느낀다.

또 다른 이론은 시간 경과를 느끼는 우리의 지각이 환경에서 받아들이는 새로운 지각 정보의 양에 좌우된다고 주장한다.[33] 새로운 자극이 많을수록 뇌가 정보를 처리하는 데 걸리는 시간이 더 길어진다. 적어도 지나고 나서 되돌아보면, 이에 상응하는 시간은 더 오래 걸린 것처럼 느껴진다. 이 주장은 사고 직전의 순간들이 영화처럼 슬로모션으로 펼쳐지는 현상을 설명할 수 있다. 사고 피해자에게는 그 상황이 너무나도 낯설기 때문에 새로운 지각 정보의 양이 아주 많다. 그 사건 동안에 시간이 실제로 느려지는 것이 아니라, 우리 뇌가 경험한 데이터의 홍수를 바탕으로 더 자세한 기억을 기록하기 때문에 그 사건을 다시 떠올리는 속도가 느려지는 것일지 모른다. 자유 낙하를 통해 낯선 감각을 경험한 피험자들을 대상으로 한 실험들은 실제로 그런 일이 일어난다는 것을 보여주었다.[34]

이 이론은 지각된 시간이 가속되는 현상과 아주 잘 들어맞는다. 나이가 들수록 우리는 주변 환경에, 그리고 더 일반적으로는 삶의 경험에 더욱 익숙해지는 경향이 있다. 일상적인 통근길도 처음에는 새로운 풍경과 엉뚱한 길로 들어설 기회가 넘쳐나 길고 힘든 여행처럼 보였지만, 이제는 우리의 자동 조종 장치로 익숙한 길을 따라 나아가기 때문에 그냥 휙휙 스쳐 지나간다.

어린이는 사정이 다르다. 어린이의 세계는 낯선 경험이 가득 넘쳐나는 장소인 경우가 많다. 어린이는 주변 세계의 모형을 끊임없이 다시 수정한다. 그러려면 정신적 노력이 많이 필요한데, 그 때문에 판에 박힌 생활을 하는 어른에 비해 그들의 모래시계에서는 모래가 더 천천히 떨어지는 것처럼 보인다. 일상의 틀에 익숙해질수록 우리가 지각하는 시간은 더 빨리 흐르며, 일반적으로 나이가 들수록 이러한 친숙성은 더 커진다. 시간을 느리게 흐르게 하고 싶다면, 시간을 갉아먹는 일상의 틀에서 벗어나 새롭고 다양한 경험으로 삶을 채우라고 이 이론은 말한다.

그러나 어느 이론도 시간 지각의 가속이 거의 완전히 일정한 비율로 일어나는 현상을 제대로 설명하지 못한다. 나이를 먹음에 따라 고정된 시간의 길이가 자꾸 줄어드는 것처럼 보이는 현상은 시간에 '기하급수적 척도'를 적용해야 한다고 시사한다. 우리는 아주 광범위하게 값이 변하는 양을 측정할 때, 전통적인 선형 척도 대신에 기하급수적 척도를 사용한다. 가장 잘 알려진 예로는 소리 같은 에너지 파동(데시벨 단위로 측정하는)이나 지진 활동을 측정하는 척도가 있다. 지진의 세기를 나타내는 리히터 규모의 경우, 진도 10에서 11로 증가할 때 땅의 움직임은 선형 척도에서처럼 10% 증가하는 게 아니라 10배 증가한다. 리히터 규모의 한쪽 끝에서는 2018년 6월에 러시아 월드컵 경기에서 멕시코 팀이 독일 팀을 상대로 골을 넣었을 때 멕시코시티에서 축구 팬들이 환호를 지르면서 울려 퍼진 미세한 진동을 포착할 수 있었다. 반대쪽 끝에서는 1960년에 칠레 발디비아에서 일어난 관측 사상 세계 최대 규모의 지진을 기록했다. 리히터 규모 9.6의 이 지진에서 방출된 에너지는 히로시마에 투하한 원자 폭탄 25만 개 이상이 폭발한 것과 맞먹었다.

만약 어떤 기간의 시간을 지금까지 살아온 시간에 대한 비율로 판단한다면, 지각된 시간의 기하급수적 증가 모형이 이치에 닿아 보인다. 34세인 나에게 1년은 지금까지 살아온 생애의 3% 미만에 해당한다. 요즘 들어 내 생일은 너무 빨리 돌아오는 것처럼 느껴진다. 그러나 열 살 꼬마는 다음번 생일 선물을 받을 때까지 살아온 생애의 10%를 기다려야 하며, 그러려면 거의 성인成人에 가까운 인내가 필요하다. 네 살인 내 아들이 생일을 다시 맞이하려면 지금까지 살아온 생애의 4분의 1을 더 기다려야 하는데, 그것은 참을 수 없는 일처럼 보인다. 이 기하급수적 모형에서 네 살 꼬마가 다음 생일이 될 때까지 경험하는 시간은

40세인 사람이 50세가 될 때까지 기다리는 시간과 맞먹는다. 이러한 상대적 관점에서 바라보면, 나이가 들수록 시간이 가속되는 느낌이 드는 것은 충분히 이치에 닿는다.

우리는 흔히 생애를 10년 단위—근심 걱정이 없는 20대, 진지한 30대 등으로—로 분류하는데, 이것은 각각의 시기를 동일한 비중으로 다룬다는 전제를 깔고 있다. 그러나 만약 시간이 정말로 기하급수적으로 빨라진다면, 제각각 시간 길이가 다른 인생의 장들이 거의 같은 길이로 느껴질 것이다. 기하급수적 증가 모형에 따르면 5~10세, 10~20세, 20~40세, 40~80세 구간이 모두 똑같이 긴(또는 짧은) 시간으로 보일 수 있다. 그렇다고 해서 미친 듯이 버킷 리스트를 많이 작성할 필요는 없지만, 어쨌든 이 모형에 따르면 40~80세 구간의 40년은 5~10세 구간의 5년만큼 금방 지나갈 수 있다.

기브 앤드 테이크 다단계 사기로 징역형을 받은 폭스와 차머스에게 교도소 생활의 단조로움 또는 기하급수적으로 증가하는 지각된 시간 경과 덕분에 수감 기간이 아주 빨리 지나가는 것처럼 느껴진다면, 그들에게는 그나마 작은 위안이 될 것이다.

이 사기에 연루된 혐의로 모두 9명의 여성이 형을 받았다. 몇몇은 사기 활동으로 번 돈 가운데 일부를 토해냈지만, 투자자들이 갖다 바친 수백만 파운드 중에서 회수된 돈은 얼마 되지 않았다. 그리고 사기 피해자에게 돌아간 돈은 한 푼도 없었다. 사기 행각을 전혀 의심하지 않았던 피해자들은 기하급수적 증가의 위력을 과소평가하는 바람에 모든 것을 잃고 말았다.

원자로 폭발에서 인구 폭발까지, 바이러스의 확산에서 바이럴 마케팅 캠페인의 확산까지, 기하급수적 증가와 감소는 여러분과 나 같은 보통 사람들의 삶에 보이지 않게 아주 큰 영향을 미친다. 기하급수적 행동의 활용을 통해 범죄자와 세상을 파괴할 수 있는 사람을 기소하는 과학 분야들이 탄생했다. 기하급수적 사고를 하지 못하면, 우리의 결정은 제어 불능 상태에 빠진 핵 연쇄 반응처럼 예상치 못한 기하급수적 결과를 낳을 수 있다. 많은 혁신 중에서도 기술 발전의 기하급수적 성장 속도는 개인 맞춤형 의학 시대를 앞당겼는데, 이 덕분에 누구나 비교적 저렴한 비용으로 자신의 DNA 염기 서열 분석 결과를 받을 수 있게 되었다. 이 유전체 혁명은 우리 자신의 건강 소질을 들여다보는 데 유례없는 통찰력을 제공할 잠재력이 있긴 하지만, 현대 의학의 바탕을 이루는 수학이 보조를 맞춰 함께 발전해야만 가능하다. 다음 장에서 이것을 자세히 살펴보기로 하자.

2장

암 진단을 받고도
침착을 유지하려면

민감도와 특이도와 이차 의견 이해하기

메일함에 읽지 않은 이메일이 있는 것을 본 순간, 온몸에 아드레날린이 흘러넘쳤다. 그것은 위장에서 시작해 팔을 따라 내려가면서 손가락을 찌르르하게 만들었다. 무의식적으로 숨을 멈추었더니 귀 뒤에서 고동치는 맥박이 느껴졌다. 메일을 연 나는 서두를 건너뛰고 곧장 '당신의 보고서 보기' 링크를 클릭했다. 새 브라우저 창이 열리자 로그인을 한 다음, '유전적 건강 위험'이라는 제목이 달린 부분을 클릭했다. 목록을 훑어보던 나는 '파킨슨병: 변이 없음' 'BRCA1/BRCA2: 변이 없음' '나이 관련 황반 변성: 변이 없음' 등의 항목을 보고 안도했다. 유전적 소질이 없는 것으로 드러난 질병 항목을 죽 지나가는 동안 불안감은 크게 가라앉았다. 아무 이상이 없다는 소견이 계속 이어지던 목록 맨 아래에 이르렀을 때, 지금까지 그냥 지나쳤던 저 바깥에 따로 있는 항목으로 눈길이 갔다. 거기에는 '후기 발병 알츠하이머병: 위험 높음'이라고 적혀 있었다.

이 책을 쓰기 시작할 때, 나는 유전자 검사 뒤에 숨어 있는 수학을 탐구하면 재미있겠다고 생각했다. 그래서 개인 유전자 검사 회사 중에서 가장 유명한 23andMe에 유전자 검사를 신청했다. 검사 결과를 잘 이해하려면 검사를 직접 해보는 것보다 더 좋은 방법이 있겠는가? 적지 않은 비용이 들었지만, 그들은 내게 침 2cc를 채취할 관을 보내주었고, 나는 그것을 잘 밀봉해서 다시 보냈다. 23andMe는 나의 소질과 건강, 심지어 내 조상의 계보에 관한 정보를 90개 이상의 항목으로 정리해 보내주겠다고 약속했다. 그러고 나서 몇 달 동안 나는 그 검사를 거의 까맣게 잊었고, 이 검사에서 중요한 사실이 드러나리라고는 전혀 믿지 않았다. 그런데 이메일이 도착하자, 나의 미래 건강을 포괄적으로 알려주는 정보가 그 안에 들어 있겠구나 하는 생각이 들었다. 나는 심각한 건강 정보처럼 보이는 그 보고서를 살펴보려고 컴퓨터 화면 앞에 앉았다.

'위험 높음'이 무엇을 뜻하는지 정확히 알기 위해 나의 알츠하이머병 위험에 관한 보고서 14페이지를 모두 다운로드했다. 나는 알츠하이머병에 관해 피상적인 지식밖에 없었기 때문에 더 자세한 것을 알고 싶었다. 첫 번째 문장은 불안감을 가라앉히는 데 아무 도움이 되지 않았다. "알츠하이머병의 특징은 기억 상실, 인지 능력 감퇴, 성격 변화입니다." 계속 읽어가다가 아포 지질 단백질E_APOE 유전자 2개 중 하나에서 엡실론-4(ε4) 변이가 발견되었다는 사실을 알았다. 보고서의 첫 번째 정량적 정보는 "……평균적으로 이 변이가 있는 유럽인 계통 남성은 75세까지 후기 발병 알츠하이머병이 나타날 확률이 4~7%이고, 85세까지는 20~23%입니다."라고 적혀 있었다.

이 수치들은 추상적인 방식으로 뭔가를 의미했지만, 나는 그것을 제대로 해석하기가 어려웠다. 내가 정말로 알고 싶은 것은 세 가지였다.

첫째, 만약 그렇다면, 새로 발견된 위험에 대해 내가 할 수 있는 일은 무엇인가? 둘째, 인구 집단 내의 평균적인 개인과 비교해 나는 얼마나 나쁜 상황에 있는가? 셋째, 23andMe가 보내준 이 수치는 얼마나 신뢰할 만한가? 보고서를 죽 읽어 내려가다가 첫 번째 질문에 답을 주는 정보를 발견했다. "현재까지 알츠하이머병을 예방하거나 치료하는 법은 발견되지 않았습니다." 나머지 두 질문에 대한 답을 찾으려면 보고서를 더 깊이 들여다봐야 할 것 같았다. 내가 유전자 검사의 수학적 해석에 기울였던 관심은 갑자기 훨씬 긴급하고 개인적인 것이 되었다.

*　　*　　*

의학이 갈수록 점점 더 정량적 분야로 변해감에 따라 특정 치료법의 사용에 관한 것이든 또는 더 개인적 차원에서 생활방식의 선택에 관한 것이든, 중요한 결정을 내릴 때 수학 공식이 냉정한 토대를 제공하는 경우가 많다. 이 장에서는 이 공식들을 살펴보면서 이것들이 과학에 확실한 기반을 둔 것인지, 아니면 낡아빠진 수비학數秘學에 불과해 믿지 말거나 버려야 할 것인지 알아볼 것이다. 아이러니하게도 나는 수백 년 전의 수학에 의존해 훨씬 나은 대안을 제시할 것이다.

진단 기술이 발전함에 따라 우리는 과거 어느 때보다도 의학적 검사를 더 많이 받는다. 거짓 양성 결과가 집단 검진에 미치는 놀라운 효과를 살펴보고, 검사 결과가 어떻게 아주 정확한 동시에 한편으로는 아주 부정확할 수 있는지 알아볼 것이다. 거짓 양성과 거짓 음성이 모두 나오는 임신 검사 같은 도구가 제기하는 딜레마를 살펴보고, 서로 다른 진단 맥락에서 이 부정확한 결과를 유용하게 사용하는 방법을 알아볼 것이다.

전체 유전체 염기 서열 분석과 웨어러블 테크놀로지wearable technology (착용 기술), 데이터과학의 발전 덕분에 개인 맞춤형 의학 시대가 열렸다. 우리가 새로운 건강 관리 시대를 향해 시험적인 첫발을 내디딘 지금, 나는 내 질병 위험 프로필이 실제로 어떤 것인지 이해하고, 현재 개인 유전자 검사를 해석하는 데 쓰이는 수학적 방법론이 면밀한 검증을 통과하는지 알아보기 위해 내 DNA 검사 결과를 재해석할 것이다.

개인 유전자 검사를 해보다

2007년, 사람의 DNA에 들어 있는 염색체 23쌍에서 이름을 딴 23andMe는 의뢰자의 혈통을 밝혀낼 목적으로 개인의 DNA 검사를 제공하는 최초의 회사가 되었다. 이듬해에 23andMe는 구글에서 400만 달러를 투자받아 침 시료로 알코올 내성부터 심방 세동에 이르기까지 100여 가지 질환에 걸릴 확률을 평가하는 검사법을 시장에 내놓았다. 23andMe가 제시한 소질 목록이 매우 광범위하고 그 결과가 큰 변화를 가져올 수 있었기 때문에,《타임》은 이 검사법을 '올해의 발명'으로 선정했다.

그러나 좋은 시절은 오래가지 않았다. 2010년, 미국 식품의약국FDA은 개인 유전체를 다루는 이 회사에 이 검사가 의료 행위로 간주되므로 FDA의 승인을 받아야 한다고 통보했다. 2013년, 23andMe가 여전히 적절한 승인을 얻지 못하자, FDA는 검사의 정확성이 검증될 때까지 질병 위험 인자를 제공하는 행위를 중단하라고 명령했다. 23andMe의 고객들은 23andMe가 제공할 수 있는 정보에 대해 잘못된 안내를 받았다고 주장하면서 집단 소송을 제기했다. 이러한 분쟁이 한창 고조되어가던 2014년 12월, 23andMe는 영국에서 건강 관리 서비스를 시작했다. 이런 논란을 감안할 때, 시료를 보낸다 하더라도 내 DNA를 검사한 결과를 신뢰할 수 있을지 의심이 들었다.

《뉴욕 타임스》에서 33세의 웹 개발자 맷 펜더Matt Fender의 경험을 읽은 것도 염려를 키웠다. 자칭 컴퓨터광이자 날로 커져가는 '건강 염려증' 공동체 구성원인 펜더는 23andMe에는 이상적인 고객이다. 자신의 프로필 데이터를 받고 나서 제3자 해석자에게 검토까지 의뢰한 펜더는 PSEN1 돌연변이 양성 결과가 나왔다는 사실을 알았다. PSEN1은 조기 발병 알츠하이머병의 '완전 발현'을 시사한다. 즉, 이 돌연변이가 있는 사람은 반드시 이 병에 걸린다는 뜻이다. 당연히 펜더는 추상적 사고 능력과 문제 해결 능력 그리고 일관성 있는 기억 능력을 잃는다는 생각에 화들짝 놀랐다. 이 진단은 그의 기대 수명을 적어도 30년이나 단축했다.

그 돌연변이의 의미가 마음에서 사라지지 않자, 펜더는 재확인에 나섰다. 알츠하이머병 가족력이 전혀 없는 펜더는 유전학자들을 설득해 후속 검사를 받으려고 애썼다. 하지만 그 대신에 두 번째 자가 유전자 검사를 받았다. 이번에는 Ancestry.com이라는 회사에 침 시료를 보내고 결과를 기다렸다. 결과는 5주일 뒤에 나왔는데, PSEN1 돌연변이 음성이었다. 약간 안도감을 느꼈지만 이전보다 더 의구심이 든 펜더는 결국 의사를 설득해 임상 평가를 받았고, Ancestry.com이 내린 음성 판정이 옳다는 확인을 받았다.

23andMe와 Ancestry.com이 사용하는 염기 서열 분석 기술은 오차가 0.1%에 불과해 아주 신뢰할 만한 것으로 보인다. 그러나 이렇게 오차가 작아도 약 100만 개의 유전자 변이를 검사할 때 1000개의 실수가 일어날 수 있다는 사실을 명심할 필요가 있다. 두 회사의 결과에 일치하지 않는 부분이 있는 것은 염려스럽지만 놀라운 일이 아니다. 더 염려스러운 일은 결과가 나온 뒤에 제공하는 후속 도움이 부족하다는 점이다. 자가 유전자 프로필을 요청한 환자들은 의학적으로 거의 완전히 격리된 상태에서 결과를 마주한다.

23andMe는 상당히 축소된 범위의 유전자 검사에 대해 FDA의 승인을 얻은 뒤 2017년에 미국에서 사업을 다시 시작했으며, 가정용 DNA 검사 키트는 그해 블랙 프라이데이에 아마존에서 가장 많이 팔린 상품 중 하나가 되었다. 나는 불안감에도 불구하고(또는 바로 그 불안감 때문에) 키트를 주문해 침 시료를 보냈다.

사람의 거의 모든 세포에는 세포핵이 있고, 그 안에 DNA―'생명의 책'이라 불리는―가 한 벌 들어 있다. 23쌍의 염색체에 기다랗게 꼬인 사다리 모양으로 뉴클레오티드가 배열돼 있는데, 각 쌍의 염색체는 부모에게서 하나씩 물려받은 것이다. 각 쌍의 염색체에는 동일한 유전자들이 비슷한 순서로 죽 늘어서 있지만, 양쪽의 유전자가 모두 완전히 똑같지는 않다. 예를 들면 알츠하이머병 관련 APOE 유전자의 주요 변이는 ε3과 ε4 두 가지가 있다. ε4 변이는 후기 발병 알츠하이머병에 걸릴 위험을 높인다. 염색체는 2개가 있기 때문에, 여러분은 ε4 복제본을

1개(그리고 ε3 복제본 1개) 가지거나 ε4 복제본을 2개(ε3 복제본은 0개) 가지거나 ε4 복제본을 0개(대신에 ε3 복제본 2개) 가질 수 있다—복제본의 수가 여러분의 유전자형이다. ε3 2개가 가장 흔한 유전자형이며, 알츠하이머병에 걸릴 가능성을 판단하는 기준이 된다. ε4 변이가 많을수록 알츠하이머병 발병 위험이 더 높다.

그런데 높다는 것은 도대체 얼마나 높은 것일까? 내가 특정 유전자형을 가진 사실을 23andMe가 발견했다는 점을 감안할 때, 나의 '예측 위험'(그 질병에 걸릴 위험)은 얼마일까? 그들이 예측한 나의 위험을 확신하려면, 성급하게 어떤 결론을 내리기 전에 그들의 수학적 분석이 정말로 건전한 기반에서 나온 것인지 확인할 필요가 있었다.

*   *   *

알츠하이머병에 걸릴 위험을 예측하는 최선의 방법은 인구 집단을 대표하는 개인을 많이 선택해 그 유전자형을 확인한 다음, 누구에게 알츠하이머병이 발병하는지 정기적으로 조사하는 것이다. 이러한 대표 데이터가 있으면, 특정 유전자형을 가진 사람이 알츠하이머병에 걸릴 위험을 일반 인구 집단이 그 병에 걸릴 위험과 비교하기가 쉽다—이른바 '상대 위험도'로. 그러나 이런 종류의 종단 연구는 대개 조사해야 할 사람의 수가 너무 많아 비용이 엄청나게 많이 들고(특히 희귀 질환의 경우) 관찰해야 할 시간도 아주 길다.

그래서 위력은 좀 떨어지지만 더 보편적인 방법은 환자 대조군 연구(사례 대조군 연구)인데, 이미 알츠하이머병을 앓고 있는 다수의 사람들을 선택하고 그와 함께 다수의 '대조군'—배경은 비슷하지만 발병하지 않은 사람들—을 선택한다. (배경이 비슷한 사람들을 신중하게 선택해 대조군을 만드는 것이 왜 중요한지는 3장에서 다룰 것이다.) 피험자를 질병 상태에 상관없이 선택하는 종단 연구와 달리 환자 대조군 연구에서는 피험자들이 질병 보균자 쪽으로 치우쳐 있기 때문에, 전체 인구 집단에서 일어나는 그 질병의 발병률을 정확하게 평가할 수 없다. 이것은 그 질병의 상대적 발병 위험에 대해 편향된 예측 결과를 얻게 된다는 뜻이다. 그러나 이러한 연구는 전체 인구 집단에서 일어나는 총 발병 건수를 알 필요가 없는 '교차비odds ratio'를 정확하게 계산하게 해준다.

경주견 경기장에 가보거나 경마에 돈을 걸어본 사람은 특정 동물이 경주에서 우승할 확률을 승산odds으로 나타낸다는 사실을 알고 있을 것이다. 어떤 경주에서 승산이 낮은 동물의 승산(이 경우에는 질 확률로 나타낸)이 5 대 1이라고 표현할 때가 있다. 이것은 동일한 경주를 여섯 번 하면, 승산이 낮은 이 동물이 다섯 번 지고 한 번 우승할 것으로 예측된다는 뜻이다. 따라서 이 동물이 우승할 확률은 여섯 번 중에 한 번이므로 $\frac{1}{6}$이다. 이런 식으로 표현한 승산을 이해하는 방법은 어떤 사건이 일어나지 않을 확률을 그 사건이 일어날 확률에 대한 비로 생각하는 것이다(이 경우에는 $\frac{5}{6}$ 대 $\frac{1}{6}$이므로, 간단히 하면 5 대 1이 된다). 반면에 우승 후보의 승산은 2 대 1이라고 표현할 수 있다. 스포츠 도박에서는 큰 수를 앞에 쓰는 것이 전통이므로, 이길 확률odds on과 질 확률odds against을 구분할 필요가 있다. 이길 확률은 질 확률의 반대로, 어떤 사건이 일어날 확률을 일어나지 않을 확률에 대한 비로 나타낸다. 이길 확률로 나타낸 승산이 2 대 1이라면, 동일한 경주를 세 번 할 때 우승 후보가 두 번을 이기고 한 번을 질 것으로 예측된다. 따라서 우승 후보가 이길 확률은 세 번 중 두 번이므로 $\frac{2}{3}$이다. 그리고 질 확률은 $\frac{1}{3}$이므로, 이길 확률 $\frac{2}{3}$를 질 확률 $\frac{1}{3}$에 대한 비로 나타내면 2 대 1이 된다.

해설자나 기록자가 '유력한 우승 후보odds on favourite'를 들먹이는 경우는 대개 소수의 말이 출전하는 경기에서 생긴다. 그러나 이 표현은 동어 반복이다. 유력한(승산이 높은odds on) 말은 당연히 우승 후보일 수밖에 없는데, 어떤 경주에서 질 확률보다 우승할 확률이 더 높은 말은 단 한 마리만 존재하기 때문이다. 많은 말이 출전하는 경주를 여러 번 할 때, 그중 한 마리가 우승하는 횟수가 우승하지 못하는 횟수보다 더 많은 경우는 아주 드물다. 예를 들어 영국에서 가장 유명한 경마 대회인 그랜드내셔널에서는 모두 40마리의 말이 출전해 경쟁을 벌인다. 2019년 경주에서도 처음부터 우승 후보로 떠오른(그리고 결국 우승까지 거머쥔) 2018년 우승마 타이거 롤Tiger Roll조차 승산(질 확률로 나타낸)이 4 대 1이었다. 대부분의 말은 대부분의 경주에서 우승할 가능성이 적기 때문에, 명시적으로 표시하지 않는 한, 큰 수를 앞에 쓰는 경마의 승산은 대개 질 확률이다.(여기서 왜 난데없이 경마 이야기를 하는지 의아할 수 있는데, 교차비odds ratio와 경마의 승산odds이 같은 영어 단어로 표현되고, 영국인은 경마에 친숙하기 때문이다—옮긴이.)

의학 부문에서는 이와 정반대이다. 확률은 대개 일어날 가능성—어떤 사건이 일어날 확률 대 일어나지 않을 확률—으로 표현되며, 대부분은 (전체 인구 집단에서 발병할 확률이 50% 미만인) 희귀 질환을 다루기 때문에 작은 수가 앞에 나온다.

의학적 확률과 바람직한 교차비를 어떻게 계산하는지 보기 위해 (내

2. 암 진단을 받고도 침착을 유지하려면

DNA 프로필에 나타난) ε4 변이 하나가 85세까지 알츠하이머병 발병에 끼치는 영향을 알아보는 가상의 환자 대조군 연구를 살펴보자. 그 결과가 〈표 1〉에 나타나 있다. ε4 변이가 (나처럼) 1개 있을 때 85세까지 알츠하이머병에 걸릴 확률은 그 병에 걸린 사람의 수(100명)를 걸리지 않은 사람의 수(335명)로 나눈 값이다. 즉, 100 대 335, 분수로 나타내면 $\frac{100}{335}$ 이다. 같은 논리로 표의 두 번째 줄에 있는 수들을 참고하면, 정상적인 ε3 변이가 2개 있을 때 85세까지 알츠하이머병에 걸릴 확률은 79 대 956, 즉 $\frac{79}{956}$ 이다. 교차비는 주어진 유전자형(예컨대 ε4 변이 1개와 ε3 변이 1개로 이루어진)의 발병 확률을 가장 흔한 유전자형(ε3 변이 2개로 이루어진)의 발병 확률을 기준으로 나타낸 값이다. 〈표 1〉에 있는 가상의 수치들을 대입하면 교차비는 $\frac{100}{335}$ 을 $\frac{79}{956}$ 로 나눈 값으로, 3.61이 나온다. 여기서 중요한 사실은 교차비를 구하는 데에는 전체 인구 집단의 발병 건수를 알 필요가 없으며, 환자 대조군 연구 결과로부터 쉽게 계산할 수 있다는 점이다.

비록 교차비 자체가 상대 위험도(ε3/ε4 유전자형이 병에 걸릴 위험을 ε3/ε3 유전자형이 병에 걸릴 위험에 대한 비로 나타낸 값)를 제공하진 않지만, 전체 인구 집단이 병에 걸릴 위험과 알려진 유전자형의 빈도를 결합함으

	85세까지 알츠하이머병 발병	85세까지 발병하지 않음
ε3/ε4	100	335
ε3/ε3	79	956

표1 ε4 변이 한 개가 85세까지 알츠하이머병 발병에 끼치는 영향을 알아보기 위한 가상의 환자 대조군 연구에서 얻은 결과.

로써 알려진 유전자형이 질병에 걸릴 확률을 구할 수 있다. 이 계산은 자명한 것이 아니다. 심지어 이 계산을 하는 방법이 한 가지만 있는 것도 아니다. 나는 23andMe가 사용한 것과 똑같은 방법을 사용하고, 내 유전자 분석 보고서와 그들이 인용한 논문의 데이터도 그대로 사용해 후기 발병 알츠하이머병에 걸릴 확률을 계산한 결과가 그 보고서의 결과와 똑같은지 보려고 했다.[35] (관심이 있는 사람을 위해 설명하자면, 병에 걸릴 확률을 알려고 내가 한 계산은 미지의 세 가지 조건부 확률을 구하는 3개의 결합 방정식 체계를 풀기 위한 비선형 솔버solver[수학 문제를 풀기 위해 사용하는 독립적인 컴퓨터 프로그램이나 소프트웨어 라이브러리 형태의 수학 소프트웨어—옮긴이]의 사용을 포함하는데, 나는 평소에 이런 계산을 즐긴다.) 내가 구한 답과 그들의 답 사이에 작지만 유의미한 차이가 발견되었다. 내 계산은 23andMe가 내놓은 수치의 정확성을 약간 의심할 필요가 있다고 시사했다.

2014년에 23andMe를 포함해 선도적인 개인 유전자 검사 회사 세 곳의 발병 위험 계산 방법을 조사한 한 연구 결과가 내 결론에 힘을 실어주었다.[36] 논문 저자들은 전체 인구 집단의 위험과 유전자형 빈도, 사용된 수학 공식의 차이가 세 회사의 예상 위험에 상당한 차이를 초래한다는 사실을 발견했다. 예상 위험을 사용해 개인들을 위험 증가나 위험 감소, 위험 불변의 범주로 분류할 때에는 그 차이가 더욱 커졌다. 이 연구는 세 회사 중 적어도 두 회사가 전립선암 검사를 받은 모든 사람들 중 65%를 서로 대조적인 위험 범주(위험 증가와 위험 감소)로 분류했다는 것을 보여주었다. 즉, 같은 사람을 놓고 한 회사는 건강하다고 말하는 반면, 다른 회사는 전립선암에 걸릴 위험이 아주 높다고 말하는 일이 전체 사례 중 약 3분의 2에서 일어난 셈이다.

유전자 검사 자체에 오류가 일어났을 가능성은 배제하더라도, 나는 세 번째 질문에 대한 답을 얻었다. 수학적 접근법이 서로 일치하지 않기 때문에, 개인 유전체 건강 보고서가 수치로 제시하는 위험 계산은 약간 의심의 눈으로 바라볼 필요가 있다.

비만을 측정하는 공식

건강 관련 도구를 우리 손에 직접 쥐여주면서 사용하게 하는 부문은 개인 DNA 검사뿐만이 아니다. 지금은 심장 박동을 추적하거나 에어로빅 피트니스를 평가하는 휴대 전화 앱, 그리고 알레르기부터 혈압 문제와 갑상선 문제, 심지어 HIV 감염까지 온갖 것을 진단한다고 주장하는 자가 테스트 도구들도 나와 있다. 그런데 값비싼 개인 DNA 검사와 집중력을 측정하거나 복근을 감시하는 휴대 전화 앱이 나오기 오래전에 아주 값싸고 쉽게 계산할 수 있고 무엇보다도 저기술을 사용하는 개인 진단 도구가 나왔는데, 체질량 지수BMI가 바로 그것이다. BMI는 체중을 kg 단위로 측정한 다음, 그것을 m 단위로 측정한 키의 제곱으로 나누어 계산한다.

기록과 진단 목적을 위해 BMI가 18.5 미만인 사람은 '저체중'으로 분류한다. 18.5부터 24.5까지는 '정상 체중'이고, 24.5부터 30까지는 '과체중'으로 분류한다. 30이 넘는 사람은 '비만'으로 분류한다. 정확하게 평가하기는 어렵지만, 미국인의 사망 원인 중 약 23%는 비만과 관련이 있는 것으로 추정된다. 이 추세는 조금 덜 극단적인 형태로 전 세계 각지에서 나타난다. 유럽에서 비만은 흡연 다음으로 큰 비중을 차지하는 조기 사망 원인이다. 어른과 아동의 비만은 거의 모든 나라에서 증가하고 있으며, 그 비율은 지난 30년 동안 두 배나 증가했다. BMI에 따라 비만으로 분류되는 사람은 제2형 당뇨병이나 뇌졸중, 관상 동맥 질환, 일부 종류의 암을 비롯해 생명을 위협하는 질환에 걸릴 위험뿐만 아니라, 우울증 같은 심리적 문제가 발생할 위험도 높다는 경고를 받는다. 오늘날 전 세계적으로 저체중보다는 과체중으로 죽는 사람이 더 많다.

비만 또는 심지어 과체중 진단이 건강 측면에서 지니는 의미를 감안할 때, 아마도 여러분은 이러한 상태를 진단하는 데 사용되는 측정법인 BMI에 아주 튼튼한 이론적·실험적 기반이 있으리라고 생각할 것이다. 하지만 안타깝게도 전혀 그렇지 않다. 사실, BMI는 1835년에 벨기에의 유명한 천문학자이자 통계학자, 사회학자, 수학자였지만 의사는 아니었던 아돌프 케틀레Adolphe Quételet가 처음 고안했다.[37] 케틀레는 근거가 빈약한 수학을 사용해 "키가 제각각 다른, 발달한 사람의 체중은 키의 제곱과 거의 비슷하다."라고 결론 내렸다. 그러나 주목해야 할 점이 있는데, 케틀레는 이 통계 수치를 평균적인 인구 집단의 데이터에서 얻었으며, 이 비율이 모든 개인에게 성립한다고 주장하진 않았다. 게다가 케틀레는 '케틀레 지수'로 알려진 이 비율을 어떤 개인의 건강은 말할 나위도 없고, 그 사람이 과체중인지 저체중인지 추정하는 데 사용할 수 있다고 주장한 적이 없다. 그런 주장은 1972년이 되어서야 나왔다. 미국 생리학자 앤설 키스Ancel Keys(훗날 포화 지방과 심장 혈관 질환 사이의 관계를 밝혀낸 사람)는 유례없는 수준의 비만 확산에 대응하여 과체중을 알려주는 최선의 지표를 찾는 연구를 진행했다.[38] 그리고 케틀레와 마찬가지로 체중을 키의 제곱으로 나눈 비율을 찾아냈으며, 이 값이 인구 집단에서 비만을 알려주는 훌륭한 지표라고 주장했다.

이론적으로 과체중인 사람은 키에 비해 체중이 많이 나가므로 BMI가 높을 수밖에 없다. 마찬가지 이유로 저체중인 사람은 BMI가 낮다. 키스의 BMI 공식이 큰 인기를 얻은 이유는 아주 간단했기 때문이다. 우리 종이 전체적으로 과체중이 심해지면서 건강 악화와 비만 사이에 확실한 상관관계가 있음이 밝혀지자, 역학자들은 BMI를 과체중과 연관된 위험 인자를 추적하는 방법으로 사용하기 시작했다. 1980년대에 세계보건기구WHO와 영국 국가보건서비스NHS, 미국 국립보건원NIH은 BMI의 단순한 수치를 모든 사람의 비만을 정의하는 기준으로 공식 채택했다. 이제 대서양 양쪽의 보험사들은 보험료를 결정하거나 어떤 개인의 보험 가입을 받아줄지 말지 결정하는 데 BMI를 일상적으로 사용한다.

뚱뚱한 사람일수록 BMI가 높은 것은 사실이지만, 이 두루뭉술한 현상학적 표현이 모든 사람에게 적용되진 않는다는 사실은 그다지 놀라운 일이 아니다. BMI의 주요 문제는 근육과 지방을 구분하지 않는다는 점이다. 이 사실이 중요한 이유는 과잉 체지방이 심장 대사 위험을 알려주는 훌륭한 지표이기 때문이다. 하지만 BMI는 그렇지 않다. 만약 비만의 정의를 체지방 비율을 바탕으로 내린다면, BMI 수치상 비만이 아닌 남성 중 15~35%는 비만으로 분류될 것이다.[39] 예를 들어 근육은 적으면서 체지방이 많아 BMI가 정상인 '마른 비만'인 사람들은 발견되지 않은 '정상 체중 비만' 범주에 속한다. 최근에 4만 명을 대상으로 진행한 교차 인구 집단 연구에서 BMI가 정상 범위인 사람들 중 30%가 심장 대사 건강이 좋지 않은 것으로 드러났다. 따라서 비만 위험은 BMI를 바탕으로 한 수치가 제시하는 것보다 훨씬 심각할지 모른다. 그러나 BMI는 비만을 과소 진단할 뿐만 아니라 과대 진단하기도 한다. 같은 연구에서는 BMI 수치상 과체중으로 분류된 사람들 중 최대 절반이, 그리고 비만으로 분류된 사람들 중 4분의 1 이상이 대사 건강이 좋은 것으로 드러났다.

이렇게 부정확한 분류는 인구 집단 수준에서 비만을 측정하고 기록하는 방식에 큰 영향을 끼친다. 하지만 더 염려스러운 것은 BMI를 기준으로 건강한 사람을 과체중이나 비만으로 분류하는 관행이 당사자의 정신 건강에 해로운 영향을 끼칠 수 있다는 점이다.[40] 10대 저널리스트이자 저자인 리베카 리드Rebecca Reid는 섭식 장애로 고생했다. 리베카는 BMI 측정법을 배운 생물학 수업이 섭식 장애의 주요 원인이었다고 지적한다. 리베카는 BMI에 지나치게 집착한 나머지 엄격한 다이어트와 운동 프로그램을 시작해 몇 주 만에 체중을 5kg이나 뺐다. 하루에 400칼로리만 섭취하는 생활을 하던 중에 침실에 혼자 있다가 의식을 잃은 적도 있었다. 다이어트를 하지 않을 때에는 과식을 하고 다시 토해내면서 자신을 학대했다. 리베카는 과체중 범주로 분류되는 것이 운동을 더 많이 하라고 권장하는 가벼운 경고가 아니라, '자신감을 산산조각 내는 클랙슨'이었다고 말한다. 아이러니하게도 체형과 몸 크기에 상관없이 섭식 장애에서 회복하는 사람은 BMI가 19 —'건강' 범주에 간신히 진입하는—에 이르렀을 때 '회복한' 것으로 분류된다. 섭식 장애를 겪는 일부 사람들은 자신에게 문제가 있다고 인정하는 아주 힘든 단계를 거친 뒤에 도움을 구하려 해도, '건강한' BMI 기준 때문에 도움을 거부당하기까지 했다.

따라서 분명히 BMI는 정확한 건강 지표가 될 수 없다. 대신에 심장 대사 건강과 밀접한 연관이 있는 체지방 비율을 직접 측정하는 편이 유용하다. 그러려면 2000여 년 전에 시칠리아에 있었던 고대 도시 국가 시라쿠사에서 발견된 개념을 이용할 필요가 있다.

＊　　＊　　＊

기원전 250년 무렵, 고대 세계의 유명한 수학자 아르키메데스Archimedes는 골치 아픈 문제를 해결해달라는 시라쿠사 왕 히에론 2세Hieron II의 요청을 받았다. 히에론 2세는 대장장이에게 순금으로 왕관을 만들라고 지시했다. 막상 완성된 왕관을 받고 나서 대장장이가 평판이 좋지 않다는 이야기를 들은 히에론 2세는 대장장이가 금 대신에 값싼 금속을 섞어 왕관을 만든 게 아닐까 하는 의심이 들었다. 아르키메데스는 왕관이 순금으로 만들어졌는지 알아내야 했는데, 왕관에서 시료를 채취할 수도 없었고 왕관을 변형해서도 안 되었다.

아르키메데스는 왕관의 밀도를 알아내기만 하면 이 문제를 쉽게 해결할 수 있을 것이라고 생각했다. 만약 왕관의 밀도가 순금보다 낮다면, 대장장이가 밀도가 낮은 금속을 섞은 게 틀림없었다. 순금의 밀도는 육면체처럼 규칙적인 모양의 순금 블록을 사용해 부피와 무게를 재면 쉽게 계산할 수 있었다. 질량을 부피로 나누면 밀도가 나온다. 만약 왕관도 같은 방법으로 밀도를 구할 수 있다면, 순금의 밀도와 비교해 왕관이 진짜인지 가짜인지 알 수 있었다. 왕관의 무게를 재는 것은 쉬웠지만, 모양이 불규칙한 탓에 부피를 구하기는 쉽지가 않았다. 그래서 아르키메데스는 한동안 좌절에 빠졌는데, 그러던 어느 날 목욕을 하기로 했다. 물이 가득 찬 욕조에 몸을 담그자 물이 욕조 밖으로 흘러넘쳤다. 욕조 속에서 몸을 이리저리 움직이던 아르키메데스는 물이 완전히 가득 찬 욕조에서 흘러넘치는 물의 부피가 불규칙한 모양의 몸이 물속에 잠긴 부피와 같다는 사실을 알아챘다. 그리고 곧 왕관의 부피를, 따라서 밀도를 구하는 방법이 떠올랐다. 비트루비우스Vitruvius는 아르키메데스가 이 발견에 너무나도 흥분한 나머지 곧장 욕조에서 뛰쳐나와 물이 뚝뚝 떨어지는 알몸으로 "유레카!"('찾아냈어!'라는 뜻)라고 외치면서 거리를 달렸다고 전한다. 이것이 최초의 유레카 순간이었다.

이 방법은 오늘날에도 모양이 불규칙한 물체의 부피를 재는 데 쓰인다. 만약 건강을 위한 노력을 시작할 작정이라면, 이 원리를 이용해 불규칙한 모양의 과일과 채소를 섞어 만든 스무디의 부피가 얼마나 되는지 계산할 수 있다. 또 새로운 운동 프로그램을 시작한 지 몇 주일 지난 뒤에 공기가 통하지 않는 비닐봉지에 숨을 최대한 많이 불어넣고 밀봉해서 물속에 집어넣으면, 아르키메데스의 원리를 이용해 자신의 폐활량을 측정할 수 있다.

그러나 이 이야기에서 소개한 방법이 유용하긴 해도, 아르키메데스가 실제로 이 방법으로 문제를 해결했을 가능성은 극히 낮다. 왕관이 밀어낸 물의 부피를 정확하게 측정하기는 거의 불가능했을 것이다. 대신에 아르키메데스는 이와 밀접한 연관이 있으면서 훗날 아르키메데스의 원리로 알려진 유체역학의 개념을 이용했을 가능성이 높다.

이 원리에 따르면, 유체(액체나 기체) 속에 잠긴 물체는 자신이 밀어낸 유체의 무게에 해당하는 부력을 받는다. 즉, 유체 속에 잠긴 물체는 부피가 클수록 더 많은 유체를 밀어내고, 따라서 위로 떠오르는 힘(자신의 무게를 상쇄할)을 더 많이 받는다. 아주 큰 화물선이 물 위에 뜨는 이유도 이 원리로 설명할 수 있는데, 배와 화물의 무게가 자신이 밀어낸 물의 무게보다 작기만 하다면 물 위에 뜰 수 있다. 이 원리는 밀도(물체의 질량을 부피로 나눈 값)의 성질과도 밀접한 관련이 있다. 밀도가 물보다 큰 물체는 자신이 밀어내는 물보다 무게가 더 많이 나가기 때문에, 부력이 그 물체의 무게를 상쇄할 만큼 충분히 크지 않다. 그래서 그 물체는 물속으로 가라앉는다.

이 개념을 이용해 아르키메데스는 양팔저울의 한쪽에 왕관을 올려놓고 다른 쪽에 같은 무게의 순금을 올려놓기만 하면 되었다. 공기 중에서 양팔저울은 균형을 이룬다. 그러나 저울을 물속에 집어넣으면, (같은 무게의 금보다 부피가 더 큰) 가짜 왕관은 물을 더 많이 밀어내면서 부력을 더 많이 받으므로 그쪽이 위로 올라간다.

체지방 비율을 정확하게 계산할 때 사용하는 원리가 바로 이 아르키메데스의 원리이다. 먼저 정상 조건에서 물체의 무게를 잰 다음, 물체를 저울에 붙은 수중 의자 위에 올려 물속에 완전히 잠기게 한 뒤 다시 무게를 잰다. 공기 중에서의 무게와 물속에서의 무게 차이로 물체가 물속에 있을 때 작용하는 부력을 계산할 수 있고, 그 값으로 물체의 부피를 알 수 있다. 그리고 인체를 이루는 지방과 지방 이외의 성분 수치를 참고해 이 부피를 가지고 체질방 비율을 알아낼 수 있으며, 건강 위험 평가를 더 정확하게 내릴 수 있다.

생사를 좌우하는 '신의 방정식'

BMI는 현대 의학에서 일상적으로 사용하는 수많은 수학 도구 중 하나에 불과하다. 나머지 도구들은 투약량을 계산하는 단분수(분모와 분자가 모두 정수의 형태인 분수)부터 CAT 스캔에서 상을 재구성하는 복잡한 알고리듬에 이르기까지 다양하다. 영국의 의료 체계에는 논란의 여지와 중요성, 그리고 광범위한 영향 면에서 그 무엇보다 눈길을 끄는 공식이 하나 있다. '신의 방정식God equation'은 국가보건서비스가 어떤 신약의 사용 비용을 지급할지 말지 결정하는 데 쓰인다. 이 방정식은 문자 그대로 누가 죽느냐 사느냐를 결정한다. 말기 환자를 자녀로 둔 사람은 자식이 조금 더 살 수만 있다면 약값은 아무 문제도 되지 않는다고 주장할지 모른다. 그러나 '신의 방정식'이 하는 말은 다르다.

2016년 11월, 대니엘라 엘스Daniella Else와 존 엘스John Else 부부의 14개월 된 아들 루디Rudi가 셰필드아동병원으로 급히 실려왔다. 루디의 호흡을 돕기 위해 인공호흡기를 연결한 의사들은 루디가 그날 밤을 넘기지 못할 것이라고 말했다. 원인은 흔한 가슴 감염이었는데, 대부분의 어린이는 쉽게 털고 일어나는 병이었다. 그러나 척수근육위축증을 앓는 어린이는 예외이다.

루디가 태어난 지 6개월이 되었을 때, 병원에서 루디에게 무슨 문제가 있는지 알아내지 못하자, 엘스 부부는 그 문제가 척수근육위축증임을 확인하는 데 도움을 주었다. 존 엘스의 사촌도 같은 질환을 앓았기 때문이다. 루디에게 닥친 것과 같은 진행성 근위축증에 걸린 사람은 기대 수명이 불과 2년밖에 안 된다. 다행히도 제약 회사 바이오젠이 개발

　　　　　　　　2. 암 진단을 받고도 침착을 유지하려면

한 스핀라자라는 약이 있는데, 척수근육위축증의 일부 위축 영향을 중단시키거나 심지어 되돌릴 수 있다. 이 약은 루디 같은 척수근육위축증 환자의 삶을 개선하고 수명을 연장하는 잠재력이 있지만, 루디가 병원에서 사투를 벌이던 2016년 당시 영국에서는 이 약을 무료로 사용할 수 없었다.

미국에서는 FDA가 어떤 약의 판매를 승인하자마자 환자가 그 약을 사용할 수 있다. 적어도 이론적으로는 그렇다. 스핀라자는 2016년 12월에 FDA의 승인을 받았다. 그런데 현실에서는 대부분의 보험사가 비싸거나 잠재적 위험성이 있는 약에 대한 '사전 승인' 명단을 갖고 있다. 이 명단에는 각각의 치료에 사용할 때마다 특정 환자에게 투여하기 전에 반드시 지켜야 할 여러 가지 조건이 명시돼 있다. 스핀라자는 모든 보험사의 사전 승인 명단에 올라 있다. 물론 미국에서는 의료 서비스를 받으려면 의료 보험 혜택을 받을 능력이 있어야 한다. 2017년에 전체 미국인 중 12.2%는 의료 보험에 가입하지 않았으며, 미국은 선진국 중에서 유일하게 보편적 의료 서비스를 제공하지 않는 나라이다.

이와는 대조적으로 영국은 모든 사람에게 의료 서비스를 무료로 제공하며, 그 비용은 대체로 세금으로 충당한다. 영국 내 의약품의 안전과 효능을 승인하는 기구는 유럽의약품청EMA과 영국 의약품 및 의료제품 규제청MHRA이다. 2017년 5월, 유럽의약품청은 스핀라자의 사용을 승인했다. 그러나 국가보건서비스는 예산이 제한돼 있어 시장에 나오는 의약품을 모두 다 승인해줄 수 없다. 어떤 의약품에 승인 결정을 내리면, 그 대가로 예컨대 사회적 돌봄 제공 삭감이라든가 암 환자를 위한 진단 및 치료 장비 부족, 신생아실 직원 감원 등이 일어날 수 있다. 영국 국립건강관리연구소NICE는 이 어려운 결정을 책임진 기관이다. 그런데 의약품에 관한 결정을 내릴 때, 국립건강관리연구소가 객관적인 결정을 하도록 보장하는 공식이 있다.

신의 방정식은 어떤 의약품이 환자에게 제공하는 여분의 '건강 혜택'을 저울 한쪽에, 그리고 국가보건서비스가 지불해야 하는 여분의 비용을 반대쪽에 올려놓고 비교한다. 여분의 건강 혜택을 평가하기는 어렵다. 예를 들어 심장병 발병을 감소시키는 의약품의 이점과 암 환자의 생명을 연장시키는 의약품의 이점을 어떻게 비교할 수 있겠는가?

국립건강관리연구소는 질 보정 수명quality-adjusted life year, QALY이라는 보편적 기준을 사용한다. 새로운 치료법을 기존의 치료법과 비교할 때, 질 보정 수명은 의약품이 수명을 얼마나 연장하는가뿐만 아니라 그 의약품이 제공하는 삶의 질까지 감안한다. 수명을 2년 연장시키지만 환자의 건강 수준을 50%만 유지하는 암 치료제와 환자의 남은 기대 수명 10년은 조금도 늘리지 못하지만 삶의 질을 10% 증가시키는 무릎 대체 수술은 둘 다 동일한 질 보정 수명을 제공할 수 있다. 고환암 치료 성공은 질 보정 수명을 크게 늘릴 수 있는데, 젊은 환자(고환암은 젊은 남성이 많이 걸린다—옮긴이)는 삶의 질 하락 없이 기대 수명이 크게 늘어나기 때문이다.

일단 질 보정 수명에 대해 신뢰할 만한 수치가 확립되면, 질 보정 수명의 차이, 그리고 새로운 치료법과 기존 치료법 사이의 비용 변화를 비교할 수 있다. 만약 질 보정 수명이 줄어들면, 새로운 치료법은 바로 거부된다. 만약 질 보정 수명이 증가하고 비용이 감소한다면, 효과가 더 좋고 값싼 새 치료법을 아주 쉽게 선택할 수 있다. 그러나 대부분의 사례에서처럼 질 보정 수명과 비용이 모두 증가한다면, 국립건강관리연구소는 어려운 결정을 내려야 한다. 이런 경우에는 질 보정 수명 증가분을 비용 증가분으로 나눔으로써 점증적 비용-효과 비incremental cost-effectiveness ratio, ICER를 계산한다. 점증적 비용-효과 비는 질 보정 수명이 1년 늘어날 때 증가하는 비용이 얼마인지 알려준다. 국립건강관리연구소는 대개 질 보정 수명 1년당 2만~3만 파운드를 자신들이 지불할 수 있는 점증적 비용-효과 비의 최댓값으로 설정한다.

2018년 8월, 대니엘라와 존, 루디를 포함한 척수근육위축증 환자와 그 가족들은 국가보건서비스에서 스핀라자를 사용하도록 국립건강관리연구소가 승인해줄지 초조하게 기다렸다. 국립건강관리연구소는 스핀라자가 척수근육위축증 환자에게 '중요한 건강 혜택'을 제공한다고 인정했다. 삶의 질 개선 효과 역시 매우 긍정적이었다. 스핀라자는 질 보정 수명을 5.29년 늘릴 것으로 기대되었다. 그러나 추가 비용이 무려 2,160,048파운드(약 33억 원)나 들어 점증적 비용-효과 비가 질 보정 수명 1년당 40만 파운드를 넘었다. 이것은 국립건강관리연구소가 설정한 기준을 훨씬 초과하는 액수였다. 척수근육위축증 환자들과 그들을 보살피는 사람들이 간곡히 증언했지만, 신의 방정식을 따른다면 국가보건서비스의 스핀라자 사용을 금지하는 수밖에 선택의 여지가 없었다.

다행히도 엘스 가족은 바이오젠이 제1형 척수근육위축증 어린이 환자에게 약을 제공하기 위해 운영하던 동정적 사용 승인 계획의 혜택을 받을 수 있었다. 2019년 2월에 루디는 열 번째 스핀라자를 투여받았으며, 스핀라자 치료를 받지 않을 경우 척수근육위축증 환자가 누릴 수 있는 기대 수명을 훌쩍 뛰어넘어 활기찬 세 살 꼬마로 살아가고 있다. 그러나 생명을 구하고 수명을 연장하는 기적의 약 스핀라자는 국가보건서비스에서 척수근육위축증 환자에게 사용해도 된다는 승인을 아직 받지 못했다.

병실에서 거짓 경보를 줄이는 방법

'신의 방정식'은 삶과 죽음이 달린 어려운 결정을 우리의 주관적인 손에서 떼어내 객관적인 수학 공식의 통제를 받게 하려는 시도로 볼 수 있다. 이 관점은 수학의 공평무사함과 객관성을 강조하는 듯이 보이지만, 의사 결정 과정의 초기 단계에서 삶의 질과 비용 효과 문턱값에 대한 판단 뒤에 숨어서 작용하는 주관적 결정을 무시한다. 수학의 공평무사함이라는 주제는 6장에서 알고리듬 최적화가 일상생활에 적용되는 예를 살펴볼 때 더 자세히 다룰 것이다.

의료 시스템의 결정에 막후에서 영향력을 행사하는 관료주의 절차로부터 멀리 떨어진 곳, 병원의 최전선에서는 수학이 목숨을 구하는 데 쓰이고 있다. 곧 보겠지만 수학이 특별히 중요한 역할을 하는 곳이 있는데, 바로 중환자실에서 거짓 경보를 줄이는 데 쓰인다.

거짓 경보는 예상한 자극이 아니라 다른 것이 촉발한 경보를 말한다. 미국에서 요란하게 울리는 도난 경보기의 경보 중 거짓 경보는 무려 98%에 이르는 것으로 추정된다. 이런 상황은 "도대체 경보기가 왜 필요한가?"라는 질문을 낳는다. 거짓 경보에 익숙해질수록 우리는 그 원인을 조사하고 싶은 마음이 사라진다.

우리가 지나치게 익숙해진 경보는 도난 경보기의 경보뿐만이 아니다. 연기 감지기가 경보를 울리면, 우리는 그전에 이미 창문을 열고 토스트에서 검게 탄 부분을 긁어내고 있다. 밖에서 자동차 도난 경보 장치가 울려도, 무슨 일인가 하고 소파에서 일어나 창밖으로 머리를 내미는 사람은 별로 없다. 경보가 도움이 되는 게 아니라 오히려 불편을 야기하고 우리가 그 결과를 더 이상 신뢰하지 않을 때, 우리는 경보 피로에 시달린다고 이야기한다. 이런 상황이 문제인 이유는, 경보가 너무 일상적인 것이 되어 우리가 그것을 무시하거나 아예 경보기를 완전히 꺼버린다면, 윌리엄스 가족이 값비싼 대가를 치르고 얻은 교훈처럼 처음부터 경보기를 아예 설치하지 않은 것보다 더 분별없는 행동이 되기 쉽기 때문이다.

미케일라 윌리엄스Michaela Williams는 고등학교 2학년 시절을 패션 디자이너가 되는 꿈을 꾸며 보냈다. 그런데 고통스럽게 오래 지속되는 인후통을 자주 앓았다. 청소년은 편도 절제술을 받으면 어린이보다 합병증이 일어나기 더 쉽지만, 미케일라와 가족은 삶의 질을 높이기 위해 수술을 받기로 결정했다. 열일곱 번째 생일을 맞이하고 사흘 뒤, 미케일라는 지역 외과 병원에서 외래 환자 수속을 밟았다. 한 시간도 채 걸리지 않은 통상적인 절차 뒤에 미케일라는 회복실로 옮겨졌고, 어머니는 수술이 잘되었으며 그날 늦게 딸을 집으로 데려가도 된다는 말을 들었다. 회복실에 있는 동안 미케일라는 통증을 완화하기 위해 강력한 아편 유사 진통제인 펜타닐을 투여받았다. 비교적 드물게 일어나긴 하지만 펜타닐의 부작용 중에는 호흡 곤란도 있다. 신중을 기하기 위해 간호사는 다른 환자를 보러 가기 전에 미케일라를 활력 징후(사람이 살아 있음을 보여주는 호흡, 체온, 심장 박동 등의 측정치—옮긴이) 측정 장비에 연결했다. 주변에 커튼을 치긴 했지만, 미케일라의 상태가 나빠지면 그 모니터가 바로 간호사에게 경보를 울리게 돼 있었다.

모니터의 경보 장치를 끄지만 않았더라면 분명히 그랬을 것이다.

회복실에서 여러 환자를 동시에 돌보는 동안 성가시게 자주 울려대는 거짓 경보는 간호사들이 일을 효율적으로 하지 못하게 방해했다. 한 환자를 돌보던 일을 멈추고 다른 환자의 경보기를 다시 설정하다 보면 소중한 시간을 낭비할 뿐만 아니라 집중력도 흐트러졌다. 그래서 간호사들은 하던 일을 방해받지 않고 계속하기 위해 간단한 해결책을 생각해냈다. 끊임없이 울리는 거짓 경보를 피하려고 모니터의 경보 소리를 낮추거나 완전히 소리가 나지 않게 하는 것이 회복실에서 일상적인 관행이 되었다.

간호사가 주위에 커튼을 둘러친 직후 펜타닐은 미케일라의 호흡을 극적으로 떨어뜨렸다. 호흡 저하를 알리는 경보가 작동했지만, 커튼을 뚫고 반짝이는 불빛을 볼 수 있는 사람은 아무도 없었으며, 물론 경보 소리를 들은 사람도 아무도 없었다. 미케일라의 산소 수치가 계속 떨어지자, 신경세포들이 통제 불능 상태로 신호를 발사하면서 혼란스러운 전기 폭풍이 일어나 뇌가 회복 불가능한 손상을 입었다. 미케일라의 상태를 확인한 시간은 펜타닐을 투여한 지 25분이 지난 뒤였는데, 그때에는 이미 뇌가 심한 손상을 입어 생존 가능성이 사라진 뒤였다. 미케일라는 보름 뒤에 사망했다.

* * *

미케일라처럼 수술 뒤에 회복하는 중이거나 중환자실에서 지내야 하는 환자의 경우, 심장 박동과 혈압부터 혈중 산소 농도와 머릿속 압력에 이르기까지 모든 것을 감지하는 자동 경보 장치로 활력 징후를 계속 감시하면 분명히 큰 도움이 된다. 이런 모니터는 감지한 신호가 일정 기준을 넘거나 그것에 미치지 못할 때 경보를 울리게끔 설정되어 있다. 그러나 중환자실에서 자동으로 울리는 경보 중 약 85%는 거짓 경보이다.[41]

거짓 경보 발생 비율이 이토록 높은 이유가 두 가지 있다. 첫째, 당연한 일이지만 중환자실의 경보 장치는 아주 민감하게 설정돼 있다. 아주 작은 이상도 놓치지 않도록 경보가 작동하는 문턱값을 정상 생리적 수준에 가깝게 설정해놓았기 때문이다. 둘째, 경보는 이상 신호가 어느 정도 지속될 때 울리는 것이 아니라, 신호가 문턱값을 넘어서는 순간에 울린다. 이 두 가지 요인이 결합하여 예컨대 혈압이 잠깐이라도 약간 올라가면 경보가 울린다. 이러한 혈압 상승은 위험한 고혈압의 징후일 수도 있지만, 자연적 변동이나 측정 장비의 잡음 때문에 생길 가능성이 훨씬 높다. 그러나 혈압이 높은 상태가 꽤 오랫동안 지속된다면, 그것을 측정 장비의 오류로 보긴 어렵다. 다행히도 이 문제를 간단하게 해결할 수 있는 방법을 수학이 제공한다.

그것은 필터링filtering이라는 방법이다. 필터링은 어느 시점의 신호를 그 이웃 시점들의 평균으로 대체한다. 복잡하게 들리지만, 우리는 늘 필터링 과정을 거친 데이터에 맞닥뜨리며 살아간다. 기후학자가 "관측 기록이 시작된 이래 기온이 가장 높은 해였습니다."라고 말할 때, 기온 데이터를 하루 단위로 비교한 결과를 바탕으로 그렇게 말하는 것이 아니다. 비교를 쉽게 하기 위해 1년 모든 날의 기온을 평균한 결과를 바탕으로 그런 결론을 내렸을 것이다.

필터링은 극파를 완화하여 들쭉날쭉한 신호를 매끄럽게 만드는 경향이 있다. 빛이 약한 조건에서 디지털카메라로 사진을 찍으면, 긴 노출 시간 때문에 상像에 무아레moiré가 나타나는 경우가 많다. 무아레는 가끔 어두운 지역에 밝은 픽셀이 나타나거나 밝은 지역에 어두운 픽셀이 나타나는 현상이다. 디지털 사진에서 픽셀의 강도는 수치로 표현되기 때문에 필터링을 사용해 각 픽셀의 값을 이웃 픽셀들의 평균값으로 대체할 수 있으며, 그럼으로써 잡음을 걸러내 더 매끄러운 상을 얻을 수 있다.

필터링을 할 때 다른 종류의 평균을 사용할 수도 있다. 우리에게 가장 익숙한 평균은 산술 평균인데, 일상생활에서는 흔히 그냥 '평균mean'이라고 한다. 산술 평균은 데이터 집합의 모든 값을 더한 뒤 그것을 표본의 수로 나눈 값이다. 예를 들어 백설 공주와 일곱 난쟁이의 평균 키를 구하고 싶다면, 이들의 키를 모두 더한 뒤 8로 나누면 된다. 이 평균은 백설 공주 때문에 대다수의 키에 대해 왜곡된 인상을 주는데, 상대적으로 키가 큰 백설 공주가 이 데이터 집합에서 이상치outlier에 해당하기 때문이다. 전체를 대표하기에 좀 더 나은 평균은 '중앙값median'이다. 이 경우에 중앙값을 구하려면, 난쟁이들과 백설 공주를 키 순서대로 백설 공주는 맨 앞에, 도피는 맨 뒤에 일렬로 세운 다음, 한가운데에 있는 사람의 키를 재면 된다. 이 줄에는 모두 8명(짝수)이 있으므로, 한 가운데에 있는 한 사람을 선택할 수 없다. 이 경우에는 한가운데에 있는 두 사람(그럼피와 슬리피)의 평균 키를 중앙값으로 삼는다. 중앙값을 사용하면, 평균을 한쪽으로 크게 치우치게 한 백설 공주의 키를 배제할 수 있다. 같은 이유로 중앙값은 평균 소득 데이터를 제시할 때 자주 쓰인다. 〈그림 4〉에서 보듯이 아주 부유한 개인들의 높은 소득은 평균을 왜곡하는 경향이 있다(이 개념은 법정에서 수학이 판단을 오도하는 상황을 분석하는 다음 장에서 다시 다룰 것이다). 중앙값은 평균보다 '전형적인' 가구의 가처분 소득을 훨씬 잘 대표한다. 물론 이런 통계에서 백설 공주의 키나 고소득자의 소득을 무시해서는 안 된다고 주장할 수도 있다. 이것들 역시 다른 데이터점과 마찬가지로 유효한 데이터점이기 때문이다. 설사 그렇다고 하더라도, 여기서 요점은 산술 평균이나 중앙값 중 어느 것도 객관적인 의미에서 정확한 대푯값이라고 말할 수 없다는 것이다.

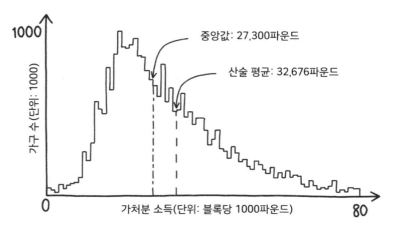

그림4 2017년 영국 가구들의 (세후) 가처분 소득(한 블록의 간격은 1000파운드). 산술 평균(32,676파운드)보다 중앙값(27,300파운드)이 전형적인 가구의 가처분 소득을 더 잘 대표한다고 볼 수 있다.

각각의 평균은 상황에 따라 유용하게 쓰일 뿐이다.

무아레가 생긴 디지털 상을 필터링할 때, 우리는 가짜 픽셀 값들의 효과를 제거하길 원한다. 이웃 픽셀 값들의 평균을 취할 때, 산술 평균 필터링은 극단적인 값들을 조절할 수는 있지만 완전히 제거하지는 않는다. 반대로 중앙값 필터링은 극단적인 픽셀 값들을 그냥 무시한다.

같은 이유에서 중앙값 필터링은 거짓 경보를 방지할 목적으로 중환자실 모니터에 사용되고 있다.[42] 순차적으로 판독되는 많은 신호들에서 중앙값을 택하면, 모니터 판독에서 크게 치솟거나 가라앉는 한 번의 사건 대신에 문턱값을 넘어서는 일이 어느 정도(그래도 여전히 짧긴 하지만) 지속될 때에만 경보가 울린다. 중앙값 필터링은 중환자실 모니터에서 환자의 안전에 위험을 초래하지 않으면서 거짓 경보의 발생을 최대 60%까지 줄일 수 있다.[43]

* * *

거짓 경보는 거짓 양성이라는 오류의 한 하위 범주이다. 거짓 양성은 그 이름이 시사하듯이, 실제로는 그렇지 않은데도 특정 상태나 속성이 존재한다고 알려주는 테스트 결과를 말한다. 일반적으로 거짓 양성은 이원적 테스트에서 나타난다. 이원적 테스트는 가능한 결과가 양성 또는 음성 두 가지로만 나타나는 테스트를 말한다. 의학적 검사 상황에서 거짓 양성은 실제로는 아프지 않은데도 아프다는 검사 결과를 통보받는 사람들을 만들어낸다. 법정의 상황에 비유한다면, 거짓 양성은 실제로 저지르지 않은 범죄 혐의로 기소된 무고한 사람에 해당한다. (다음

예측되는 상태	진짜 상태	
	양성	음성
양성	참 양성	거짓 양성
음성	거짓 음성	참 음성

표 2 이원적 테스트에서 나올 수 있는 네 가지 결과.

장에서 그런 피해자를 많이 만날 것이다.)

이원적 테스트가 잘못될 수 있는 방식은 두 가지가 있다. 이원적 테스트에서 나올 수 있는 네 가지 결과(둘은 옳고 둘은 틀림)가 〈표 2〉에 나타나 있다. 거짓 양성뿐만 아니라 거짓 음성도 존재한다.

질병 진단 맥락에서는 거짓 음성이 더 위험하다고 생각할 수 있는데, 환자에게 실제로는 이상이 있는데도 검사 결과는 이상이 없다고 나오기 때문이다. 이 장 뒷부분에서 그러한 거짓 음성의 피해자들을 만나볼 것이다. 거짓 양성 역시 놀랍고도 심각한 결과를 초래할 수 있는데, 거짓 음성과 완전히 다른 이유로 그런 일이 일어난다.

내가 받은 양성 판정이 틀릴 가능성

예를 들어 질병 선별 검사를 살펴보자. 선별 검사는 특정 질병에 대해 증상은 없지만 고위험군에 속한 사람들을 집단 검진하는 것이다. 예를 들면 영국에서는 50세 이상의 여성에게 정기적으로 유방암 선별 검사를 받으라고 권유하는데, 이 연령대부터 유방암 발병 위험이 높기 때문이다. 선별 검사에서 거짓 양성이 나타나는 현상은 현재 치열한 논쟁 주제가 되고 있다.

미확진 영국 여성의 유방암 발병률은 약 0.2%로 추정된다. 이것은 유방암 확진을 받지 않은 영국 여성 1만 명당 20명이 유방암에 걸린다는 뜻이다. 이것은 그다지 많아 보이지 않는데, 유방암이 대개 일찍 발견되기 때문에 그렇다. 실제로 여성 8명 중 한 명은 평생 동안 언젠가 유방암 진단을 받는다. 영국에서 이 여성들 10명 중 한 명은 뒤늦게(3기나 4기에) 유방암 확진을 받는다. 늦은 확진은 장기 생존 가능성을 크게 떨어뜨리는데, 그래서 특히 취약한 연령대의 여성은 정기적으로 유방암 검사를 받는 것이 아주 중요하다. 그러나 유방암 선별 검사에는 대부분의 사람들이 잘 모르는 수학적 문제점이 있다.

카즈 대니얼스Kaz Daniels는 노샘프턴 출신으로 슬하에 세 자녀가 있다. 카즈는 50세가 된 2010년에 처음으로 유방암 검사를 받으러 갔다. 검사를 받고 나서 일주일 뒤에 편지가 왔는데, 이틀 뒤에 추가 검사를 받으러 다시 오라고 했다. 긴급하게 검사를 다시 받으라는 이 통지에 카즈는 겁에 질렸다. 너무 걱정한 나머지 이틀 동안 제대로 먹지도 자지도 못했으며, 양성 진단이 의미하는 것이 무엇일까 하고 끝없이 반추했다.

유방 촬영 검사를 받는 환자들은 대부분 그것이 아주 정확한 유방암 선별 검사 방법이라고 생각한다. 사실, 유방암에 걸린 사람들의 경우, 이 검사는 대략 열 중 아홉은 유방암을 정확하게 찾아낸다. 이 검사는 유방암에 걸리지 않은 사람들도 열 중 아홉은 정확하게 구별해낸다.[44] 이 통계 수치를 알고 있던 카즈는 양성 판정을 받고서 자신이 유방암에 걸렸을 가능성이 높다고 생각했다. 그러나 간단한 수학적 논증을 통해 사실은 전혀 그렇지 않다는 것을 보여줄 수 있다.

50세 이상의 유방암 미확진 여성(정기적으로 선별 검사를 받으라는 권고를 받는) 중에서 유방암이 발병할 확률은 일반 여성 인구 집단보다 약간 높은 약 0.4%로 추정된다. 그런 여성 1만 명의 상황을 분석한 결과를 〈그림 5〉가 보여준다. 평균적으로 유방암에 걸리는 사람은 그중에서 겨우 40명뿐이며, 나머지 9960명은 걸리지 않는다. 그러나 무탈한 여성들 중 10%인 996명은 양성 판정을 받는다. 정확하게 양성 판정을 받은 36명과 비교하면, 양성 판정은 1032건 가운데 36건, 즉 3.48%만 옳다는 결론이 나온다. 양성 판정 결과 중에서 참 양성이 차지하는 비

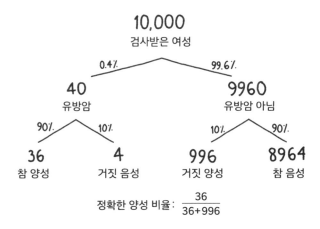

그림 5 검사를 받은 50세 이상의 여성 1만 명 중에서 36명은 정확하게 양성 판정을 받는 반면, 996명은 유방암에 걸리지 않았는데도 양성 판정을 받는다.

율을 검사의 정밀도precision라고 한다. 양성 판정을 받은 여성 1032명 중에서 실제로 유방암에 걸린 사람은 36명에 불과하다. 바꿔 말하면, 유방 촬영 결과가 양성으로 나왔더라도 실제로는 유방암에 걸리지 않았을 가능성이 압도적으로 높다. 상당히 정확한 검사처럼 보이지만, 전체 인구 집단의 발병률 때문에 검사 결과는 매우 부정확한 것이 되고 만다.

불쌍한 카즈는 이 사실을 몰랐고, 그런 검사를 받는 여성들도 대부분 이 사실을 모른다. 사실, 많은 의사들도 유방 촬영 결과를 제대로 해석하지 못한다. 2007년, 부인과 전문의 160명에게 유방 촬영 검사의 정확성과 인구 집단의 유방암 발병률에 관한 다음 정보를 주었다.[45]

– 여성이 유방암에 걸릴 확률은 1%(발병률)이다.
– 유방암에 걸린 여성이 검사에서 양성 판정을 받을 확률은 90%이다.
– 유방암에 걸리지 않은 여성이 검사에서 양성 판정을 받을 확률은 9%이다.

그러고 나서 의사들에게 다음 진술 중에서 유방 촬영 검사 결과가 양성으로 나온 환자가 실제로 유방암에 걸렸을 확률을 가장 잘 나타낸 것을 고르라는 선다형 질문을 던졌다.

A. 해당 여성이 유방암에 걸렸을 확률은 약 81%이다.
B. 유방 촬영 검사 결과가 양성으로 나온 여성 10명 중 실제로 유방암에 걸린 사람은 약 9명이다.

C. 유방 촬영 검사 결과가 양성으로 나온 여성 10명 중 실제로 유방
   암에 걸린 사람은 약 1명이다.

D. 해당 여성이 유방암에 걸렸을 확률은 약 1%이다.

부인과 의사들이 가장 많이 고른 답은 A였다. 즉, 양성으로 나온 유방 촬영 검사 결과 중 81%(열 번 중 대략 여덟 번)는 옳다고 믿었다. 이들의 판단은 과연 옳을까? 〈그림 6〉의 결정 트리decision tree를 보면서 정답을 알아보자. 배경 발병률이 1%이므로, 무작위로 선택한 여성 1만 명 중에서 평균 100명은 유방암에 걸렸을 것이다. 이 중에서 90명은 유방 촬영 검사를 통해 그 병에 걸렸다고 정확한 진단을 받는다. 유방암에 걸리지 않은 9900명 중에서 891명도 유방암에 걸렸다는 부정확한 진단을 받는다. 양성 판정을 받은 981명 중에서 실제로 유방암에 걸린 사람은 겨우 90명(약 9%)뿐이다. 몹시 우려스럽게도 부인과 의사들은 양성 판정의 실제 가치를 심각할 정도로 과대평가했다. 전체 응답자 중에서 정답 C를 고른 사람은 5분의 1에 불과했는데, 네 가지 항목 중 아무거나 무작위로 선택한 것보다 더 나쁜 결과였다.

당연히 그럴 가능성이 높았지만, 결국 카즈는 후속 검사를 통해 아무 이상이 없다는 판정을 받았다. 그러나 유방 촬영 검사에서 양성 판정을 받는 대다수 여성들은 카즈가 겪은 것과 같은 고통을 경험한다. 대부분의 선별 검사가 그렇듯이 유방 촬영 검사를 반복할수록 거짓 양성 판정을 받을 확률이 올라간다. 각각의 검사에서 거짓 양성이 나타날 확률이 동일하게 10%라고 가정하면, 참 음성을 정확하게 진단할 확률은 90%이다. 독립적인 검사를 일곱 번 받으면, 거짓 양성이 한 번도

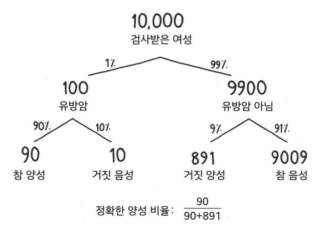

그림6 선다형 질문에 나온 1만 명의 여성 중에서 90명은 실제로 병이 있으면서 양성 판정을 받지만, 891명은 병이 없는데도 양성 판정을 받는다.

나타나지 않을 확률(0.9의 7제곱, 즉 0.9^7)은 절반 이하로(약 0.47) 떨어진다. 다시 말해서, 유방 촬영 검사를 일곱 번 받으면, 아무 이상이 없는 사람도 거짓 양성 판정을 받을 가능성이 그렇지 않을 가능성보다 높아진다. 50세가 넘으면 3년마다 한 번씩 유방 촬영 검사를 받으라는 권고를 받기 때문에, 검사를 계속 받는 여성은 평생 동안 최소한 한 번은 거짓 양성 판정을 받을 가능성이 있다.

확실성의 착각에 유의하라

물론 이렇게 거짓 양성이 높은 빈도로 나타나는 현실은 선별 검사의 비용-편익 균형에 의문을 제기한다. 높은 비율의 거짓 양성은 심리적으

2. 암 진단을 받고도 침착을 유지하려면

로 해로운 효과를 낳고, 환자에게 장래의 검사를 미루거나 취소하도록 부추긴다. 그러나 선별 검사의 문제는 단순히 거짓 양성에만 그치지 않는다. 영국 전국선별검사 책임자를 지낸 뮤어 그레이Muir Gray는《영국 의학 저널British Medical Journal》에 쓴 글에서 "모든 선별 검사에는 해가 따른다. 어떤 선별 검사는 이익도 가져다주며, 그중에서 어떤 선별 검사는 합리적인 비용으로 해보다 이익이 더 많다."라고 인정했다.[46]

특히 선별 검사는 과잉 진단 현상을 낳을 수 있다. 유방암 선별 검사를 통해 더 많은 암이 발견되긴 하지만, 그중 다수는 너무 작거나 진행이 느려 여성의 건강에 전혀 위협이 되지 않는 암이어서 발견되지 않더라도 아무 문제가 되지 않는다. 그러나 대부분의 사람들은 암이라는 단어에 매우 큰 두려움을 느끼기 때문에, 사실은 불필요한데도 의료진의 조언에 따라 고통스러운 치료나 침습 수술을 받는 경우가 많다.

자궁경부암을 진단하는 도말 검사, 전립선암을 진단하는 PSA 검사, 폐암 선별 검사 등 다른 집단 선별 검사에서도 비슷한 논쟁이 벌어진다. 따라서 선별 검사와 진단 검사의 차이를 이해하는 게 중요하다. 선별 검사 과정은 일자리를 구하는 과정에 비유할 수 있다. 사람들이 구인 공고를 보고 지원하면, 고용주는 몇 가지 바람직한 특성을 바탕으로 면접할 사람들을 효율적으로 추린다. 마찬가지로 선별 검사는 많은 사람들로 이루어진 집단에 광범위하고 덜 차별적인 그물을 던져 아직 분명한 증상이 나타나지 않은 사람들을 추려내도록 설계된다. 선별 검사는 대개 덜 정확한 검사 방법이지만, 다수의 사람들을 대상으로 비용 효과가 높은 방식으로 적용할 수 있다. 고용주는 어떤 지원자를 고용할지 결정하기 위해 역량 평가 센터나 면접처럼 자원 집약적이면서 유용한 정보를 얻을 수 있는 방법을 사용한다. 이와 비슷하게, 선별 검사를 통해 건강이 좋지 않을 잠재성이 있는 사람들이 일단 확인되면, 비싸지만 판별 능력이 더 뛰어난 진단 검사를 통해 처음의 선별 검사 결과를 확인하거나 일축할 수 있다. 여러분은 면접을 보러 오라는 연락을 받았다고 해서 벌써 합격했다고 생각하지는 않을 것이다. 마찬가지로 선별 검사에서 양성 판정이 나왔다고 해서 그 병에 걸렸다고 생각해서는 안 된다. 어떤 질병의 발병률이 낮을 때에는 선별 검사에서 참 양성보다는 거짓 양성이 더 많이 나올 수 있다.

선별 검사에서 거짓 양성이 초래하는 문제의 일부 원인은 의료 검사의 정확성을 의심하지 않는 우리 태도에 있다. 이 현상을 흔히 '확실성의 착각illusion of certainty'이라고 한다. 우리는 특히 의학적 문제에서 어느 쪽이건 확실한 답을 절실히 원하기 때문에, 적절한 수준의 의심을 품고 결과를 바라보아야 한다는 사실을 잊어버린다.

2006년, 독일에서 성인 1000명을 대상으로 일련의 검사들이 100% 확실한 결과를 보여준다고 생각하느냐고 물었다.[47] 비록 56%는 유방 촬영 검사가 약간 부정확하다고 정확하게 대답했지만, 대다수는 DNA 검사와 지문 분석, HIV 검사가 100% 확실하다고 대답했다. 절대로 그렇지 않은데도 말이다.

2013년 1월, 저널리스트인 마크 스턴Mark Stern은 고열로 침대에서 일주일을 보냈다. 새 의사에게 연락해 진찰을 예약했는데, 그 의사는 혈액 시료를 채취해 일련의 검사를 하는 것이 좋겠다고 판단했다. 몇 주일 뒤, 항생제를 복용하고 한결 상태가 좋아진 마크가 워싱턴 DC의 아파트에 혼자 있을 때 전화가 울렸다. 받아보니 담당 의사가 검사 결과를 알려주려고 연락한 것이었다. 마크는 그 뒤에 이어진 대화에 전혀 마음의 준비가 되어 있지 않았다. 의사는 곧장 본론으로 들어갔다.

"ELISA(enzyme linked immunosorbent assay, 효소 면역 측정법) 검사에서 양성이 나왔어요. 당신은 HIV에 감염된 것으로 보입니다."

의사가 HIV 감염 여부를 확인하려고 ELISA 검사(또는 후속 검사인 웨스턴 블롯 검사Western blot test)를 했다는 사실조차 몰랐지만, 이 증거와 의사의 조언 앞에서 마크는 충격적인 HIV 양성 진단을 받아들이는 것 말고는 선택의 여지가 없었다. 전화를 끊기 전에 의사는 다음 날 확인 검사를 받으러 오라고 했다.

그날 밤, 마크는 남자 친구와 함께 몇 달 전에 음성으로 나온 HIV 검사 결과를 다시 살펴보면서 그사이에 HIV 감염을 초래할 만한 사건이 있었는지 생각해내려고 노력했다. 독점적 연애 관계를 충실히 지키고 안전한 섹스를 해온 그들은 그런 사건이 전혀 떠오르지 않았다. 그날 밤, 두 사람은 잠을 제대로 이루지 못했다.

이튿날 아침, 공포와 혼란과 함께 수면 부족으로 피곤한 몸을 이끌고 마크는 진료소를 찾아갔다. 담당 의사는 마크의 팔에서 혈액을 뽑아 RNA 검사를 맡겼다. 그리고 마크가 HIV 양성이라고 확신하는 자신의 견해를 거듭 반복하면서 그 믿음을 확인하기 위해 진료소에서 면역 분석 검사를 하자고 했다. 검사 결과가 나올 때까지 자기 생애에서 가장 길었던 20분을 기다리는 동안 마크는 HIV에 감염된 자신의 삶이 앞으로 어떻게 될지 생각해보았다. 이제는 HIV 감염이 예전처럼 불명예스러운 낙인과 함께 받는 사형선고는 아니지만, 그래도 자기 인생의 많은 측면을 다시 평가하고 의문을 품게 될 것 같았다. 특히 어떻게 HIV 양성 판정을 받게 되었는지 깊이 생각할 것 같았다.

고통스러운 기다림이 끝났을 때, 결과를 나타내는 창에는 빨간 줄이 없었다. 대신에 구름 사이로 비친 작은 희망의 빛줄기가 그 창을 통해 들어와 불안에 뒤덮였던 마크의 마음 풍경을 환히 밝혀주었다. 검사 결과는 음성이었다. 2주일 뒤에 더 정확한 RNA 검사 결과가 나왔는데, 그것 역시 음성이었다. 추가로 받은 면역 분석 검사 결과도 음성으로 나왔고 담당 의사도 마침내 마크는 HIV 음성이라고 확신하면서 구름이 완전히 걷혔다.

사실, 마크가 처음에 받았던 ELISA 검사와 웨스턴 블롯 검사 결과는 모호했다. ELISA 검사에서는 항체 수준이 높은 것으로 나와 결과가 양성임을 시사했다. 그러나 마크가 검사를 받을 당시 ELISA 검사의 거짓 양성 비율은 약 0.3%로 보고되었다.[48] 웨스턴 블롯 검사(그런 거짓 양성을 잡아내기 위해 설계된 검사여서 조금 더 정확한)에서는 실험실의 오류를 시사하는 결과가 나왔다. 그런데 마크의 담당 의사는 이런 오류를 한 번도 본 적이 없었기 때문에 결과를 잘못 해석했다. 마크가 동성애자라는 사실을 알고서 그를 HIV 고위험군으로 분류하는 바람에 진단이 편향되었을 가능성도 있다. 한편, 마크는 확실성의 착각에 빠져 의사의 판단과 검사의 정확성을 맹신하고 말았다.

두 번의 검사가 낫다

많은 사람들은 두 가지 결과가 나오는 이원적 검사의 정확성 개념을 잘 모른다. 인구 집단에서 어떤 질병에 걸리지 않은 사람의 비율(보통 대다수를 차지한다)이라는 관점에서 볼 때, 검사의 '정확성'은 이 사람들이 그 질병에 걸리지 않았다고, 즉 '참 음성'으로 정확하게 확인되는 비율로 정의할 수 있다. 참 음성 비율이 높을수록(따라서 거짓 양성 비율이 낮을수록) 그 검사는 더 정확하다. 참 음성 비율을 그 검사의 '특이도 specificity'라고 한다. 만약 어떤 검사의 특이도가 100%라면, 실제로 그 질병에 걸린 사람만 양성으로 나오고, 거짓 양성은 전혀 나타나지 않는다.

특이도가 100%인 검사도 질병에 걸린 사람을 '모두' 확인한다는 보장은 없다. 검사의 정확도는 실제로 질병에 걸린 사람의 관점을 기준으로 분류해야 할 것이다. 만약 여러분이 그런 처지라면, 검사를 처음 받을 때 자신의 병이 발견되는 것이 무엇보다 중요하다고 생각하지 않겠는가? 따라서 검사의 '정확도 accuracy'는 '참 양성' 비율, 즉 실제로 질병에 걸렸으면서 검사를 통해 질병에 걸렸다고 정확하게 확인되는 사람의 비율로 정의할 수 있다. 이 비율을 검사의 '민감도 sensitivity'라고 한다. 민감도가 100%인 검사는 병에 걸린 환자를 모두 다 찾아내 그 상태를 정확하게 경고한다.

검사의 정밀도 precision는 참 양성의 수를 전체 양성(참 양성과 거짓 양성을 합친 것)의 수로 나누어 계산한다. 우리는 앞에서 3.48%에 불과한 유방암 선별 검사의 낮은 정확도에 크게 놀란 바 있다. 하지만 '정확도'라는 용어는 대개 참 양성과 참 음성의 수를 검사받은 전체 사람의 수로 나눈 값으로 정의한다. 이것은 일리가 있는데, 어느 쪽이건 검사 결과가 정확하게 나온 비율이기 때문이다.

마크 스턴의 HIV 감염 여부에 대해 잘못된 결과를 내놓은 ELISA 검사의 오류율이 정확하게 얼마인지는 판단하기 어렵다. 그러나 대부분의 연구는 ELISA 검사의 특이도가 약 99.7%이고 민감도는 100%에 근접한다는 데 의견이 일치한다. 음성 판정은 피검사자가 HIV에 감염되지 않은 게 거의 확실하다는 뜻이지만, HIV에 감염되지 않은 사람 1000명당 3명은 거짓 양성 진단을 받는다. 영국의 HIV 발병률은 0.16%이다. 〈그림 7〉에서처럼 영국 시민 100만 명을 무작위로 선택한다면, 평균적으로 HIV에 감염된 사람은 1600명이고 감염되지 않은 사람은 99만 8400명일 것이다. 그런데 감염되지 않은 99만 8400명이 ELISA 검사를 받으면, 설사 특이도가 99.7%로 아주 높다고 하더라도, 2995명은 거짓 양성이 나올 것이다. 거짓 양성이 참 양성보다 거의 2 대 1의 비율로 많다. 유방암 선별 검사와 마찬가지로 HIV 발병률이 낮고, ELISA 검사의 특이도가 100%에서 아주 약간 모자라기 때문에,

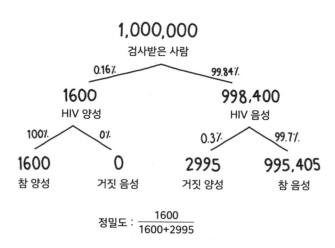

$$정밀도 : \frac{1600}{1600+2995}$$

그림7 ELISA 검사를 받은 영국 시민 100만 명 가운데 1600명은 정확하게 HIV 양성 판정을 받는 반면, 2995명은 HIV에 감염되지 않았는데도 양성 판정을 받는다.

2. 암 진단을 받고도 침착을 유지하려면

실제로 양성이면서 양성 진단을 받는 사람의 비율(검사의 정밀도)은 $\frac{1}{3}$을 조금 넘을 정도로 낮은 편이다. 그렇지만 검사의 정확도는 아주 높다. 100만 명당 99만 7005명은 정확한 판정(양성이거나 음성)을 받으므로 정확도가 99.7%를 넘어선다. 아주 정확한 검사도 놀라울 정도로 정밀도가 떨어질 수 있다.

검사의 정밀도를 높이는 단순한 방법이 있는데, 바로 두 번째 검사를 받는 것이다. 유방암 검진 사례에서 보았듯이, 많은 질병의 첫 번째 검사를 대개 특이도가 낮은 선별 검사로 진행하는 이유는 이 때문이다. 선별 검사는 값싼 비용으로 잠재적 감염 환자를 최대한 발견하면서 놓치는 환자를 최소한으로 하도록 설계된다. 두 번째 검사는 대개 진단 검사인데, 진단 검사는 특이도가 훨씬 높아 거짓 양성 중 대다수를 걸러낸다. 설사 특이도가 더 높은 검사가 없다 하더라도, 양성 판정이 나

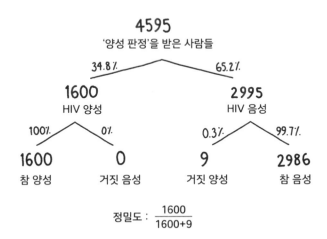

그림8 처음에 양성 판정을 받은 4595명 가운데 1600명은 정확하게 HIV 양성 판정을 받는 반면, 거짓 양성의 수는 단 9명으로 줄어든다.

온 사람들을 대상으로 같은 검사를 다시 하면 정밀도를 크게 높일 수 있다. ELISA 검사의 경우, 첫 번째 검사 결과를 바탕으로 다시 검사를 받는 집단 내에서 HIV 양성 판정이 나오는 사람의 비율은 0.16%에서 약 34.8%(첫 번째 검사의 정밀도)로 증가한다. 검사를 다시 하면, 〈그림 8〉의 결정 트리가 보여주는 것처럼, 처음에 거짓 양성을 받은 사람들 가운데 상당수는 검사의 높은 정밀도 덕분에 배제되는 반면, 참 양성인 사람들은 여전히 정확하게 양성 판정을 받는다. 정밀도는 $\frac{1600}{1609}$으로 높아지는데, 대략 99.4%에 해당하는 수치이다.

*　　*　　*

이론적으로는 민감도와 특이도가 모두 완전한 검사가 가능하다. 그런 검사는 실제로 질병에 걸린 사람만 완벽하게 찾아낸다. 그런 검사는 정말로 100% 정확하다고 말할 수 있다.

완전히 정확한 검사의 전례가 없는 것도 아니다. 2016년 12월, 한 국제 연구팀이 크로이츠펠트-야코프병CJD을 진단하는 혈액 검사법을 개발했다.[49] 광우병에 걸린 소의 고기를 먹은 것이 원인으로 추정되는 이 치명적인 퇴행성 뇌 질환에 걸린 환자 32명을 대조 시험에서 모두 찾아냈고(민감도 100%), 391명의 대조군 중에서는 거짓 양성이 한 명도 나오지 않았다(특이도 100%).

민감도와 특이도 사이에 트레이드오프trade-off(한쪽이 좋아지면 다른 쪽이 나빠지는 상황—옮긴이)가 반드시 존재해야 하는 것은 아니지만, 현실에서는 대개 존재한다. 거짓 양성과 거짓 음성은 일반적으로 음의 상관

2. 암 진단을 받고도 침착을 유지하려면

관계가 있다. 거짓 양성이 적을수록 거짓 음성이 많으며, 그 반대도 성립한다. 현실에서 효율적인 검사는 완전한 특이도와 완전한 민감도 사이에서 적절한 지점을 찾는다. 양극단 사이에서 최대한 한쪽에 치우치지 않는 어느 지점을 균형점으로 선택한다.

이러한 트레이드오프가 존재하는 이유는 일반적으로 검사는 현상 자체보다는 그것을 대리하는 것을 찾으려 하기 때문이다. 마크 스턴을 HIV 양성으로 잘못 판정한 검사는 HIV 바이러스 자체를 찾는 검사가 아니다. 그 검사는 HIV 바이러스에 대항하기 위해 면역계에서 증가하는 항체를 찾는다. 그런데 HIV에 대항하는 항체는 독감 백신처럼 무해한 것 때문에 증가할 수도 있다. 이와 비슷하게 많은 자가 임신 테스트는 자궁에 착상한 배아의 존재를 찾는 검사가 아니다. 보통 이런 검사는 배아가 착상한 뒤에 만들어지는 호르몬인 HCG의 증가 여부를 감지한다. 이렇게 실제 현상을 대신하는 지표를 흔히 대리 표지surrogate marker라고 부른다. 검사 결과가 틀릴 수 있는 이유는 대리 표지와 비슷한 다른 표지도 양성 결과를 낳을 수 있기 때문이다.

예를 들어 크로이츠펠트-야코프병 진단 검사는 일반적으로 이 질환의 근본 원인인 변형 단백질이 뇌에 미치는 잠재적 효과를 측정하는 뇌 스캔과 생검을 바탕으로 한다. 불행하게도 이러한 검사가 평가하는 특성은 치매에 걸린 사람에게서 나타나는 특성과 비슷하기 때문에 확실한 진단이 어렵다. 새로운 CJD 혈액 검사는 미묘한 차이만 있어 다른 질병의 증상과 혼동할 수 있는 증상을 찾는 대신에 항상 이 질병을 일으키는 감염 단백질을 찾는다. 따라서 이것은 결정적인 검사가 된다. 만약 변형 단백질이 발견된다면 그 사람은 이 병에 걸린 것이고, 그렇지 않다면 걸리지 않은 것이다. 어떤 질병의 대리 표지가 아니라 근본 원인을 찾는 검사는 이처럼 아주 간단하다.

*　　*　　*

대리 표지를 찾는 검사가 실패하는 또 하나의 보편적인 이유는 대리 표지가 우리가 기대하는 현상이 아니라 다른 것에서도 생겨나기 때문이다. 2016년 6월의 어느 날, 20세의 애나 하워드Anna Howard는 아침에 일어나면서 메스꺼움을 느꼈다. 애나와 사귄 지 아홉 달 된 남자 친구 콜린Colin은 아기를 만들려고 적극적으로 노력하지 않았지만, 만일에 대비해 임신 테스트를 해보기로 했다. 마치 마술처럼 서서히 나타나는 작은 파란색 선을 보고서 애나는 깜짝 놀랐다. 이것은 계획했던 일이 아니었지만, 좋은 부모가 되리라고 확신한 두 사람은 아기를 낳기로 결정하고, 심지어 이름까지 이것저것 생각했다.

임신 8주째부터 애나는 하혈을 했다. 동네 병원의 담당 의사는 큰 병원에 가서 아기가 이상이 없는지 스캔을 받아보라고 했다. 스캔 후에 의사들은 애나가 유산을 하고 있다고 말했다. 그리고 확인 검사를 위해 다음 날 다시 오라고 했다. 그러나 다음 날에 받은 호르몬 검사는 자가 임신 테스트와 별반 다를 바가 없었는데, '임신 호르몬'인 HCG 수치가 여전히 높게 나타나 태아가 생존 가능하다고 알려주었다. 그래서 의사들은 유산 진단이 거짓 경보였다고 말했다.

일주일 뒤에 애나는 다시 하혈을 했고, 극심한 고통 때문에 다시 병원을 찾아갔다. 이번에는 자궁 외 임신을 염려한 의사들이 광섬유 카메라로 애나의 생식관을 조사했다. 다행히도 태아가 엉뚱한 장소에서 자란다는 증거는 발견되지 않았지만, 애나의 자궁에서 자라는 것은 태아가 아니었다. 그곳에는 건강한 아기 대신에 임신 융모 종양이 자라고 있었다. 이 종양은 대략 태아와 비슷한 속도로 자라면서 임신의 대리 표지인 HCG를 만들어냈고, 이 때문에 의사들은 생명을 위협하는 암을 정상적인 건강한 아기로 오판했다.

애나에게 생긴 임신 융모 종양은 아주 드문 종양이지만, 다른 종류의 종양들도 대리 표지인 HCG를 만들어냄으로써 임신 테스트를 속여 거짓 양성 판정을 내리게 할 수 있다. 틴에이지 캔서 트러스트Teenage Cancer Trust는 임신 테스트가 적어도 지난 10년 동안 고환암 진단을 돕기 위해 사용되었다고 말한다. 사실, 고환암 종양이 임신 테스트에 양성 결과를 나타내는 경우는 소수에 불과하다. 하지만 양성 결과가 나왔을 경우, 이 결과는 임신에 대해서는 거짓 양성임이 분명하므로, 증가한 HCG 수치는 종양 때문에 생겼을 가능성이 아주 높다.

임신 테스트는 분명히 거짓 양성 결과(어떤 경우에는 아주 유용한)를 낳을 수 있다. 그러나 소변에 섞인 HCG 수치가 아주 낮으면, 이 검사는 거짓 음성 결과를 낳을 수도 있다. 비록 거짓 양성보다는 드물긴 하지만, 거짓 음성이 나오는 임신 테스트 결과는 임신한 여성에게 아주 나쁜 결과를 초래할 수 있다. 만약 임신 사실을 알았더라면 절대로 하지 않았을 수술을 해도 된다는 의사의 말을 믿고 수술을 했다가 유산한 사례가 있다.[50] 또 다른 여성은 소변 검사 결과가 자궁 외 임신을 놓치는 바람에 자궁관이 파열되어 생명을 위협하는 출혈이 일어났다.[51]

대부분의 경우, 일단 임신이 확인되면(영국에서는 대개 임신 12주 무렵에) 대리 호르몬 표지를 버리고 자궁 속에서 발달하는 태아의 모습을 직접 보여주는 초음파 스캔을 사용한다. 그러나 초음파 스캔은 임신 사실을 확인하는 목적으로 사용하는 경우가 드물며, 태아가 정상적으로 발달하는지 확인하는 목적으로 사용한다. 이 단계에서 실시하는 검사 중 하나는 목덜미 스캔이다. 목덜미 스캔은 발달하는 태아에게서 대개 파타우 증후군과 에드워즈 증후군, 다운 증후군처럼 염색체 이상과 관련된 심장 혈관 이상을 탐지할 목적으로 설계되었다. 대부분의 사람들은 염색체 수가 23쌍이다. 목덜미 스캔을 통해 검사하는 세 가지 증후군이 있는 사람의 경우, 각 쌍의 염색체에 염색체가 하나 더 있어 '세 염색체' 상태를 이루고 있다.

목덜미 스캔은 이원적 테스트처럼 단순하지 않다. 태어나지 않은 아이에게 다운 증후군이 있는지 여부를 확실하게 예측하지 못한다. 대신에 그 위험 평가를 확률로 제공한다. 그럼에도 불구하고 스캔 결과를 바탕으로 임신 상태를 고위험 상태와 저위험 상태로 분명히 분류하며, 이러한 구분은 검사 결과를 부모에게 전달할 때 쓰인다. 태어나지 않은 아이가 다운 증후군 저위험 상태(150분의 1 미만의 확률)로 분류되면 추가 검사를 하지 않지만, 만약 고위험 상태로 분류되면 더 정확한 양막 천자 검사를 받으라고 권하는 경우가 많다. 양막 천자 검사는 태아를 둘러싼 양막에서 태아의 피부세포가 포함된 액체를 주삿바늘로 채취한다. 자궁과 양막을 뚫는 데에는 위험이 따른다. 양막 천자 검사를 받는 임신부 1000명당 5~10명은 후유증으로 유산이 일어난다. 그러나 이 검사는 특이도가 아주 높아 많은 예비 부모가 양막 천자의 위험을 감수할 가치가 있다고 여긴다. 이 검사가 초음파 스캔보다 더 정확한 이유는 대리 표지를 탐지하는 대신에 DNA(아기의 피부세포에서 추출한)에서 여분의 염색체를 분명하게 탐지하기 때문이다. 양막 천자 검사는 첫 번째 검사의 거짓 양성을 가려내고, 참 양성 판정을 받은 부모에게 모든 상황을 고려해 임신을 계속 유지할지 여부를 결정할 시간을 제공한다. 문제가 되는 것은 거짓 음성이다. 거짓 음성 결과는 부모에게 아기가 다운 증후군에 걸릴 위험이 낮다고 부정확한 정보를 제공하며, 추가 검사도 받지 못하게 한다.

플로라 왓슨Flora Watson과 앤디 버렐Andy Burrell이 바로 그런 일을 겪었다. 2002년, 두 번째 임신을 한 플로라는 조마조마해하며 4주를 보내고 나서 임신 10주차에 비교적 새로운 검사 방법인 목덜미 스캔을 받기로 했다. 초음파 스캔이 끝난 뒤, 플로라는 아기에게 다운 증후군이 나타날 확률이 아주 낮다는 말을 들었다. 사실, 담당 의사는 아기가 다운 증후군일 확률이 로또에 당첨될 확률(1400만분의 1)과 비슷하다고 말했다. 이것은 대부분의 부모가 이런 종류의 선별 검사에서 기대하는 것보다 훨씬 낮은 확률이었다. 플로라는 목덜미 스캔 결과를 확인하기 위해 위험이 따르는 양막 천자 검사를 받지 않아도 된다는 사실에 만족했다. 플로라는 둘째 아이의 탄생에 대비해 들뜬 마음으로 필요한 준비를 하며 지냈다.

그런데 출산 예정일 4주 전에 플로라는 뭔가 잘못되었다는 것을 알아챘다. 배 속의 아기가 점점 덜 움직이기 시작한 것이다. 3주 뒤에 플로라는 병원에서 크리스토퍼를 출산했다. 크리스토퍼는 플로라가 병원에 도착한 지 불과 30분 만에 태어났다. 막 태어난 아기의 몸이 온통 자주색인 데다가 뒤틀려 있어 플로라는 아기가 죽은 줄 알았다. 간호사들은 플로라와 앤디에게 아기가 무사하다고 알려주었지만, 다음에 전해준 소식은 이 가족의 미래를 송두리째 바꿔놓았다.

크리스토퍼는 다운 증후군이 있었다. 이 소식을 듣자마자 앤디는 밖으로 뛰쳐나갔고, 플로라는 울음을 터뜨렸다. 당연히 축하해야 할 출산이 '건강한 아기'를 잃은 초상집 분위기로 바뀌고 말았다. 그다음 24시간 동안 플로라는 "아기를 만지거나 가까이에 둘 수 없었어요."라고 말한다. 그래서 크리스토퍼는 세상에 태어난 첫날 밤을 신생아실에서 간호사들의 보살핌만 받으며 홀로 지냈다. 나머지 가족이 아기를 보러 왔을 때에는 분위기가 더 나빴다. 학습 장애가 있는 아들을 키운 경험이 있는 앤디의 아버지는 크리스토퍼를 그냥 병원에 남겨두라고 말했다. 플로라의 어머니는 아기를 보려고도 하지 않았다.

크리스토퍼를 집으로 데려왔을 때, 플로라와 앤디 앞에 기다리는 삶은 목덜미 스캔 결과를 받고 나서 지난 몇 달 동안 그토록 기대했던 것과는 너무나도 달랐다. 가족은 결국 크리스토퍼의 상태를 받아들였지만, 장애가 있는 아이를 돌보는 압박감은 너무나 큰 부담으로 다가왔다. 시간의 압박과 피로는 두 사람의 관계에 큰 긴장을 야기했고, 결국 두 사람은 헤어졌다. 플로라는 크리스토퍼의 다운 증후군 진단이 더 일찍 나왔더라도 임신을 유지했을 것이라고 주장한다. 그렇지만 아들의 상태에 적응하고 준비하는 시간을 빼앗겼다는 사실에 아직도 분을 참지 못한다. 이 불만은 6장에서 자동 알고리듬 진단의 위험을 다룰 때

또다시 보게 될 것이다. 만약 거짓 음성 검사 결과가 나오지 않았더라면, 크리스토퍼가 태어난 뒤에 이 가족에게 닥친 큰 고통을 피할 수 있었을지도 모른다.

*   *   *

좋든 싫든 거짓 양성과 거짓 음성은 피할 수가 없다. 수학과 현대 기술이 필터링 같은 도구로 일부 문제를 처리하는 데 도움을 줄 수 있지만, 다른 문제들을 처리하는 법은 우리 스스로 배워야 한다. 선별 검사는 진단 검사가 아니며, 그 결과는 의심의 눈으로 바라보아야 한다는 사실을 기억해야 한다. 선별 검사의 양성 결과를 완전히 무시하라는 말은 아니지만, 불면의 밤을 보내기 전에 더 정확한 후속 검사 결과를 기다릴 필요가 있다. 개인 유전자 검사도 마찬가지이다. 우리가 속한 위험 범주는 회사마다 다를 수 있으며, 그것들이 모두 옳지도 않다. 맷 펜더가 수명을 단축하는 알츠하이머병 진단을 받고 나서 발견한 것처럼 두 번째 검사가 더 확실한 답을 얻는 데 도움을 줄 수 있다.

일부 검사의 경우, 처음에 받은 것보다 더 정확한 검사가 없을 수도 있다. 이런 경우에는 동일한 검사를 한 번 더 받는 것만으로도 그 결과의 정밀도를 크게 높일 수 있다는 사실을 명심해야 한다. 우리는 이차 의견second opinion을 묻는 것을 두려워해서는 안 된다. 해당 분야의 전문가로 인정받는 의사들조차 그들이 내비치는 자신감에도 불구하고 관련 수치를 항상 확실하게 이해하는 것은 아니다. 한 번의 검사 결과를 바탕으로 지나치게 불안에 떨기 전에 그 검사의 민감도와 특이도를 살펴보고, 결과가 부정확할 가능성을 계산해보라. 확실성의 착각을 의심하고, 해석의 힘을 자신의 손으로 가져오라. 다음 장에서 보겠지만, 권위 있는 수치, 그중에서도 특히 법정에서 수학의 법칙을 이용하는 사람을 의심하지 않는 바람에 무고한 사람을 교도소로 보낸 사례가 적어도 한 건 이상 있다.

3장

수학으로 만들어낸
유죄

확률을 함부로 법정에 세우면 안 되는 이유

샐리 클라크Sally Clark는 침실로 들어갔다. 남편 스티브Steve는 생후 8주일 된 아들 해리가 잠들자, 몇 분 전에 그 방에서 나갔다. 방에 들어선 샐리는 비명을 질렀다. 해리가 얼굴이 파랗게 변한 채 숨을 쉬지 않고 유아용 의자에 고꾸라져 있었다. 남편의 소생 노력과 앰뷸런스 구급대원의 노력에도 불구하고, 한 시간이 조금 지난 뒤 해리는 사망 판정을 받았다. 이런 사건은 어떤 엄마에게도 끔찍한 비극일 것이다. 그런데 샐리 클라크에게는 이런 일이 처음이 아니었다.

1년 전쯤에 스티브는 자기 부서 사람들과 크리스마스 만찬을 즐기기 위해 나무가 무성하게 우거진 맨체스터 외곽 윔슬로에 있는 집을 떠났다. 그날 밤, 샐리는 생후 11주일 된 아들 크리스토퍼를 아기 바구니에 넣었다. 두 시간쯤 뒤, 샐리는 온몸이 회색으로 변한 채 의식을 잃은 크리스토퍼를 발견하고 앰뷸런스를 불렀다. 그러나 구급대원의 노력에도 불구하고 크리스토퍼는 다시 깨어나지 않았다. 사흘 뒤에 실시된 부검 결과, 사망 원인은 하기도 감염으로 밝혀졌다.

그런데 해리가 죽자, 경찰은 크리스토퍼의 부검 결과를 다시 검토했다. 입술에 베인 상처가 있고 다리에는 타박상이 있었는데, 처음에는 소생술 시도 때문에 생긴 것이겠거니 하고 넘어갔지만 이제는 불길한 해석의 여지가 생겼다. 보존된 크리스토퍼의 조직 시료를 다시 분석한 결과, 첫 번째 조사에서는 놓쳤지만 사망 전에 폐에 출혈이 있었다는 증거가 나타났고, 병리학자는 질식사 소견을 내놓았다.

해리를 부검한 결과에서는 망막 출혈과 척수 손상, 뇌 조직 열상이 발견되었는데, 이런 증상은 몸이 심하게 흔들린 것이 사망 원인이라고 강력히 시사했다. 경찰은 두 부검 결과를 합치면 샐리와 스티브를 체포하기에 충분한 증거가 된다고 판단했다. 영국 검찰청은 스티브는 기소하지 않기로 결정했지만(크리스토퍼가 죽었을 때 현장에 없었으므로), 샐리는 두 아들을 살해한 혐의로 기소했다.

그 뒤에 진행된 재판에서는 수학적 실수를 하나가 아니라 4개나 저질렀는데, 그래서 이 재판은 영국 사법부 역사상 최악의 오심으로 자주 언급된다. 이 장에서는 샐리의 이야기를 통해 수학적 오류에서 비롯될 수 있는, 때로는 비극적이지만 너무나도 흔하게 일어나는 법정의 실수를 살펴볼 것이다. 또 이와 비슷한 불운에 휘말린 사람들을 만날 것이다. 그중에는 수학적 세부 내용을 근거로 기소가 각하된 범죄자도 있고, 살인 혐의로 기소되었다가 판사의 수학적 오해 덕분에 풀려난 미국인 학생 아만다 녹스Amanda Knox도 있다. 그렇지만 먼저 저지르지도 않은 범죄 때문에 절해고도로 유배당한 프랑스 장교 사건을 살펴보자.

드레퓌스 사건의 엉터리 논증

법정에서 수학이 사용된 역사는 길지만 그다지 잘 알려져 있지 않다. 처음으로 큰 주목을 끌면서 사용(또는 오용)된 사례는 프랑스 공화국을 분열시키고 전 세계를 떠들썩하게 만든 정치 스캔들인 '드레퓌스 사건'이다. 1894년, 파리 주재 독일 대사관에서 청소부로 위장해 첩보 활동을 하던 프랑스인 여성이 버려진 메모를 입수했다. 손으로 쓴 그 메모는 프랑스의 군사 기밀을 독일 쪽에 넘겨주는 내용이었는데, 이것이 발견되자 프랑스 육군에 독일 스파이가 잠입했다는 의심 때문에 일종의 마녀사냥이 벌어졌다. 조사 끝에 유대인 혈통의 프랑스군 포병 대위 알프레드 드레퓌스Alfred Dreyfus가 체포되었다.

군사 재판에서 필적 감정가는 드레퓌스가 무죄라고 판단했지만, 그 의견이 마음에 들지 않았던 프랑스 정부는 자격이 없는 파리 경시청의 신원 확인부 책임자 알퐁스 베르티용Alphonse Bertillon을 이 사건에 끌어들였다. 베르티용은 드레퓌스가 다른 사람이 자기 필체를 흉내내서 쓴 것처럼 위장하기 위해 그 메모를 자신의 진짜 필체와 다르게 썼다고 주장했다. 더 나아가 베르티용은 메모에서 반복된 다음절多音節 단어들 사이의 유사점을 바탕으로 난해한 수학적 분석을 제시했다. 그는 반복되는 한 쌍의 단어에서 시작되는 획과 끝나는 획이 비슷한 특징을 띨 확률이 $\frac{1}{5}$이라고 주장했다. 그리고 반복된 다음절 단어 13개의 시작 부분과 끝 부분 26개에서 발견된 4개의 일치가 일어날 확률은 $\frac{1}{5}$을 네 번 곱한 것(1만분의 16에 해당)과 같다고 주장하면서 그런 일이 우연히 일어날 가능성은 극히 희박하다고 했다. 베르티용은 그러한 유사성은

3. 수학으로 만들어낸 유죄

우연의 일치가 아니며, "의도적으로 신중하게 실행된 것이 분명하고, 어떤 목적이 있는 의도, 아마도 비밀 암호를 나타내는 것"이라고 주장했다.[52] 그의 논증은 7명으로 구성된 배심원단을 설득하기에 또는 적어도 어리둥절하게 만들기에 충분했다. 드레퓌스는 유죄 판결과 함께 종신형을 선고받아 프랑스령 기아나 해안에서 11km 떨어진 외딴 유형지 악마의 섬Ile du Diable으로 유배되었다.

그 당시 베르티용의 수학적 논증은 아주 불분명했기 때문에, 드레퓌스의 변호인도 법정에 출석한 정부 쪽 참관인도 전혀 이해하지 못했다. 재판장 역시 혼란에 빠졌을 가능성이 크지만, 유사수학적 논증에 겁을 먹고는 아무런 이의도 제기하지 못했다. 결국 당대 최고의 수학자 앙리 푸앵카레Henri Poincaré(6장에서 그가 제기해 100만 달러의 상금이 걸린 문제를 다룰 때 다시 만날 것이다)가 나서서 사람들을 얼떨떨하게 만든 베르티용의 계산을 명쾌하게 분석했다. 첫 재판이 열린 지 10년이 더 지난 뒤에 이 문제의 검토에 나선 푸앵카레는 베르티용의 계산에서 오류를 금방 찾아냈다. 베르티용은 반복된 단어 13개의 시작 부분과 끝 부분 26개에서 4개가 일치할 확률 대신에 네 단어에서 4개가 일치할 확률을 계산했는데, 당연히 그 확률은 훨씬 떨어졌다.

사격장에서 사격 연습을 하면서 표적에 몇 발이 맞았는지 검사하는 상황을 상상해보자. 머리나 가슴에 10발이 명중한 것을 확인하고서 사격한 사람을 명사수라고 생각하기 쉽다. 하지만 그것이 100발 또는 1000발을 쏜 결과라는 사실을 안다면 금방 실망할 것이다. 베르티용의 분석도 이와 비슷했다. 네 가지 가능성에서 4개가 일치할 확률은 극히 낮지만, 베르티용이 분석한 단어들의 시작 부분과 끝 부분 26개에서

4개를 선택하는 경우의 수는 1만 4950가지나 된다.

베르티용이 발견한 4개가 일치할 진짜 확률은 대략 $\frac{18}{100}$로, 그가 배심원단을 설득할 때 사용한 수치보다 100배 이상 컸다. 일치하는 것이 5개나 6개 또는 더 많이 발견되었더라도 베르티용이 기뻐했으리라는 사실까지 고려해, 4개 또는 '그 이상'의 일치를 발견할 확률을 다시 계산하면 대략 $\frac{8}{10}$이 나온다. 베르티용이 '비정상적으로 많다고' 생각했던 일치 횟수는 나타나지 않을 확률보다 나타날 확률이 훨씬 높다. 푸앵카레는 베르티용의 계산 오류를 분명히 보여주고 확률론을 이런 문제에 적용하려는 시도는 옳지 않다고 주장함으로써 비정상적인 필적 분석이 잘못되었음을 입증했고, 그럼으로써 드레퓌스가 무죄임을 밝혔다.[53] 드레퓌스는 악마의 섬에서 4년을 보내고 프랑스로 돌아와 불명예스러운 삶을 7년 더 산 뒤, 1906년에 드디어 무죄 판결을 받고 풀려나 프랑스 육군 소령으로 진급했다. 명예가 회복된 뒤 제1차 세계 대전이 일어나자, 드레퓌스는 넓은 도량을 보여주며 나라를 위해 베르됭 전투에 참여해 최전선에서 공훈을 세웠다.

드레퓌스 사건은 수학이 뒷받침하는 논증의 위력과 함께 그것이 얼마나 쉽게 남용될 수 있는지 잘 보여준다. 이 주제는 이 책에서 여러 번 다시 나올 텐데, 많은 사람들은 수학 공식에 맞닥뜨렸을 때 정확하게 이해하려 하지 않고 마치 잘 안다는 듯이 고개를 끄덕이면서 그것을 제시한 사람에게 경의를 표하려는 경향이 있다. 그런 논증이 이해하기 힘든 동시에 부당하게도 매우 인상적으로 보이는 한 가지 이유는 많은 수학적 논증이 이해하기 힘든 수수께끼처럼 보이기 때문이다. 의심을 받는 경우는 거의 없다. 수학적 형태로 나타나는 확실성의 착각(앞 장에서 언급했듯이 사람들이 의학적 검사 결과를 따지지도 않고 받아들이게 만드는 현상)은 의심을 품고 싶은 사람들의 입을 다물게 만든다. 드레퓌스 사건과 역사에서 일어난 수학적 오심을 수없이 겪고도 우리가 교훈을 얻지 못했다는 것이 큰 비극이다. 이 때문에 무고한 피해자들이 같은 운명을 계속 반복적으로 겪었다.

무죄가 입증되기 전까지는 유죄?

앞 장의 의학적 검사 사례에서 보았듯이, 법에는 옳으냐 그르냐, 참이냐 거짓이냐, 유죄냐 무죄냐를 비롯해 이원적 판단을 내려야 하는 사례가 아주 많다. 많은 서양 민주주의 국가의 법정은 "유죄가 입증되기 전까지는 무죄"라는 원칙을 준수한다. 그리고 입증의 책임은 피고가 아니라 원고에게 있다고 본다. "무죄가 입증되기 전까지는 유죄"라는 정반대의 추정은 거의 모든 나라에서 폐기되었는데, 이 추정은 거짓 양성을 더 많이, 그리고 거짓 음성을 더 적게 만들어낸다. 그러나 오늘날에도 무죄 추정이 아니라 유죄 추정 쪽으로 균형추가 기울어진 나라들이 일부 있다. 예를 들어 일본의 형사 사법 체계는 기소율이 99.9%에 이르는데, 그중 대부분의 기소는 자백에 기초해 일어난다.[54] 이에 비해 2017~2018년에 영국 검찰청의 기소율은 80%였다. 일본의 높은 기소율은 인상적인 통계 수치처럼 보이지만, 과연 일본 경찰이 1000건의 사건 중 999건에서 진범을 잡았을까?

이렇게 기소율이 높은 이유 중 일부는 일본 수사관들의 강압적인 심문 기술에 있다. 그들은 불기소 상태에서 용의자를 최대 3일 동안 구금할 수 있고, 변호사가 없는 상태에서도 용의자를 심문할 수 있으며, 면담 내용을 기록할 의무가 없다. 이러한 비타협적 기술들은 자백을 통해 범행 동기를 확실하게 밝히는 것이 유죄 평결을 이끌어내는 데 아주 중요한 역할을 하는 일본 사법 제도가 낳은 결과이다. 그리고 사건 관련 증거를 물리적으로 조사하기 전에 먼저 자백을 얻어내라는 상관의 압력이 상황을 악화시킨다. 많은 일본인 용의자는 세간의 이목을 끄는 재판을 거치는 동안 가족에게 돌아갈 수치를 피하려고 쉽사리 자백을 선택하는 경향이 있으며, 이런 태도는 심문자의 노고를 덜어준다. 최근에 인터넷에서 악의적 협박을 한 혐의로 무고한 사람 네 명이 체포된 사건이 있었는데, 이 사건은 일본의 사법 제도에서 허위 자백이 얼마나 많이 일어나는지 부각시켰다. 진범이 범죄를 자백하기 전에 기소된 사람들 중 두 명은 강요를 이기지 못하고 허위 자백을 했다.

유죄 추정의 원칙을 선호하는 일본의 경향은 예외적 사례에 속한다. 나머지 대부분의 나라들에서는 "유죄가 입증되기 전까지는 무죄" 원칙을 인정하는 정서가 아주 강하며, 이 원칙은 심지어 국제연합의 세계 인권 선언에도 명시돼 있다. 18세기 영국의 판사이자 정치인인 윌리엄 블랙스톤William Blackstone은 거기에서 더 나아가 "열 명의 범인을 놓치더라도 한 명의 무고한 죄인을 만들어서는 안 된다."라는 말로 그러한 정서를 계량화하기까지 했다. 이 견해는, 범죄를 저질렀을 가능성이 있더라도 유죄를 입증할 수 없다면, 용의자를 풀어줘야 한다고 주장한다. 이것은 거짓 음성 판정을 내리는 것과 비슷하다. 피고의 죄를 뒷받침하는 증거가 있다 해도, 그 증거가 합리적 의심을 넘어서서 배심원이나 재판관을 납득시키지 못하면, 피고가 무죄로 석방될 때가 많다. 비록 명목상으로만 존재하지만 스코틀랜드 법정에는 거짓 음성 비율을 줄이는 제3의 평결이 있다. '증거 불충분' 평결은 재판관이나 배심원단이 피고의 결백을 충분히 확신하지 못해 확실히 무죄라고 선고하지 못할 때 내릴 수 있다. 이 경우 피고는 무죄로 풀려나지만, 평결 자체는 틀린 것이 아니다.

7300만분의 1의 가능성

샐리 클라크의 재판이 열린 영국 법정에서는 서로 충돌하는 증거 때문에 배심원단이 확실한 결론을 내리기가 어려웠다. 샐리는 아이들을 죽이지 않았다고 완강히 주장했다. 전문가 증인으로 출석한 내무부 소속 병리학자 앨런 윌리엄스Alan Williams는 그 반대 주장을 폈다. 그가 제시한 법의학적 증거는 배심원단의 눈에는 복잡하고 혼란스러워 판단하기가 어려웠다. 윌리엄스는 해리의 부검에서 뇌 열상, 척수 손상, 망막 출혈을 '발견'했다고 했지만, 재판에 앞선 사전 준비 과정에서 독립적인 전문가들은 윌리엄스의 견해가 신빙성이 떨어져 인정하기 어렵다고 했다. 그러자 검찰 측은 몸을 심하게 흔드는 바람에 해리가 사망했다는 처음의 주장을 바꾸어 사망 원인을 질식사라고 주장함으로써 배심원단을 설득하려고 했다. 심지어 윌리엄스까지 마음을 바꾸었다. 의학적 증거 가운데 분명한 것은 하나도 없었다.

　게다가 두 아이의 죽음에 관한 정황 증거를 놓고 벌어진 변호인 측과 검찰 측의 격렬한 다툼은 혼란의 폭풍을 더 키웠다. 검찰 측은 아이를 낳고 기르면서 자신의 생활방식과 몸에 일어난 변화를 너무나도 싫어한, 허영심 많고 이기적인 커리어 우먼의 이미지를 샐리에게 덧씌우려 했다. 그러자 피고 측은 샐리가 첫째 아이를 낳자마자 둘째 아이를 가진 이유가 도대체 무엇이라고 생각하느냐고 반박했다. 그리고 재판을 준비하는 동안 또다시 셋째 아이를 임신하고 낳은 이유는 무엇이겠느냐고 했다. 피고 측은 샐리가 첫째 아이의 죽음으로 큰 비탄에 빠졌다고 주장했다. 검찰 측은 이 주장에 대해 샐리가 지나치게 슬퍼하는 태도가 의심스럽다는 식으로 말했다. 병원에 도착한 크리스토퍼를 맨 처음 보았던 의사는 첫째 아이를 잃고 샐리가 고통스러워한 모습에는 이상한 점이 전혀 없었다고 반박했다. 이렇게 서로 치고받는 논쟁은 배심원단의 시야를 가린 안개를 더욱 짙게 했다.

이렇게 혼란스러운 상황에서 로이 메도Roy Meadow 교수가 전문가 증인으로 나섰다. 병리학자들이 '폐출혈'과 '경막 밑 혈종'의 정도를 놓고 논쟁을 벌이는 동안 메도는 분명한 신호등으로 배심원들을 혼란의 구렁텅이에서 구원의 평결로 인도했다. 그 신호등은 단 하나의 통계 자료였다. 메도는 부유한 가정에서 두 아이가 영아 돌연사 증후군SIDS으로 사망할 확률은 7300만분의 1이라고 증언했다. 많은 배심원에게 이것은 재판 과정에서 얻은 가장 중요한 정보였다. 7300만은 결코 무시할 수 없을 만큼 아주 큰 수였다.

1989년, 그 당시 영국에서 저명한 소아과 의사였던 메도는 『아동 학대의 ABCABC of Child Abuse』라는 책을 편집했는데, 이 책에는 나중에 메도의 법칙으로 알려진 다음의 금언이 포함돼 있었다. "한 번의 영아 돌연사는 비극이고, 두 번은 의심스러우며, 세 번은 달리 입증되지 않는 한 살인이다."[55] 하지만 이 그럴싸한 금언은 확률을 근본적으로 잘못 이해한 데에서 나왔다. 이것은 샐리 클라크 사건에서 메도가 배심원단을 오도한 것과 동일한 종류의 오해에서 비롯되었는데, 메도는 종속 사건과 독립 사건 사이의 단순한 차이를 이해하지 못했다.

종속 사건과 독립 사건

한 사건에 대한 지식이 다른 사건의 확률에 영향을 끼친다면, 두 사건은 서로 종속적이다. 그렇지 않다면, 두 사건은 독립적이다. 개개 사건이 일어날 확률이 주어졌을 때, 두 사건이 모두 일어날 확률을 구하려면, 일반적으로는 두 사건이 각각 일어날 확률을 곱하는 것이 정답이다. 예를 들어 인구 집단에서 무작위로 고른 사람이 여성일 확률은 $\frac{1}{2}$이다. 〈표 3〉에서 보듯이 1000명이 있다면, 평균적으로 그중에서 500명이 여성이다. 이 인구 집단에서 무작위로 선택한 사람이 IQ 검사에서 110 이상의 점수를 얻을 확률은 $\frac{1}{4}$이다. 이것은 〈표 3〉에서 보듯이 1000명 중 250명에 해당한다. 어떤 사람이 여성이면서 IQ가 110 이상일 확률을 구하려면 두 가지 확률 $\frac{1}{2}$과 $\frac{1}{4}$을 곱하면 되고, 그 답은 $\frac{1}{8}$이 된다. 이것은 〈표 3〉에서 IQ가 높은 사람들 칸에 있는 125명 ($\frac{1000}{8}$)과 일치한다. 여성이면서 IQ가 110 이상인 결합 확률을 구하려고 할 때 두 확률을 곱하는 것이 타당한 이유는 IQ와 성별이 서로 독립적이기 때문이다. 특정 IQ는 그 사람의 성별에 대해 아무것도 알려주지 않으며, 특정 성별은 그 사람의 IQ에 대해 아무것도 알려주지 않는다.

영국에서 자폐증 발생 빈도는 100명당 1명,[56] 또는 1000명당 10명이다. 여성이면서 자폐증이 있을 확률을 구하려면, 간단히 두 가지 확률($\frac{1}{2}$과 $\frac{1}{100}$)을 곱하면 된다고 생각하기 쉽다. 그렇게 구한 확률은 $\frac{1}{200}$, 즉 1000명당 5명으로 나온다. 하지만 자폐증과 성별은 서로 독립적인 사건이 아니다. 인구 집단에서 무작위로 1000명을 선택하면, 〈표 4〉에서 보듯이 남성의 자폐증 빈도(500명당 8명)가 여성의 자폐증 빈도(500명당 2명)보다 4배나 높다는 것을 알 수 있다. 자폐 스펙트럼 장애가 있는 사람들 중에서 여성은 5명당 1명에 불과하다.[57] 인구 집단에서 무작위로 선택한 사람이 여성이면서 자폐증이 있을 확률이 두 사건을 독립적이라고 가정하고서 잘못 계산한 $\frac{5}{1000}$가 아니라 $\frac{2}{1000}$라고 계산하려면, 이런 추가 정보가 필요하다. 이 예는 사건의 독립성을 부정확하게 가정할 경우 중대한 실수를 저지르기가 얼마나 쉬운지 보여준다.

메도가 증언할 때 고려한 사건들은 샐리 클라크의 아이들이 각자 영아 돌연사 증후군으로 사망한 사건이었다. 메도가 이 계산에 사용한 통

IQ	성별		합계
	남성	여성	
>110	125	125	250
<110	375	375	750
합계	500	500	1000

표3 1000명의 사람을 IQ와 성별에 따라 분류한 표.

3. 수학으로 만들어낸 유죄

자폐증	성별		총계
	남성	여성	
있음	8	2	10
없음	492	498	990
합계	500	500	1000

표4 1000명을 성별과 자폐증 유무에 따라 분류한 표.

계 수치는 자신이 서문을 썼던 영아 돌연사 증후군에 관한 (그 당시에는 미발표) 보고서였다.[58] 영국을 조사 지역으로 선택한 이 보고서는 3년 동안 47만 3000명의 신생아 사이에서 발생한 영아 돌연사 증후군 사례 363건을 조사했다. 이 보고서는 전체 인구 집단에서 영아 돌연사 증후군이 발생하는 비율을 제시했을 뿐만 아니라, 어머니의 나이, 가계 소득, 가족 중 흡연자 유무 등에 따라 통계 자료를 층화(모집단을 층으로 나누는 것—옮긴이)했다. 클라크 가족처럼 부유하고 흡연자가 없고 어머니 나이가 26세 이상인 가족의 경우, 자폐증은 신생아 8543명당 한 명 꼴로 발생했다.

　메도가 저지른 첫 번째 실수는 영아 돌연사 증후군이 발생하는 사례들이 서로 완전히 독립적이라고 가정한 것이다. 그래서 그는 같은 가족 내에서 영아 돌연사 증후군으로 두 번의 사망 사건이 일어날 확률은 8543을 두 번 곱해서 구하는 것이 옳다고 생각했으며, 계산 결과에 따라 그런 일은 7300만분의 1의 확률로 일어난다는 결론을 내렸다. 자신의 가정을 정당화하기 위해 메도는 더 나아가 "영아 돌연사 증후군이 집안 내력이라는 증거는 전혀 없지만, 아동 학대가 집안 내력이라는 증거는 아주 많다."라고 주장했다. 이 수치를 손에 쥐고서 메도는 영국에서 태어나는 신생아가 1년에 약 70만 명이므로, 영아 돌연사 증후군으로 두 아이가 연달아 사망하는 일은 대략 100년에 한 번꼴로 일어난다고 주장했다.

메도의 가정은 표적에서 벗어나도 한참 벗어난 것이었다. 영아 돌연사 증후군과 연관이 있는 위험 인자는 흡연과 조산, 침대 같이 쓰기 등 알려진 것만 해도 많다. 2001년, 맨체스터대학교 연구자들은 면역계 조절에 관여하면서 영아 돌연사 증후군 위험을 증가시키는 유전자 표지자들을 확인했다.[59] 그 후에 더 많은 유전적 위험 인자가 확인되었다.[60] 같은 부모에게서 태어난 어린이들은 동일한 유전자를 많이 공유하며, 따라서 영아 돌연사 증후군 위험이 높아질 가능성이 있다. 만약 한 아이가 영아 돌연사 증후군으로 사망한다면, 그 가족에게는 관련 위험 인자 중 일부가 있을 가능성이 있다. 따라서 그다음 아이가 사망할 확률은 배경 인구 집단의 평균보다 더 높다. 실제로 영국에서는 한 가정에서 두 번째 아이까지 영아 돌연사 증후군으로 사망하는 일이 1년에 한 번쯤 일어나는 것으로 보인다.

영아 돌연사 증후군으로 인한 사망 확률을 비유를 통해 설명해보기로 하자. 구슬이 든 주머니 10개가 있다고 하자. 9개에는 각각 흰 구슬 10개가 들어 있다. 나머지 1개에는 흰 구슬 9개와 검은 구슬 1개가 들어 있다. 〈그림 9〉의 왼쪽이 처음의 이 상태를 보여준다. 먼저 무작위로 주머니 하나를 선택하고, 그 주머니에서 무작위로 구슬 하나를 꺼낸다. 구슬은 모두 100개이고 선택될 확률은 모두 똑같으므로, 첫 번째 시도에서 검은 구슬을 꺼낼 확률은 $\frac{1}{100}$이다. 두 번째 시도에서는 앞에서 꺼낸 구슬을 도로 그 주머니에 넣은 뒤, 나머지 9개의 주머니는 무시하고 같은 주머니에서 다시 구슬을 하나 꺼낸다. 만약 첫 번째 시도에서 꺼낸 구슬이 검은 구슬이었다면, 두 번째 시도를 할 때에는 검은 구슬이 들어 있는 주머니에서 구슬을 꺼낸다는 사실을 안다. 따라서 검은 구슬이 나올 확률은 $\frac{1}{100}$ 대신에 $\frac{1}{10}$로 크게 높아진다. 이 시나리오에서는 두 번 다 검은 구슬을 꺼낼 확률($\frac{1}{1000}$)이 검은 구슬을 꺼낼 본래의 확률을 단순히 두 번 곱한 것($\frac{1}{10000}$)보다 훨씬 높다. 마찬가지로 일단 한 아이가 영아 돌연사 증후군으로 죽었다면, 두 번째 아이 역시 영아 돌연사 증후군으로 죽을 확률이 높아진다.

사실, 영아 돌연사 증후군의 경우, 가족의 위험 인자들은 첫 번째 아이가 태어났을 때 무작위로 고르는 것이 아니다. 그것들은 사전에 이미

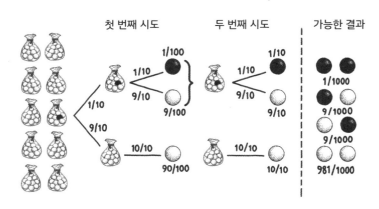

그림9 검은 구슬 또는 흰 구슬을 꺼낼 확률을 구하기 위한 결정 트리. 각각의 시도에서 검은 구슬 또는 흰 구슬을 꺼낼 확률을 계산하려면, 결정 트리에서 해당 가지를 따라가면서 각 팔에 있는 확률들을 곱하면 된다. 예를 들어 첫 번째 시도에서 검은 구슬을 꺼낼 확률은 1/100이다. 첫 번째 시도에서 일단 한 주머니를 선택하면, 두 번째 시도에서는 그 주머니에서만 구슬을 꺼내야 한다. 두 번의 시도를 결합한 결과의 확률은 점선 오른쪽에 표시돼 있다.

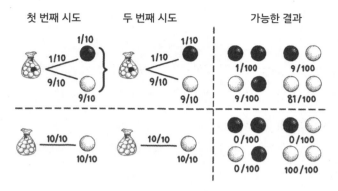

그림10 어떤 주머니에서 구슬을 꺼내야 할지 미리 정해져 있고, 두 번 다 같은 주머니에서 구슬을 꺼내야 하는 경우의 두 가지 대안 결정 트리. 각각의 결정 트리에서 두 번의 시도 결과를 결합한 확률은 점선 오른쪽에 표시돼 있다. 만약 검은 구슬이 없는 주머니에서 구슬을 꺼낸다면, 흰 구슬 2개를 꺼내는 것 말고는 다른 가능성이 없다.

존재한다. 따라서 처음부터 우리는 검은 구슬이 있거나 없는 주머니에서 구슬을 꺼내는 셈이다. 〈그림 10〉에서 한 쌍의 결정 트리가 이 대안 해석을 보여준다. 만약 두 번 다 검은 구슬이 든 주머니에서 구슬을 꺼낸다면, 두 번 다 검은 구슬이 나올 확률은 $\frac{1}{100}$로 높아진다. 따라서 영아 돌연사 증후군으로 두 아이가 잇달아 사망할 확률을 구하기 위해 단순히 배경 인구 집단의 영아 돌연사 증후군 위험 확률을 두 번 곱하는 것은 잘못이다.

* * *

메도가 영아 돌연사 증후군이 신생아 8543명당 한 명꼴로 발생한다는 충화한 통계 수치를 사용한 것에는 또 다른 문제들이 있다. 메도가 이 수치를 콕 집어 선택한 보고서에는 사회경제적 지표를 바탕으로 데이터를 층화하지 않고 계산한 전체 인구 집단 수준의 훨씬 큰 위험—1303명당 한 명—을 나타낸 수치도 있었다. 메도는 이 대안 수치를 사용하지 않기로 했다. 대신에 클라크 가족의 배경을 선별적으로 고려하여 영아 돌연사 증후군이 한 번 일어날 확률을 훨씬 낮게(그리고 사망 사건들 사이의 종속성을 무시한 실수 때문에 두 번 일어날 확률을 훨씬 더 낮게) 만드는 수치를 산출했는데, 그 과정에서 그 확률을 더 높게 만드는 인자들을 무시했다. 예컨대 메도는 샐리의 두 아이가 모두 남자였고, 영아 돌연사 증후군은 여자아이보다 남자아이에게서 2배나 많이 일어난다는 사실을 무시했다. 이 사실을 고려했더라면, 영아 돌연사 증후군으로 인한 사망이 두 번 일어날 가능성이 훨씬 높아져 검찰 측 주장의 근거가 약해졌을 것이다. 그리고 샐리가 두 아이를 살해했으리라는 예상도 근거가 흔들렸을 것이다.

검찰 측이 해로운 배경 소질만 선별적으로 채택함으로써 통계 자료의 증거를 편향시킨 행위는 그 자체만으로도 비윤리적이거나 평결을 오도했다고 간주할 수 있지만, 이런 관행에는 더 큰 문제가 있다. 메도가 통계 수치를 인용한 본래 보고서의 층화한 데이터는 한정된 의료 서비스 자원을 더 효율적으로 사용하려는 목적에 따라 고위험 인구 통계 자료를 확인하기 위해서 그렇게 만든 것이었다. 이 집단 내에서 특정 개인의 영아 돌연사 증후군 위험을 추론하는 데 사용하려고 만든 것이 절대 아니었다. 그 보고서는 영국에서 약 50만 명의 신생아를 개괄적으로 조사한 결과로, 각 신생아의 개별 상황을 자세히 조사한 것이 아니었다. 이와는 대조적으로 샐리 클라크의 경우에는 특정 혐의에 맞춰 매우 자세하게 조사했다. 검찰 측은 샐리와 스티브의 배경 중에서 보고서와 일치하는 측면만 선별적으로 택하고는, 그것을 두 아이가 영아 돌연사 증후군으로 사망할 위험의 성격을 밝히는 데 사용할 수 있다고 가정했다. 그러나 이 가정은 개인의 특징을 모집단의 특징과 동일시하는 오류를 범했다. 이것은 생태학적 오류ecological fallacy의 대표적인 예이다.

생태학적 오류

한 가지 생태학적 오류는 단 하나의 통계 자료가 다양한 인구 집단의 성격을 규정한다고 가정할 때 일어난다. 예를 들어 설명해보자. 2010년에 영국 여성의 기대 수명은 83세이고 남성은 79세였다. 그리고 전체 인구 집단의 기대 수명은 81세였다. 여기서 여성의 평균 기대 수명이 남성보다 높기 때문에 무작위로 선택한 여성이 무작위로 선택한 남성보다 더 오래 살 것이라고 주장한다면, 바로 생태학적 오류를 저지르는 것이다. 이 오류에는 '무차별적 일반화sweeping generalization'라는 특별한(그리고 적절한) 별명이 붙어 있다. 기대 수명 '증가'를 근거로 삼아 흔히 저지르는 또 하나의 단순한 생태학적 오류는 "모든 사람의 수명이 늘어나고 있다."라는 표현으로, 게으른 저널리스트들이 자주 사용한다. 모든 사람이 과거보다 더 오래 사는 것은 아니다. 이런 표현은 잘 봐주어도 순진한 주장에 불과하다.

　그러나 생태학적 오류는 이것보다 더 미묘한 모습으로 나타날 수 있다. 평균 기대 수명이 78.8세인데도 대다수 영국인 남성이 '전체' 인구 집단의 평균 기대 수명인 81세보다 더 오래 살 것이라는 말을 들으면 여러분은 놀랄지도 모르겠다. 처음에는 이 말이 모순처럼 들리지만, 사실은 해당 데이터를 요약하는 데 사용하는 통계 자료의 불일치 때문에 이런 일이 일어난다. 전체 인구 집단에 비하면 적지만 그래도 제법 많은 사람들이 어린 나이에 죽는데, 이들이 평균 수명(흔히 인용하는 기대 수명은 모든 사람들이 죽는 순간의 나이를 더해 사람 수로 나눈 것이다)을 많이 끌어내린다. 놀랍게도 일찍 죽는 이 사람들이 평균을 중앙값(딱 가운데에 위치한 나이. 이 나이를 기준으로 더 일찍 죽는 사람의 수와 더 늦게 죽는 사람의 수가 똑같다)보다 훨씬 아래로 끌어내린다. 영국인 남성의 사망 나이 중앙값은 82세인데, 이것은 전체 남성 중 절반은 적어도 이보다 더 오래 산다는 뜻이다. 이 경우에 요약된 통계 자료(사망할 때 평균 나이가 78.8세라는)는 영국인 남성 인구 집단에서 많은 사람들의 수명을 잘못 알려주는 셈이다.

키부터 IQ에 이르기까지 일상적인 데이터 집합의 특징을 알려주는 데 쓸 수 있는 종형 곡선 또는 정규 분포는 데이터 중 절반은 평균에서 왼쪽에, 나머지 절반은 오른쪽에 위치한 아름다운 대칭적 곡선이다. 이것은 이런 분포가 나타나는 특징은 평균과 중앙값이 일치하는 경향이 있음을 뜻한다. 많은 사람들은 이 유명한 곡선이 현실의 정보를 정확하게 나타낸다는 개념에 너무 익숙한 나머지, 평균이 데이터 집합의 '중앙'을 나타내는 훌륭한 표지라고 생각한다. 그래서 우리는 평균이 중앙값에서 많이 벗어나는 분포에 맞닥뜨리면 깜짝 놀란다. 〈그림 11〉에서 보듯이, 영국인 남성의 사망 나이 분포는 분명히 대칭적이지 않다. 이런 분포를 '치우친 분포'라고 한다.

앞 장에서 보았듯이, 가계 소득 분포는 중앙값과 평균이 큰 차이를

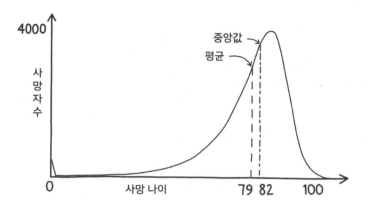

그림 11 영국인 남성의 연간 사망자 수를 나이별로 나타낸 그래프는 치우친 분포를 보여준다. 평균 사망 나이는 79세보다 조금 아래인 반면, 중앙값 사망 나이는 82세이다.

보이는 또 하나의 통계 자료이다. 예를 들어 95쪽의 〈그림 4〉에 나타난 영국의 가계 소득 분포는 크게 치우친 분포를 보여주는데, 〈그림 11〉을 조금 더 어지럽게 만들어 좌우를 뒤집어놓은 버전처럼 보인다. 대다수 영국 가계는 가처분 소득이 낮지만, 소수의 고소득자가 분포를 왜곡한다. 2014년, 영국의 전체 인구 중 $\frac{2}{3}$는 주간 소득이 '평균' 이하였다.

더 놀라운 예로는 다음의 오래된 수수께끼가 있다. "거리를 걸어가다가 다음번에 만나는 사람의 다리가 평균보다 많을 확률은 얼마일까?" 그 답은 "거의 100%."이다. 다리가 없거나 하나뿐인 극소수 사람들이 평균을 아주 약간 낮추기 때문에, 다리가 2개인 사람은 모두 평균보다 많은 다리를 가진 셈이다. 이 경우에 평균이 인구 집단에서 어떤 개인의 특징을 정확하게 나타낸다고 가정한다면, 크게 잘못된 생각이다.

인구 집단을 나타낼 때 잘못된 종류의 평균을 사용하면, 이렇게 생태

　　　　　　　　　　　　　　3. 수학으로 만들어낸 유죄

학적 오류를 범할 수 있다. 심프슨의 역설Simpson's paradox이라 부르는 또 다른 종류의 생태학적 오류는 평균들의 평균을 구하려고 할 때 일어난 다. 심프슨의 역설은 경제의 건강 측정[61]부터 유권자 프로필 이해,[62] 그리고 아마도 가장 중요하게는 의약품 개발[63]에 이르기까지 다양한 분야에 큰 영향을 끼친다. 예를 들어 새로 개발한 혈압 강하제 판타스티콜의 대조 시험을 한다고 상상해보자. 임상 시험에 지원한 사람이 2000명이고, 남녀의 수가 똑같다. 대조 시험을 위해 이들을 1000명씩 두 집단으로 나눈다. A 집단 환자들에게는 판타스티콜을 투여하고 B 집단 환자들에게는 플라세보를 투여한다. 임상 시험이 끝났을 때, 판타스티콜을 투여받은 사람들 중에서 56%(1000명 중 560명)가 혈압이 낮아진 반면, 플라세보를 투여받은 사람들 중에서는 35%(1000명 중 350명)만 혈압이 낮아졌다(〈표 5〉 참고). 판타스티콜은 실제로 효과가 있는 듯이 보인다.

의약품의 효과를 정확하게 파악하려면, 성 특이적 효과가 있는지 아는 것이 중요하다. 그래서 판타스티콜이 남녀에 따라 어떤 효과를 나타내는지 알아보기 위해 통계 자료를 다시 정리해보았다. 더 자세하게 분석한 이 통계 자료가 〈표 6〉에 나타나 있다. 이렇게 층화한 결과를 분석해보면, 우리는 큰 충격을 받게 된다. 임상 시험에 참여한 남성의 경

투여한 의약품	A: 판타스티콜	B: 플라세보
증상 호전	560	350
아무 효과 없음	440	650
증상 호전 비율	56%	35%

표5 판타스티콜은 전반적인 증상 호전 효과가 플라세보보다 높은 것처럼 보인다.

우, 플라세보를 투여받은 사람들 중 25%(B 집단의 800명 중 200명)가 증상이 호전된 반면, 판타스티콜을 투여받은 사람들 중에서는 20%(A 집단의 200명 중 40명)만 증상이 호전되었다. 여성의 경우에는 같은 추세가 더 분명하게 나타난다. 플라세보를 투여받은 사람들 중 75%(B 집단의 200명 중 150명)가 증상이 호전된 반면, 판타스티콜을 투여받은 사람들 중에서는 65%(A 집단의 800명 중 520명)만 증상이 호전되었다. 남녀 모두 플라세보를 투여받은 사람들이 진짜 약을 투여받은 사람들보다 증상이 호전된 비율이 더 높았다. 데이터를 이런 식으로 바라보면, 판타스티콜이 플라세보보다 효과가 떨어지는 것처럼 보인다. 데이터를 층화하면 이런 결과가 나오고, 합치면 정반대 결과가 나오는 이유는 무엇일까? 그리고 둘 중 어느 쪽이 옳을까?

그 답은 '교란 변수' 또는 '잠복 변수'라 부르는 것에 있다. 이 예에서 교란 변수는 바로 성별이다. 성별이 결과에 아주 중요한 영향을 미친다. 임상 시험 과정 내내 여성은 남성보다 혈압이 자연적으로 호전되는 일이 더 자주 일어났다. 두 집단의 남녀 구성 비율이 달라(진짜 약을 투여받은 A 집단은 여성이 800명, 남성이 200명이었던 반면, 플라세보를 투여받은 B

성별	남성		여성	
투여한 의약품	A: 판타스티콜	B: 플라세보	A: 판타스티콜	B: 플라세보
증상 호전	40	200	520	150
아무 효과 없음	160	600	280	50
합계	200	800	800	200
증상 호전 비율	20%	25%	65%	75%

표6 환자들을 성별로 나누어 분석하면, 남녀 모두 플라세보를 투여받은 환자들이 판타스티콜을 투여받은 환자들보다 증상 호전 비율이 더 높다.

3. 수학으로 만들어낸 유죄

집단은 여성이 200명, 남성이 800명이었다), A 집단은 자연적으로 증상이 호전되는 여성이 많다는 점 때문에 크게 유리하여 판타스티콜이 플라세보보다 더 효과가 있는 것처럼 보였다. 임상 시험에 참여한 남녀의 수는 똑같았지만 두 집단에 균일하게 분포되지 않았기 때문에, 남성과 여성을 각각 따로 집계한 성공 비율(남성은 20%, 여성은 65%)의 평균을 취하더라도, 〈표 5〉에서 전체 집단을 대상으로 처음에 관찰된 성공 비율 56%는 나오지 않는다. 평균의 평균을 구하려고 해서는 안 된다.

평균을 평균하는 것이 허용되는 경우는 교란 변수를 확실하게 통제할 때뿐이다. 성별이 그런 교란 변수라는 사실을 미리 알았더라면, 판타스티콜의 효능에 대한 정확한 그림을 얻기 위해서는 시험 결과를 성별로 층화할 필요가 있다는 사실을 알았을 것이다. 대신에 〈표 7〉에서처럼 각 집단에 남성과 여성을 똑같은 수로 배치함으로써 성별이 결과에 미치는 영향을 통제할 수도 있었다. 판타스티콜이나 플라세보를 투여했을 때 증상이 호전되는 남성과 여성의 비율은 〈표 6〉과 동일하다. 그러나 〈표 8〉에서 두 결과를 합쳐서 판타스티콜을 투여받은 사람들의 증상 호전 비율(42.5%)을 보면, 진짜 약이 플라세보(50%의 증상 호전 비

성별	남성		여성	
투여한 의약품	A: 판타스티콜	B: 플라세보	A: 판타스티콜	B: 플라세보
증상 호전	100	125	325	375
아무 효과 없음	400	375	175	125
합계	500	500	500	500
증상 호전 비율	20%	25%	65%	75%

표7 두 집단의 남성과 여성 비율을 똑같게 했을 때, 각각의 치료를 통해 증상이 호전된 남성과 여성의 비율은 〈표 6〉과 동일하다.

투여한 의약품	A: 판타스티콜	B: 플라세보
증상 호전	425	500
아무 효과 없음	575	500
합계	42.5%	50%

표8 성별이라는 교란 변수의 효과를 제거하면, 판타스티콜이 플라세보보다 못하다는 사실이 분명하게 드러난다.

율)보다 나은 게 아니라 오히려 나쁘다는 사실을 분명히 알 수 있다. 물론 여기에는 우리가 고려하지 않은 나이나 사회인구학적 요소처럼 다른 교란 변수들이 있을지 모른다.

생태학적 오류와 잘 통제된 대조 시험은 임상 시험을 설계하는 사람들에게 아주 중요한 고려 사항이지만(이것은 2장에서 이미 보았고, 4장에서 다른 이유로 다시 볼 것이다), 이런 교란 변수들은 다른 의학 분야에서도 혼란을 일으키는 것으로 밝혀졌다. 1960년대와 1970년대에 임신 기간에 흡연을 한 어머니가 낳은 아이들에게서 흥미로운 현상이 관찰되었다. 흡연을 한 어머니에게서 태어난 저체중아들은 흡연을 하지 않은 어머니에게서 태어난 저체중아들보다 1년 안에 사망하는 비율이 현저히 낮았다. 낮은 출생체중은 오랫동안 높은 영아 사망률과 연관이 있다고 알려졌지만, 임신 기간의 흡연은 저체중아에게 어떤 보호를 제공하는 것처럼 보였다.[64] 그러나 사실은 전혀 그런 것이 아니었다.[65] 이 역설의 답은 교란 변수에 있었다.

낮은 출생체중은 높은 영아 사망률과 '상관관계'가 있지만, 높은 영아 사망률의 '원인'은 아니다. 일반적으로 이 두 가지는 다른 부정적 조건, 즉 교란 변수가 원인이 되어 나타날 수 있다. 흡연과 그 밖의 부정

3. 수학으로 만들어낸 유죄

적 건강 조건은 출생체중을 낮추고 영아 사망률을 높일 수 있지만, 그 정도가 서로 다르다. 흡연은 그러지 않았더라면 건강하게 태어났을 많은 아이를 저체중으로 태어나게 한다. 낮은 출생체중을 초래하는 다른 원인들은 보통 아이의 건강에 더 해로우며, 그래서 영아 사망률을 더 높인다. 흡연한 어머니에게서 태어나는 아이들은 저체중아 비율이 훨씬 높은 데다가 영아 사망률이 조금 높아지는 데 그치기 때문에, 이 아이들이 1년 안에 사망하는 비율은 더 위험한 조건 때문에 저체중으로 태어난 아이들보다 낮을 수밖에 없다.

클라크 가족을 저위험 영아 돌연사 증후군 범주에 집어넣음으로써 메도가 저지른 생태학적 오류는 전체 인구 집단의 더 높은 영아 돌연사 증후군 비율을 사용한 경우보다 두 아이의 죽음을 훨씬 더 의심스러운 눈으로 바라보게 만들었다. 심지어 전체 인구 집단의 영아 돌연사 증후군 비율을 사용했더라도, 생태학적 오류를 저질렀을 것이다. 논란의 여지가 있긴 하지만, 인구 집단 수준의 가정은 덜 편파적이고, 따라서 한 여성의 자유가 걸린 상황에서는 더 적절하다. 영아 돌연사 증후군으로 인한 죽음들이 독립적인 사건이라고 잘못 가정한 것이 문제를 악화시켰다.

검사의 오류

메도가 저지른 통계적 오류는 여기서 그치지 않았다. 이보다 훨씬 중대한 통계적 오류도 저질렀다. 이 실수는 법정에서 너무나도 자주 일어나기 때문에 '검사의 오류prosecutor's fallacy'라고 부른다. 이 논증은 용의자가 무죄라면 특정 증거가 존재할 가능성이 극히 희박함을 보여주는 것으로 시작한다. 샐리 클라크의 경우, 이 논증은 만약 샐리가 두 아이를 죽이지 않았다면, 두 아이가 죽을 확률이 7300만분의 1로 아주 낮다는 결론을 내린다. 이 결론을 바탕으로 검사는 대안 설명—용의자가 유죄라는—이 옳을 가능성이 아주 높다고 잘못 추론한다. 이 논증은 용의자의 무죄를 뒷받침하는 나머지 대안 설명, 예컨대 아이들이 자연적 원인으로 죽었을 가능성을 전혀 고려하지 않는다. 또한 검사 측이 유죄를 주장하는 설명(샐리의 경우에는 두 아이의 살해) 역시 무죄를 주장하는 설명만큼이나(그보다 더하진 않더라도) 개연성이 없을 가능성을 무시한다.

검사의 오류가 안고 있는 문제를 설명하기 위해 어떤 범죄를 조사하는 상황을 상상해보자. 우리가 가진 증거는 범행 현장에서 달아나는 것이 목격된 차량의 번호 중 일부이다. 모든 차량 번호는 7개의 숫자로 이루어져 있다고 가정하자. 각각의 숫자는 0부터 9까지의 수 중 하나로 정해져 있다. 7개의 숫자는 각각 열 가지 가능성이 있으므로, 도로를 달리는 차들의 번호판은 $10 \times 10 \times 10 \times 10 \times 10 \times 10 \times 10$가지, 즉 1000만 가지가 존재할 수 있다. 차량 번호판을 본 목격자가 처음 5개의 숫자를 기억하지만 나머지 두 숫자는 기억하지 못한다고 하자. 처음 5개의 숫자를 알았으므로, 이제 나머지 두 숫자만 모르는 자동차들로 범위를 크게 좁혀서 조사하면 된다. 두 숫자는 각각 10가지 가능성이 있으므로, 처음 5개의 숫자 다음에 가능한 번호판은 오직 $100(10 \times 10)$개만 존재한다.

목격자가 기억한 처음 5개의 숫자와 차량 번호판이 일치하는 용의자가 한 명 발견되었다. 만약 이 용의자가 무죄라면, 거리에 돌아다니는 자동차 1000만 대 중에서 번호판이 처음 5개의 숫자와 일치하는 나머지 자동차는 이제 99대밖에 없다. 따라서 용의자가 무죄일 경우, 목격자가 그런 자동차를 볼 확률은 1000만분의 99로, 10만분의 1 미만이다. 만약 용의자가 무죄라면, 그 증거를 목격할 확률이 이토록 낮으므로 용의자가 유죄일 가능성이 매우 높아 보인다. 그러나 이렇게 생각하면 검사의 오류에 빠지게 된다.

용의자가 무죄일 때 그 증거를 목격할 확률은 그 증거가 발견된 뒤에 용의자가 '무죄인' 확률과 같지 않다. 목격자의 증언과 일치하는 자동차 100대 중 99대가 용의자에 포함되지 않았다는 사실을 떠올려보라. 용의자는 그런 차를 모는 100명 중 한 명에 지나지 않는다. 따라서 번호판을 근거로 용의자가 유죄일 확률은 $\frac{1}{100}$로 아주 낮다. 물론 용의자가 범행 현장 가까이에 있었다거나 다른 자동차들이 그 부근에 없었다거나 하는 다른 증거가 있으면, 용의자의 유죄 확률이 높아질 것이다. 그렇지만 현재까지 나온 단 하나의 증거만을 바탕으로 생각한다면, 용의자는 무죄일 가능성이 압도적으로 높다.

검사의 오류는 무죄 설명이 옳을 가능성이 아주 낮을 때에만 효과가 있으며, 그렇지 않을 때에는 그 오류를 쉽게 간파할 수 있다. 예컨대 런던에서 일어난 절도 사건을 조사하는 상황을 상상해보자. 범행 현장에서 발견된 범인의 피를 분석했더니 그 혈액형이 용의자의 혈액형과 일치하는 것으로 밝혀졌지만, 다른 증거는 전혀 발견되지 않았다고 하자. 전체 인구 중 10%가 같은 혈액형을 가지고 있다고 하자. 따라서 용의자가 무죄라면(즉, 인구 집단에서 누군가 다른 사람이 범행을 저질렀다면), 범행 현장에서 이 혈액형이 발견될 확률은 10%이다. 여기서 검사의 오류는 혈액형 증거를 바탕으로 용의자가 무죄일 확률 역시 10%에 불과하다고(따라서 유죄일 확률이 90%라고) 추론하는 것이다. 인구가 약 1000만이나 되는 런던 같은 대도시에는 범행 현장에서 발견된 것과 동일한 혈액형을 가진 사람이 100만 명(전체 인구 중 10%)이나 있다. 따라서 혈액형 증거만을 바탕으로 판단한다면, 용의자가 유죄일 확률은 100만분의 1이다. 그 혈액형을 발견할 확률($\frac{1}{10}$)은 비교적 낮은 편이지만, 혈액형이 같은 사람이 아주 많기 때문에, 이 한 가지 증거 자체는 혈액형이 일치하는 용의자의 유무죄에 대해 말해줄 수 있는 것이 별로 없다.

*   *   *

위에 든 예에서는 오류가 비교적 분명하게 드러난다. 큰 집단에 속한 한 개인의 혈액형만을 바탕으로 용의자의 무죄 확률이 $\frac{1}{10}$로 아주 낮다고 가정하는 것은 터무니없어 보인다. 그러나 샐리 클라크의 경우에는 제시된 수치가 너무나 작아서 통계학을 잘 모르는 배심원단이 그 오류를 꿰뚫어보기가 어려웠다. 메도가 "……이런 상황에서 아이들이 자연적으로 죽을 가능성은 극히 희박한데, 그 확률은 7300만분의 1에 불과합니다."라고 말했을 때, 자신이 그런 오류를 저지르고 있다는 사실을 알았는지 의심스럽다.

통계학을 잘 모르는 배심원단은 이런 주장을 듣고 아마도 다음과 같이 추론했을 것이다. "자연적 원인으로 두 아이가 죽을 가능성은 극히 드물다. 그러니 두 아이가 죽은 가족의 경우, 이 죽음들이 '부자연스러

        3. 수학으로 만들어낸 유죄

운' 원인으로 일어났을 확률이 매우 높다."

메도는 7300만분의 1이라는 수치를 더 흥미롭지만 비논리적인 맥락에 집어넣음으로써 이러한 오해를 더욱 부추겼다. 그는 한 가족 내에서 영아 돌연사 증후군으로 두 명이 죽을 확률은 그랜드내셔널 경마에서 우승 확률이 80 대 1로 승산이 아주 낮은 말에게 4년 연속으로 돈을 걸어 매번 돈을 따는 것과 같다고 주장했다. 이 주장은 샐리가 두 아이의 죽음에 결백하다는 주장이 옳을 가능성을 매우 희박해 보이게 만들었으며, 배심원단은 샐리가 두 아이를 죽였다는 반대 추정이 옳을 가능성이 매우 높다는 쪽으로 생각이 기울었다.

한 가족 내에서 영아 돌연사 증후군으로 두 아이가 죽는 것은 실제로 일어나기 아주 힘든 사건이다. 그렇더라도 이 사실 자체는 샐리가 자신의 아이들을 죽였을 가능성이 얼마나 높은지에 대해 유용한 정보를 제공하지 않는다. 사실, 검사 측이 주장한 대안 설명이 옳을 가능성이 훨씬 더 낮다. 계산에 따르면, 두 번의 영아 살해보다는 영아 돌연사 증후군으로 두 아이가 죽는 일이 10~100배 더 많이 일어난다.[66] 여기서 뒤쪽의 큰 수치를 채택하면, 다른 유리한 증거를 고려하지 않더라도 샐리가 유죄일 확률은 $\frac{1}{100}$에 불과하다. 하지만 비교를 위한 두 번의 영아 살해 확률은 배심원단에 제공되지 않았다. 샐리의 변호인 측은 메도의 통계 수치를 진지하게 의심해본 적이 없었으며, 그렇게 아무 의심 없이 받아들여지도록 내버려두었다.

＊　　＊　　＊

배심원단은 이틀 동안 숙고한 뒤, 1999년 11월 9일에 10 대 2 다수결로 샐리에게 유죄 평결을 내렸다. 한 배심원은 메도의 통계 수치가 배심원단 중 다수를 유죄 쪽으로 기울게 한 증거였다고 친구에게 털어놓았다. 샐리는 종신형을 받았다. 선고가 내릴 때 샐리는 남편 스티브를 바라보았고, 스티브는 입 모양으로 "당신을 사랑해."라고 말했다. 스티브는 샐리의 가장 강력한 지지자였으며, 샐리가 '산지옥'이라고 표현한 교도소에 갇혀 있는 내내 샐리를 위한 싸움을 멈추지 않았다. 법정에서 끌려나갈 때 샐리는 방청석 쪽을 돌아보면서 조용한 목소리로 스티브가 한 말을 반복했다. "당신을 사랑해."

언론은 조금도 지체하지 않고 사정없이 물어뜯기 시작했다. 《데일리 메일》은 "술과 절망에 빠져 자신의 두 아이를 죽인 사무 변호사"라는 헤드라인을 내걸었고, 《데일리 텔레그래프》는 "아기 살해범은 '외로운 주정뱅이'였다."라고 주장했다. 바깥세상에서 샐리의 평판은 누더기가 됐는데, 유죄를 선고받은 영아 살해범이자 경찰관의 딸로 교도소에서 살아가는 삶은 샐리에게 지옥과도 같았다.

샐리는 남편과 어린 아들과 떨어져 교도소에서 1년을 보냈다. 유일한 위안은 모르는 사람들이 자신의 무죄를 믿는다면서 보내준 편지였다. 스티브는 밖에서 샐리의 무죄를 계속 주장했다. 거의 열두 달에 걸친 힘겨운 노력 끝에 그들은 드디어 상소 법원에서 다시 재판을 받게 되었다. 상소가 받아들여진 주된 이유는 통계 수치의 부정확성이었다. 전문 통계학자가 클라크 가족의 사례를 저위험 영아 돌연사 증후군 범

　　3. 수학으로 만들어낸 유죄

주에 집어넣은 생태학적 오류와 메도가 한 번의 영아 돌연사 증후군 사망이 일어날 확률을 곱하면서 저지른 독립성 가정의 오류, 그리고 배심원단이 빠진 검사의 오류를 재판관들에게 설명했다.

재판관들은 이 모든 주장을 이해하는 듯했으며, 신중하고 치밀하게 숙고했다. 그들은 메도의 통계 수치가 정확하지 않다는 주장을 받아들였지만, 그것은 그저 대략적인 수치로 간주되었을 뿐이라고 주장했다. 그리고 검사의 오류가 너무나도 명백해서 샐리의 변호인이 당연히 이의를 제기했어야 한다고 믿었다. 재판관들은 아무런 이의가 제기되지 않았다는 사실을 그 오류를 모두 분명하게 알고 있었다는 증거로 받아들였다.

> 그것은 "두 아이가 있는 가정에서 둘 다 실제로 영아 돌연사 증후군으로 사망할 확률이 7300만분의 1이다."라는 진술은 "어느 가정에서 두 영아가 사망했다면, 달리 의심할 것이 전혀 없는 상황에서 설명할 수 없는 원인으로 둘 다 사망했을 확률이 7300만분의 1이다."라는 진술과 같은 것이 아니라고 너무나도 명백한 이야기를 하고 있다. 이 점을 분명히 하기 위해 '검사의 오류'라는 이름을 갖다 붙일 필요까지는 없다.

재판관들은 이 재판에서 통계적 증거가 담당하는 역할은 아주 사소한 것이어서 배심원단이 오도될 가능성이 전혀 없다고 결론 내렸다. 통계 수치는 모순되는 의학적 증거의 폭풍 속에서 배심원단이 붙잡고 매달려야 할 바위가 아니라, 넓은 바다에서 한 방울의 물에 불과한 것처럼 보였으며, 재판관들은 그것을 지엽적인 정보로 간주해 일축했다. 샐리의 원심 판결은 그대로 유지되었고, 그날 저녁 샐리는 다시 교도소로 돌아갔다.

*　　*　　*

확률을 잘못 사용하고 오해해 오심을 낳은 재판은 샐리 클라크 사건뿐만이 아니다. 1990년, 앤드루 딘Andrew Deen은 잉글랜드 북서부에 위치한 고향 맨체스터에서 세 여성을 강간한 혐의로 재판을 받다가 동일한 검사의 오류 때문에 피해자가 되었다. 그는 유죄 판결을 받고 16년형을 선고받았다. 기소를 담당한 법정 변호사 하워드 벤섬Howard Bentham은 한 피해자의 몸에서 발견된 정액의 DNA 증거를 제출했다. 벤섬은 딘의 혈액 시료에서 얻은 DNA가 정액 시료의 DNA와 일치한다고 주장했다. 전문가 증인에게 "그러니까 이것이 앤드루 딘이 아니라 다른 남자의 것일 확률이 300만분의 1이라는 말이죠?"라고 묻자, 전문가는 "그렇습니다."라고 답했다. 그 전문가는 "제 결론은 그 정액이 앤드루 딘에게서 나왔다는 것입니다."라고 덧붙였다. 재판관도 배심원단에게 들려준 사건 개요 설명에서 300만분의 1이라는 수치는 "확실한 것에 아주 가깝다."라고 주장했다.

사실, 300만분의 1이라는 수치는 전체 인구 집단에서 무작위로 선택한 개인의 DNA 프로필이 범행 현장에서 발견된 정액의 DNA 프로필과 일치할 확률로 해석해야 한다. 그 당시 영국에 살고 있는 남성이 약 3000만 명이었다는 사실을 감안하면, DNA 프로필이 범인과 일치하는 사람은 약 10명이 나오리라고 예상할 수 있다. 그렇다면 딘이 무

3. 수학으로 만들어낸 유죄

죄일 확률은 불가능에 가까운 300만분의 1에서 가능성이 매우 높은 $\frac{9}{10}$로 극적으로 높아진다.

물론 영국에 사는 남성 3000만 명 전부가 가능성이 있는 용의자는 아니다. 그렇지만 맨체스터 도심에서 차로 한 시간 이내의 거리에 살고 있는 남성 700만 명으로 범위를 좁힌다 하더라도, DNA 프로필이 일치하는 남성이 적어도 한 명은 나올 것으로 예상되기 때문에, 딘이 무죄일 가능성은 50 대 50으로 높아진다. 검사의 오류에 빠진 배심원단은 딘이 유죄일 가능성이 증거가 실제로 알려주는 것보다 수백만 배 더 높다고 오판했다.

사실, 딘을 범행과 연관 지은 DNA 증거 자체도 전문가 증인의 주장처럼 확실한 게 아니었다. 항소심에서 딘의 DNA와 범행 현장에서 발견된 DNA가 처음에 생각했던 것만큼 아주 비슷하지는 않다는 사실이 드러났다. 딘이 아닌 다른 사람의 DNA가 범행 현장의 DNA와 우연히 일치할 확률은 300만분의 1이 아니라 약 2500분의 1로 드러났고, 딘이 무죄일 가능성이 크게 높아졌다. 범행 현장 가까이에 살고 있는 남성이 300만 명 이상이라는 사실과 결합해 생각하면, 두 DNA가 일치하는 사람이 1000명 이상 나올 수 있기 때문에, DNA만을 바탕으로 판단할 때 딘이 유죄일 확률은 $\frac{1}{1000}$ 이하로 떨어진다. 법의학적 증거를 재해석하고, 1심에서 판사와 전문가 증인이 검사의 오류에 빠졌다는 사실을 인정하면서 딘의 원심 판결은 파기되었다.

주사위를 던져보자

DNA 증거와 확률에 대한 이해가 판결에 결정적 영향을 미친 또 하나의 사례는 영국인 학생 메리디스 커처Meredith Kercher가 살해당한 사건이다. 2007년, 커처는 이탈리아 페루자에서 동료 교환 학생 아만다 녹스와 함께 살던 아파트에서 칼에 찔려 죽었다. 2년 뒤인 2009년, 녹스는 전 남자 친구인 이탈리아인 라파엘레 솔레치토Raffaele Solecito와 함께 커처를 살해한 혐의로 만장일치 유죄 판결을 받았다. 검사 측이 제출한한 증거는 커처에게 난 상처 일부와 크기와 형태가 일치하는 칼이었는데, 이것이 녹스와 솔레치토의 유죄 선고에 결정적 역할을 했다. 그 칼은 솔레치토의 부엌에서 발견됐으며, 손잡이에 녹스의 DNA가 남아 있어 솔레치토와 녹스 둘 다 이 칼을 만진 것으로 보였다. 칼날에는 두 번째 DNA 시료가 남아 있었는데, 사실은 세포 몇 개에 불과할 만큼 극소량이었다. 그 세포들에서 얻은 DNA 프로필은 피해자인 커처의 것과 일치했다.

2011년, 녹스와 솔레치토는 긴 징역형이 부당하다며 항소했다. 피고 측 변호사는 녹스와 솔레치토를 물리적으로 살인과 연관 지은 유일한 증거—칼에서 발견된 DNA 증거—의 신빙성을 부정하는 데 초점을 맞추었다.

거의 모든 사람(유일한 예외는 일란성 쌍둥이)에게는 자기만의 독특한 유전체—DNA를 이루는 A, T, C, G의 전체 염기 서열—가 있다. 한 사람의 유전체에 들어 있는 약 30억 개의 염기쌍을 모두 판독해 저장한다면, 그 결과인 염기 서열은 정말로 그 사람을 확인하는 유일무이한 식별자가 될 것이다. 그러나 법정에서 사용되거나 DNA 데이터베이스에 저장된 DNA 프로필은 한 개인의 전체 유전체를 정확하게 판독한 것이 아니다. DNA 프로필을 처음 만들 때 완전한 전체 유전체 프로필을 만들려고 했다면, 너무 많은 데이터를 포함할 뿐만 아니라 시간도 몹시 오래 걸리고 비용도 몹시 많이 들었을 것이다. 그랬더라면 두 프로필을 비교하는 작업에도 실행이 불가능할 정도로 오랜 시간이 걸렸을 것이다.

대신에 DNA 프로필은 개인의 DNA에서 유전자 자리locus라고 부르는 특정 지역 열세 군데를 분석해서 만든다. 우리는 부모에게서 각 쌍의 염색체 중 하나씩을 물려받기 때문에, 각각의 유전자 자리와 연관된 DNA 지역이 두 군데 있다. 이 각각의 지역 중 일부는 짧은 DNA 부분이 많이 반복된 '짧은 일렬 반복short tandem repeat'으로 이루어져 있다. 주어진 유전자 자리에서 짧은 DNA 부분이 반복된 횟수는 개인에 따라 큰 차이가 있다. 사실, 이 열세 군데를 선택한 이유도 반복 부분의 수가 아주 다양하기 때문인데, 열세 군데 전체에 걸쳐 반복 부분의 수가 조합되는 경우의 수는 천문학적 수준으로 아주 많다. 그래서 DNA 프로필은 각 유전자 자리에서 반복 부분의 수를 적어놓은 명단인데, 전기영동도electropherogram라는 도표를 통해 읽을 수 있다. 전기영동도는 DNA 염기 서열을 보여주는데, 지진계에 기록되는 지진파 그림과 비슷하게 생겼다. 낮은 수준의 배경 잡음 사이에 프로필에 사용되는 각각의 유전자 자리에 해당하는 특정 위치에 피크가 나타난다. 〈그림 12〉는 칼날에서 추출한 시료의 전기영동도를 보여준다.

개인의 전기영동도를 만드는 과정은 면이 18개인 주사위 13개를 각

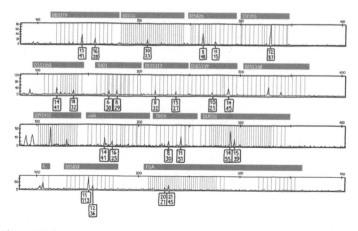

그림12 칼날에서 추출한 DNA 시료(메리디스 커처의 것으로 추정된)의 전기영동도. 표준 DNA 프로필에 쓰이는 열세 군데 유전자 자리에 해당하는 피크들에 라벨이 붙어 있다. 어떤 경우에는 피크가 하나만 보이는데, 이것은 시료의 주인이 그 유전자 자리의 반복 부분들을 부모에게서 똑같은 수만큼씩 물려받았음을 알려준다. 각각의 라벨에서 위쪽 숫자는 DNA 반복 부분의 수를 가리킨다. 아래쪽 숫자는 신호의 세기를 나타내며, 피크의 높이에 해당한다. 대부분의 피크는 신호 세기가 바람직한 최소값인 50보다 낮다.

각 두 번씩 던져서 나오는 결과를 순서대로 기록하는 것에 비유할 수 있다. 무작위로 선택한 두 사람의 프로필이 완벽하게 일치하는 것은 주사위들을 정확하게 똑같은 순서대로 두 번 던진 것에 해당한다. 이상적인 조건에서는 서로 혈연관계가 없는 사람들 중에서 무작위로 선택한 두 사람의 프로필이 일치할 확률은 100조분의 1보다 낮기 때문에, DNA 프로필은 사실상 유일무이한 식별자 역할을 할 수 있다. 만약 두 전기영동도에서 피크들의 위치가 정확하게 일치한다면, 그것들은 동일한 사람에게서 나온 것이라고 합리적으로 가정할 수 있다.

가끔 DNA 일치 결과가 모호할 수 있는데, 현장에서 발견된 DNA 시료의 경과 시간이나 질에 문제가 있어 모든 유전자 자리에서 신호를 얻지 못하고 부분적인 프로필만 얻을 수 있기 때문이다. 부분적인 프로필만으로는 두 시료가 확실히 일치한다는 결론을 내릴 수 없다. 특히 시료가 극소량일 때에는 전기영동도에서 나오는 신호가 분석 동안에 생기는 배경 잡음에 묻히는 일이 일어날 수도 있다. 이런 이유 때문에 DNA 프로필에서 허용되는 신호의 세기 기준이 정해져 있다. 녹스를 변호하는 측에서는 이것이 유일하게 남은 희망이었다.

첫 번째 재판 때에는 로마경찰청 법의유전학조사부 기술 부문 책임자였던 파트리차 스테파노니Patrizia Stefanoni가 시료가 극소량인 점을 감안해 칼날의 DNA 시료를 둘로 나누는 대신에 얻을 수 있는 DNA를 전부 다 사용해서 충분히 강한 프로필을 만들 필요가 있다고 판단했다.(이것은 권장되는 관례에서 벗어나는 일이었다. 시료를 둘로 나누면, 세기가 약하거나 모호한 프로필이 나왔을 때 두 번째 시료를 사용해 다시 확인할 수 있다. 그러나 스테파노니의 이 결정 때문에 두 번째 테스트에 쓸 예비 시료가 남지 않게 되었다.) 1심에서 지적한 것처럼 전기영동도에서는 모든 자리에 선명한 피크들이 나타났고, 커처의 프로필과 놀랍도록 아주 비슷하게 일치했다. 그러나 〈그림 12〉에서 숫자가 적힌 라벨들에서 읽을 수 있듯이, 프로필에서 피크들의 높이는 대부분 가장 완화된 기준에도 훨씬 못 미쳤다. 스테파노니가 프로필을 만드는 절차를 제대로 따르지 않았기 때문에, 항소심에서 피고 측은 칼날에서 나온 DNA 증거의 신빙성을 부정할 수 있었다.

이에 대해 검사 측은 처음의 표본 채취에서는 놓쳤지만 독립적인 법의학 전문가가 발견한 소량의 세포를 사용해 처음 테스트 결과를 확인하자고 요구했다. 재판장인 클라우디오 헬만Claudio Hellmann은 극소량의 시료를 다시 분석하자는 검사 측 요청을 받아들이지 않았다.

　2011년 10월 3일, 판사들과 일반인으로 구성된 배심원단이 평결을 논의하기 위해 퇴장했다. 그들은 예상보다 늦게 법정으로 돌아왔는데, 그사이에 법정 분위기는 서서히 고조되어 그동안 짓눌린 감정이 금방이라도 폭발할 것처럼 팽팽한 긴장감이 흘렀다. 그동안 검토한 모든 증거에도 불구하고, 저울추가 어느 쪽으로 기울지는 아무도 알 수 없었다. 평결이 낭독되는 순간, 녹스는 의자에 주저앉아 울음을 터뜨렸다. 기쁨과 안도감이 섞인 눈물이었다. 배심원단은 커처를 살해했다는 혐의에 대해 무죄를 선고했다. 판결문 중 '법적 동기'를 밝힌 대목에서 헬만 재판장은 칼날에서 발견된 두 번째 DNA 시료 분석을 거부한 결정을 정당화하며 이렇게 말했다. "정확한 과학적 절차를 통해 얻은 것이 아니기 때문에, 신뢰할 수 없는 두 결과를 합쳐도 신뢰할 수 있는 결과가 나오지 않는다." 그러나 『법정에 선 수학Math on Trial』을 쓴 레일라 슈넵스Leila Schneps와 코랄리 콜메즈Coralie Colmez는 헬만의 판단이 틀렸다고 주장한다. 신뢰할 수 없는 두 번의 테스트가 한 번의 테스트보다 더 나을 때가 가끔 있기 때문이다.[67]

　이들의 주장을 이해하기 위해 DNA 프로필을 검사하는 상황 대신에 주사위를 던지는 상황을 상상해보자. 우리는 주사위가 공정한지 불공정한지 알고 싶다. 공정한 주사위라면, 6이 여섯 번에 한 번꼴로 나올 것이다. 그리고 무게가 한쪽으로 치우친 불공정한 주사위라면, 던진 횟수 중 50%는 6이 나온다고 하자. 이 상황을 예단해서는 안 되기 때문에, 테스트를 시작하기 전에 두 시나리오의 확률이 똑같다고 가정하자.

　주사위를 60번 던지는 방법으로 테스트를 시작한다. 공정한 주사위라면, 평균적으로 6이 10번 나올 것이다. 만약 불공정한 주사위라면, 평균적으로 6이 30번 나올 것이다. 만약 테스트에서 6이 30번 또는 그 이상 나온다면, 주사위가 불공정한 것이라고 꽤 확신할 수 있는데, 공정한 주사위로는 우연히 이런 일이 일어날 확률이 극히 희박하기 때문이다. 마찬가지로 6이 10번 또는 그 이하로 나온다면, 주사위가 공정하다고 확신할 수 있을 것이다. 만약 6이 나온 횟수가 10번에서 30번 사이라면, 공정한 주사위로 6이 그만큼 나올 확률을 불공정한 주사위로 6이 그만큼 나올 확률과 비교함으로써 주사위가 불공정할 확률을 계산할 수 있다.

〈그림 13〉의 위쪽 그림—6이 21번 나온—은 이 실험에서 주사위를 던져 나온 결과를 기록한 것이다. 공정한 주사위로 6이 이렇게 많이 나

테스트 1. 6이 21번 나옴. 불공정한 주사위일 확률 96%

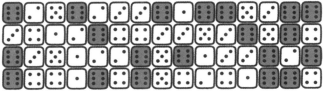

테스트 2. 6이 20번 나옴. 불공정한 주사위일 확률 82%

그림13 두 번의 독립적인 주사위 테스트. 첫 번째 테스트에서는 주사위를 60번 던져 6이 21번 나왔지만, 두 번째 테스트에서는 6이 20번 나왔다. 두 번째 테스트는 첫 번째 테스트의 신뢰도를 떨어뜨리는 것처럼 보인다.

올 확률은 0.000297로 아주 낮다. 불공정한 주사위를 사용하더라도 6이 21번 나올 확률은 여전히 낮지만, 그 확률 0.00693은 공정한 주사위를 사용한 경우보다 20배 이상 높다. 6이 21번 나온 결과는 공정한 주사위보다는 불공정한 주사위를 사용했을 가능성이 훨씬 높다. 이 두 시나리오에서 모두 6이 21번 나올 결합 확률은 각각의 확률을 더함으로써 구할 수 있는데, 그 값은 0.00722이다. 이 확률에서 불공정한 주사위가 차지하는 비율은 $\frac{0.00693}{0.00722}$ 으로, 0.96이다. 따라서 주사위가 불공정할 확률은 96%이다. 매우 설득력 있는 결과이지만, 살인자에게 유죄 선고를 내릴 만큼 설득력이 충분하지 않을 수도 있다.

만전을 기하기 위해 주사위를 다시 60번 던지는 두 번째 테스트를 하기로 했다. 〈그림 13〉의 아래쪽 그림에서 6이 나온 횟수를 세어보면 이번에는 20번만 나왔음을 알 수 있다. 〈표 9〉에 요약돼 있듯이, 주사위가 공정한 경우에 6이 20번 나올 확률은 0.000780이고, 주사위가 불공정한 경우에 6이 20번 나올 확률은 0.00364이다—이번에는 약 5배 차이밖에 나지 않는다. 비록 큰 차이가 나는 것은 아니지만, 같은 계산을 적용하면 주사위가 불공정할 확률이 첫 번째 테스트 결과보다 다소

	공정한 주사위에서 나올 확률	불공정한 주사위에서 나올 확률	두 시나리오의 결합 확률	주사위가 불공정할 확률
테스트 1	0.000297	0.00693	0.007227	96%
테스트 2	0.000780	0.00364	0.00442	82%
합친 결과	0.00000155	0.000168	0.00016955	99%

표9 주사위가 공정한 경우(첫 번째 세로줄)와 불공정한 경우(두 번째 세로줄)에 각각의 테스트에서 6이 서로 다른 횟수로 나올 확률. 두 시나리오의 전체 확률(세 번째 세로줄)과 주사위가 불공정할 확률(네 번째 세로줄).

3. 수학으로 만들어낸 유죄

떨어지는 82%로 나온다. 두 번째 테스트 결과는 주사위가 불공정하다는 우리의 믿음을 합리적 의심을 넘어서는 수준으로 확인해주지 못하는 것처럼 보인다.

그렇지만 〈그림 14〉에서처럼 두 테스트 결과를 합치면, 주사위를 120번 던진 결과를 얻는다. 공정한 주사위를 사용했을 경우에는 6이 평균적으로 20번 나와야 하는데, 이 테스트 결과에서는 6이 41번 나왔다. 주사위를 120번 던져서 6이 41번 나올 확률은 주사위가 공정한 경우에는 겨우 0.00000155인 반면, 주사위가 불공정한 경우에는 100배 이상 높은 0.000168이다. 따라서 6이 41번 나온 이 결과를 바탕으로 판단할 때 주사위가 불공정할 확률은 99%를 넘는다.

놀랍게도, 설득력이 다소 떨어지는 두 테스트를 합치면, 각각의 테스트보다 설득력이 훨씬 높은 결과가 나온다. 체계적 문헌 고찰systematic

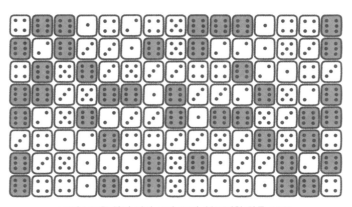

두 테스트를 합친 결과. 6이 41번. 불공정할 확률 99%

그림14 두 테스트를 합치면, 주사위를 120번 던져서 6이 41번 나오는 결과를 얻는다. 이 결과는 주사위가 불공정할 확률이 압도적으로 높다고 시사한다.

review이라는 과학적 방법에서도 비슷한 기술을 자주 사용한다. 예를 들면, 의학에서 체계적 문헌 고찰은 임상 시험 참여자 수가 적어 그 자체만으로는 어떤 치료법의 효과에 대해 확실한 결론을 내릴 수 없는 다수의 임상 시험을 고찰한다. 그렇지만 다수의 독립적인 임상 시험 결과를 합치면 의약품이나 기타 개입의 효과에 대해 통계적으로 유의미한 결론을 내릴 수 있을 때가 많다.

체계적 문헌 고찰이 사용되는 가장 유명한 예는 대체 의학(다음 장에서 설명할 테지만, 주로 수학을 잘못 적용해 생겨나는 외견상의 '양성 효과')의 분석이 아닐까 싶은데, 이 분야는 연구비 지원이 제대로 이루어지지 않아 대규모 임상 시험을 하기가 어렵다. 체계적 문헌 고찰은 겉으로 보기에는 결론이 확실치 않은 다수의 테스트를 결합함으로써, 요로 감염 치료에 크랜베리를 사용하는 것[68]에서부터 감기 예방에 비타민 C를 사용하는 것[69]에 이르기까지 여러 가지 대체 요법이 틀렸음을 밝혀냈다.

이와 비슷하게, 슈넵스와 콜메즈는 확실한 결론을 내놓지 못한 두 DNA 테스트를 결합하면, 커처의 DNA와 솔레치토의 부엌에서 발견된 칼 사이의 연관성을 강하게 뒷받침하는 증거를 얻었을 것이라고 주장한다. 헬만의 결정은 법정에서 그런 증거를 볼 수 있는 기회를 박탈했고, 결과적으로 그 증거가 재판 결과에 미쳤을 효과를 전 세계 사람들이 볼 수 있는 기회를 앗아갔다.

수학은 어떻게 우리 눈을 멀게 하는가

완전한 DNA 시료가 제시하는 엄청나게 낮은 확률은 매우 설득력이 높은 통계 수치처럼 보이지만, 법정에 제출되는 아주 크거나 작은 수를 맹신해서는 안 된다. 그런 수치가 나온 맥락을 항상 신중하게 고려해야 하며, 아주 작은 수를 적절하게 해석하지 않고 맥락과 상관없이 단순히 인용해서는 용의자의 유죄나 무죄를 입증할 수 없다는 사실을 명심해야 한다.

샐리 클라크 사건에서 메도가 지어낸 '7300만분의 1'이라는 수치도 그렇게 주의해야 할 사례 중 하나이다. 잘못된 독립성 가정(한 아이가 영아 돌연사 증후군으로 죽을 확률은 두 번째 아이 역시 영아 돌연사 증후군으로 죽을 확률에 아무 영향을 주지 않는다는 가정)과 생태학적 오류(자의적으로 선택한 인구통계학적 사실을 바탕으로 클라크 가족을 저위험군 범주에 집어넣은 오류)가 결합되는 바람에 그 수치는 실제보다 훨씬 작아졌다. 게다가 배심원에게 7300만분의 1이라는 수치를 아이들의 죽음을 설명하는 한 가지 가정의 확률이 아니라 샐리가 무죄일 확률로 생각하게 만드는 방식으로 제시함으로써(이른바 검사의 오류) 문제를 더 꼬이게 했다. 실제로 배심원단이 샐리가 유죄라고 판단한 데에는 메도가 제출한 부정확한 수치가 큰 영향을 끼쳤다.

엄청나게 낮은 확률을 근거로 어떤 사람이 유죄라고 확신하지 않도록 주의해야 하지만, 반대로 이러한 수치들이 논박되었다고 해서 그 사람의 무죄가 입증되었다고 생각해서도 안 된다. 앤드루 딘은 DNA 증거만으로 유죄일 확률을 실제보다 훨씬 높아 보이게 한 검사의 오류 때문에 곤욕을 치렀다. 항소심에서 딘의 변호사는 DNA가 일치할 확률이 2500분의 1이라는 수정된 수치를 제출하면서, 딘은 범행 현장 인근에 사는 사람들 중 DNA가 일치할 가능성이 있는 수천 명 가운데 한 명일 뿐이라고 주장했다. 이것을 보고 어떤 사람은 DNA 증거는 사실상 아무 쓸모도 없는 게 아니냐고 주장할 수도 있다. 그러나 이 주장 역시 틀렸는데, 이것을 '변호인의 오류defence attorney's fallacy'라고 한다. DNA 증거는 그냥 버려서는 안 되며, 피고의 유무죄를 입증하는 다른 증거와 합쳐서 판단해야 한다. 딘이 1심에서 받은 유죄 판결의 증거가 불충분했다고 결정된 이유 중 일부는 배심원단을 오도한 검사의 오류 때문이었다. 그렇지만 재심에서 딘은 유죄를 인정했고, 강간죄로 유죄 선고를 받았다.

마찬가지로 슈넵스와 콜메즈는 설득력 있는 수학적 논증을 통해 아만다 녹스의 항소심을 주재한 헬만 재판장이 DNA 재조사를 거부함으로써 녹스가 무죄로 풀려나는 데 도움을 주었을 수 있다고 주장한다. 2013년, 녹스의 항소심 무죄 선고는 파기됐으며, 재판관은 나중에 발견된 DNA 시료를 다시 검사하라고 명령했다. 그 DNA는 커처의 것이 아니라 녹스의 것으로 드러났다. 2015년, 마지막 상고심에서 재판관들은 칼을 수집하고 조사하는 과정에서 심한 오염이 일어났다는 증언을 들었다. 처음에 칼을 밀봉하지 않은 봉투에 넣어 보관하고 그다음에는 멸균하지 않은 마분지 상자에 넣어 보관한 것부터 시작해, 보호복을 제대로 입지 않은 경찰관과 심지어 그날 늦게 칼을 증거로 수집하기 전에 커처의 아파트에 있었던 경찰관에 이르기까지 실수는 다양하게 일어났다. 실험실에서 일어난 오염도 배제할 수 없었는데, 살해 도구를 조사하기 전에 이미 커처의 시료 중 최소한 20개를 그 실험실에서 분석했기 때문이다. 만약 칼에서 발견된 본래의 DNA가 정말로 오염을 통해 거기에 묻은 것이라면, 검사를 아무리 많이 하더라도 DNA가 커처의 것이라는 사실을 바꾸거나 그것이 어떻게 칼에 남았는지 답할 수 없었다. 사실, 오염된 DNA 시료가 더 있었더라면, 재검사는 녹스의 유죄에 확신을 심어주는 그릇된 증거만 내놓았을 것이다.

우리는 깔끔한 수학적 논증의 세부 사실이나 복잡한 계산 또는 기억에 잘 남는 수치에 집착하다가 가장 적절한 질문을 놓칠 때가 많다. 문제의 계산은 과연 적절한 것인가?

* * *

샐리 클라크 사건에서 배심원들에게 가장 큰 영향을 끼친 통계 수치는 한 가족 내에서 영아 돌연사 증후군으로 인한 사망이 두 번 일어날 확률을 추정한 메도의 계산이었다. 더 자세히 들여다보면, 도대체 이 수치가 어떻게 나올 수 있었는지 의문이 생긴다. 재판에서 두 아이가 모두 영아 돌연사 증후군으로 죽었다고 주장한 사람은 아무도 없었다. 크리스토퍼가 죽었을 때, 부검을 담당한 병리학자는 사망 원인이 하기도 감염이라고 확인했다. 하기도 감염은 영아 돌연사 증후군 진단과 같은 것이 아니다. 영아 돌연사 증후군은 나머지 모든 가능성을 배제한 다음에야 나온 진단이다. 피고 측은 자연적 원인을 주장했고, 검사 측은 살인을 주장했지만, 두 아이의 사망 원인으로 영아 돌연사 증후군을 고려해야 한다고 주장한 사람은 아무도 없었다. 한 가족 내에서 영아 돌연사 증후군으로 인한 사망이 두 번 일어날 확률을 나타내려고 제시한 메도의 수치는 법정에 갈 이유가 전혀 없었다. 그런데도 이 수치는 배심원들이 샐리가 어린 두 아들을 살해했다는 결론을 내릴 때, 그들의 마음속에서 중요한 요인이 된 것으로 보인다.

2003년 1월에 열린 상고심에서 샐리의 변호사들은 새로운 증거를 제출했는데, 첫 번째 재판에서 유죄 판결을 받은 뒤에 발견된 것이었다. 샐리의 둘째 아들 해리의 부검에서 나온 이 증거는 뇌척수액에 황색포도상구균이 섞여 있다는 것을 분명히 보여주었다. 전문가의 의견에 따르면, 황색포도상구균 감염은 세균성 수막염을 일으키기가 아주 쉬운데, 그것이 해리의 사망 원인이 된 것으로 보인다. 새로운 세균학적 증거는 샐리의 유죄 판결을 뒤집기에 충분했지만, 상고심 재판관들은 원심에서 통계 수치를 오용한 것만으로도 상고의 타당성을 인정하기에 충분하다고 판시했다.

2003년 1월 29일, 샐리는 석방되었다. 샐리는 스티브와 이제 네 살이 된 셋째 아들에게 돌아갔다. 석방되면서 발표한 성명에서 샐리는 마침내 아이들의 죽음을 슬퍼할 수 있게 되었다고 말하면서, 남편에게 다시 돌아가고, 어린 아들의 어머니가 되고, '다시 적절한 가족의 일원'이 된 것이 얼마나 소중한지 이야기했다. 가족과 다시 합치게 된 기쁨은 이루 표현할 수 없을 만큼 컸지만, 가장 사랑한 두 아이를 죽였다는 비난을 받고 누명을 쓴 채 수감 생활을 한 세월을 보상하기에는 충분하지 않았다. 2007년 3월, 샐리는 자택에서 알코올 중독으로 사망했다. 오심이 몸과 마음에 끼친 악영향을 완전히 극복하지 못한 것이 분명하다.

　　　　　＊　　　＊　　　＊

　법정에서 배운 교훈은 우리 삶의 다른 영역에도 확대 적용할 수 있다. 다음 장에서 보겠지만, 신문 헤드라인에서 눈길을 끄는 수치나 광고가 그럴듯하게 내세우는 주장이나 친구와 동료를 통해 전해지는 이야기는 일단 의심의 눈으로 바라보는 게 좋다. 사실, 수치 조작에 누군가의 기득권이 달려 있는 분야(수치들이 등장하는 분야라면 거의 다)에서는 일방적인 주장에 맞닥뜨릴 때 일단 의심을 품어야 하며 더 상세한 설명을 요구해야 한다. 수치의 진실성을 자신하는 사람이라면 기꺼이 그것을 제공하려 할 것이다. 수학과 통계학은 이해하기 어려운데, 심지어 잘 훈련받은 수학자도 다를 바가 없다. 이 분야의 전문가가 필요한 이유는 이 때문이다. 필요하다면 푸앵카레 같은 전문가에게 도움을 요청하라. 유능한 수학자라면 누구나 기꺼이 도움을 주려고 할 것이다. 더 중요하게는, 누가 우리 앞에서 수학적 연막을 피우기 전에 그 상황에서 과연 수학이 적절한 도구인지 의문을 제기해야 한다.

　계량화가 가능한 형태의 증거가 점점 늘어나는 현실에서 수학적 논증이 현대 사법 제도의 일부 영역에서 대체 불가능한 역할을 한다는 사실은 의심의 여지가 없지만, 나쁜 사람의 손에 들어가면 수학이 사법 제도를 방해하는 도구가 되어 무고한 사람의 생계와 극단적인 경우에는 생명까지 앗아갈 수 있다.

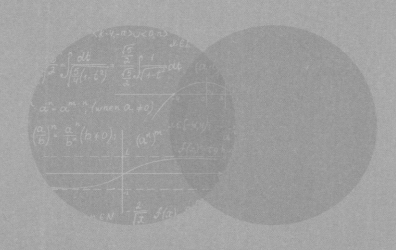

4장

통계에 속지 않는 법

맥락의 공백은 신뢰성에 켜진 빨간불

'진실을 믿지 마라Don't Believe the Truth'는 맨체스터 출신 록 밴드 오아시스가 낸 여섯 번째 앨범 제목이다. 1990년대에 맨체스터에서 자란 나는 오아시스에 푹 빠졌다. 나는 그들을 보려고 도시 내의 다양한 콘서트 장소를 찾아갔고, 2005년에 이 앨범이 나온 직후에는 그들의 공연을 또 보려고 내가 사랑하는 맨체스터시티 축구팀의 홈구장인 시티 오브 맨체스터 스타디움을 찾았다. 10대였던 나는 공연을 보러 아폴로, 나이트 앤드 데이, 로드하우스, 그리고 규모가 큰 공연의 경우에는 맨체스터 아레나를 비롯해 맨체스터 주변의 다양한 콘서트 장소를 자주 찾아갔다.

2017년, 오아시스는 오래전에 해체되었고, 나는 맨체스터를 떠나 그곳에 공연을 보러 간 지 10년이 넘었지만, 자주 찾아갔던 콘서트 장소들에서는 여전히 성황리에 공연이 계속되었다. 그해 5월 22일, 오후 10시 30분 무렵에 맨체스터 아레나에서 아리아나 그란데Ariana Grande의 콘서트가 막 끝났다. 10대 청소년과 그보다 어린 사람들이 다수를 차지한 청중이 부모가 기다리는 로비로 밀려나갔다. 청중 가운데 23세

4. 통계에 속지 않는 법

의 살만 아베디Salman Abedi가 미동도 않고 서 있었다. 어깨에 배낭을 메고 있었는데, 그 안에는 집에서 만든 폭탄을 둘러싼 볼트와 너트가 가득 들어 있었다. 아베디는 22시 31분에 폭탄을 터뜨렸다. 무고한 사람 22명이 죽고 수백 명이 부상을 입었다. 런던의 대중교통망을 표적으로 삼아 52명의 사망자를 낳은 2005년 런던 폭탄 테러 이래 영국에서 일어난 최악의 테러 공격이었다.

그 당시 나는 맨체스터에 없었다. 심지어 영국에도 있지 않았다. 사업차 멕시코시티를 방문한 참이었다. 대부분의 영국인은 잠에 들어 아직 그 소식을 듣지 못했지만, 여섯 시간의 시차 때문에 나는 오후가 저물어가는 동안 계속 이어진 테러 공격 보도를 지켜보았다. 나는 현장에서 8000km 이상 떨어져 있었지만, 공연이 끝난 뒤 바로 그 로비를 걸어간 적이 있었기 때문에 그 사건이 나와 직접 관련이 있는 듯한 느낌을 강하게 받았다. 그래서 그 사건이 최근에 일어난 많은 테러 공격보다 더 충격적이고 경악스러운 사건으로 다가왔다. 그 후 며칠 동안 나는 테러 공격과 고향 사람들의 반응을 다룬 기사를 최대한 찾아 읽었다. 《데일리 스타》에 실린 한 기사가 특별히 관심을 끌었다. 그 기사에는 "'지하디는 날짜를 중시한다' 리 리그비Lee Rigby 사망일에 일어난 맨체스터 아레나 공격"이라는 제목이 붙어 있었다. 기사를 쓴 기자는 그 당시 미국 대통령 도널드 트럼프Donald Trump의 부보좌관이던 서배스천 고카Sebastian Gorka가 올린 트윗을 강조했는데, 고카는 "맨체스터 폭발은 기관총병 리 리그비가 공공장소에서 살해된 지 4주기 되는 날에 일어났다. 지하디 테러리스트는 날짜를 중시한다."라고 썼다.

고카는 두 이슬람 테러 공격 날짜가 일치한다는 사실에 주목했다.

2013년 5월 22일에 일어난 첫 번째 테러는 기독교에서 이슬람으로 개종한 두 나이지리아계 청년이 백주 대로에서 영국 육군의 고수鼓手이자 기관총병인 리 리그비를 칼로 무참하게 살해한 사건이다. 2017년 5월 22일에 일어난 두 번째 테러는 평생 동안 이슬람교도로 살아온 리비아계 청년이 감행한 자살 폭탄 공격이었다. 고카는 자신의 트윗에서 맨체스터 아레나 공격은 리 리그비가 살해된 날에 실행하려고 세밀하게 계획된 것이라고 주장했다. 이 주장은 이슬람 테러리스트들이 선택한 날짜에 마음대로 공격을 감행할 능력이 있는, 잘 조직되고 일관성 있는 집단이라는 개념에 힘을 실어주는 듯이 보였다. 그러나 이것은 그 후에 살만 아베디에 관해 알려진 정보와 들어맞지 않는데, 아베디는 대체로 '외로운 늑대'처럼 행동했기 때문이다.

테러 공격이 중앙의 통제를 받지 않고 일관성 없이 무작위로 일어날 때보다 조직적이고 질서 있게 일어날 때, 그 테러 집단이 훨씬 위협적인 존재로 보인다. 고카는 이슬람 테러리스트에 대한 두려움을 고취하기 위한 목적으로 그런 트윗을 올린 것 같은데, 아마도 궁지에 몰린 트럼프 대통령의 행정 명령을 지원하기 위해 그랬을 것이다. 그 행정 명령은 '외국인 테러리스트로부터 국가를 보호한다는' 명분으로 많은 이슬람교도의 미국 여행을 금지했는데, 이 행정 명령이 헌법을 위반했다는 소송이 여러 건 제기된 상태였다. 우리는《데일리 스타》가 신빙성을 부여한 고카의 주장을 곧이곧대로 믿어야 할까? 이것은 오히려 테러리스트가 원하는 것을 도와주는, 아무 근거도 없이 꾸며낸 수사가 아닐까? 여기서 나는 두 테러 사건이 우연히 일 년 중 같은 날에 일어날 확률이 과연 얼마나 되는지 궁금해졌다.

4. 통계에 속지 않는 법

*　*　*

우리는 읽고 보고 듣는 것을 통해 늘 수의 폭격을 받는다. 예컨대 21세기의 생활 방식이 건강에 영향을 미치는 방식에 대한 대규모 코호트 연구는 과거 어느 때보다도 빠르게 축적되고 있다. 그와 동시에 그 발견을 해석하는 데 필요한, 수를 다루는 기술도 증가하고 있다. 대개의 경우, 숨겨진 의도 같은 것은 없으며, 그저 통계 수치를 해석하기가 어려울 뿐이다. 그렇지만 어떤 발견을 비틀어 해석하면 특정 당사자에게 이익이 돌아갈 수 있다.

가짜 뉴스가 횡행하는 시대를 사는 우리는 누구를 신뢰해야 할지 알기 어려울 때가 많다. 믿기 힘들겠지만, 대부분의 주류 매체는 사실을 바탕으로 기사를 쓴다. 진실성과 정확성은 거의 모든 언론 윤리와 정직성 강령 목록에서 꼭대기 근처에(꼭대기는 아니라 하더라도) 있다.[70] 진실을 말할 도덕적 의무에 더해 명예 훼손 사건은 매우 큰 손해와 값비싼 대가가 따를 수 있기 때문에, 사실을 정확하게 전달해야 할 경제적 동기도 있다.

그러나 많은 언론 매체는 사실을 보도할 때 제각각 다른 편향된 시각을 가미한다. 예를 들면, 2017년 12월에 트럼프 대통령의 '감세 및 일자리 법안'이라고 이름 붙인 조세 개혁 법안이 통과됐을 때, 폭스 뉴스의 저널리스트 에드 헨리Ed Henry는 그것을 "큰 승리"이자 "대통령에게 절실하게 필요했던 승리"라고 표현했다. 하지만 MSNBC의 로런스 오도널Lawrence O'Donnell은 이 법안에 찬성표를 던진 공화당 상원 의원들의 행동을 "내가 지금까지 의회에서 본 것 중 여물통을 향해 달려드는 돼지들의 가장 추악한 행동"이었다고 말했다. CNN의 제이크 태퍼[Jake Tapper]는 "지금까지 의회에서 통과된 주요 법안 중에서 이렇게 낮은 [대중적] 지지를 받은 것이 있었던가?"라는 질문으로 이야기를 시작했다.

여러분도 위의 이야기에 가미된 서로 다른 언어적 편견을 쉽게 알아채고, 세 뉴스 매체가 조장하는 정치적 의제를 추론할 수 있을 것이다. 당파성은 사람들이 하는 말을 통해 쉽게 알아차릴 수 있다. 반면에 우리가 눈치채지 못하게 수를 비트는 것은 훨씬 쉽다. 통계 수치를 선별적으로 제시함으로써 이야기에 특정 관점을 집어넣을 수 있다. 또한 다른 수치를 싹 무시함으로써 진실을 호도하는 이야기를 만들어낼 수 있다. 때로는 조사 결과 자체를 믿을 수 없는 경우도 있다. 작은 표본이나 모집단을 대표하지 못하는 표본이나 편향된 표본이 특정 답변을 유도하는 질문이나 선별적 보도와 결합되면, 신뢰할 수 없는 통계 수치가 나올 수 있다. 더 미묘한 것은 맥락에서 벗어나 통계 수치를 사용하는 사례이다. 예컨대 어떤 질병 발병 건수가 300% 더 증가했다고 하면, 환자가 1명에서 4명으로 늘어났다는 것인지, 아니면 50만 명에서 200만 명으로 늘어났다는 것인지 판단할 방법이 없다. 맥락은 아주 중요하다. 같은 수치를 놓고 제각각 다른 해석들이 다 거짓말이라는 뜻은 아니지만(각각의 해석은 진짜 이야기의 작은 일부로, 누가 자신이 선호하는 방향에서 빛을 비춘 것이다), 그것들이 완전한 전체 진실은 아니다. 그래서 우리는 과장법 뒤에 숨어 있는 진짜 이야기를 파악하려고 노력해야 한다.

이 장에서는 신문 헤드라인과 광고판과 정치적 수사가 사용하는 트릭과 함정과 왜곡을 분석해 알기 쉽게 설명할 것이다. 또 우리가 이보다 더 나으리라고 기대하는 곳, 예컨대 환자에게 조언을 제공하는 간행

4. 통계에 속지 않는 법

물이나 심지어 과학 논문에서 이와 비슷하게 사용되는 수학적 조작을 드러낼 것이다. 그리고 '진실'을 언제 믿어야 할지 알고 싶은 사람을 위해, 전체 이야기를 들려주지 않을 때 그것을 알아채는 간단한 방법과 통계 수치의 조작을 바로잡는 데 도움을 줄 도구를 소개할 것이다.

두 사람의 생일이 일치할 확률은?

우리가 수학적 오판을 하게 만드는 것 중에서 가장 미묘하고 큰 효과를 자주 발휘하는 것은 심지어 수가 전혀 관여하지 않는 것처럼 보인다. 고카는 "지하디 테러리스트는 날짜를 중시한다."라고 말함으로써 암암리에 두 테러 사건이 우연히 같은 날에 일어났을 확률을 계산하게 한다. 자신은 결코 우연이라고 생각하지 않는다는 점을 분명히 하면서 말이다. '생일 문제'라는 수학적 사고 실험을 통해 정답을 찾는 방법을 알아보자.

생일 문제는 "어떤 모임에서 적어도 두 사람의 생일이 일치할 확률이 50% 이상이 되려면, 얼마나 많은 사람이 있어야 할까?"라고 묻는다. 이 문제를 처음 듣는 사람은 대개 일 년 365일의 절반에 가까운 180 같은 수를 내놓는다. 자신이 그 방에 있다고 가정하고서 어떤 사람의 생일이 내 생일과 같을 확률을 생각하기 때문에 이런 답이 나온다. 그러나 180명은 많아도 너무 많다. 사람들의 생일이 일 년에 걸쳐 골고루 분포돼 있다고 합리적으로 가정한다면, 정답은 23명이다. 왜냐하면 우리가 원하는 것은 특정 날짜의 생일이 일치할 확률이 아니라, 날짜에 상관없이 그저 두 사람의 생일이 일치할 확률이기 때문이다.

왜 그런지 알아보기 위해 먼저 방 안에 있는 사람들이 서로 짝을 지을 수 있는 경우의 수부터 생각해보자. 결국 이 문제는 생일들이 같은 날에 겹쳐 서로 짝을 짓는 경우를 찾는 것이기 때문이다. 23명이 두 명씩 짝을 짓는 경우의 수를 계산하기 위해 모든 사람을 죽 늘어세운 뒤 서로 악수를 하게 하는 상황을 생각해보자. 첫 번째 사람이 나머지 22명과 악수를 하고, 두 번째 사람은 자신과 아직 악수하지 않은 21명과 악수를 하고, 세 번째 사람은 20명과 악수를 하고, 그런 식으로 계속 이어진다. 드디어 끝에서 두 번째 사람이 마지막 사람과 악수를 하고 나면, 전체 경우의 수는 22 + 21 + 20 + … + 1로 계산할 수 있다. 이것은 힘든 계산이지만, 그래도 사람 수가 23명이라면 계산하기가 비교적 쉽다. 그러나 방 안에 있는 사람의 수가 50명을 넘어서면 아주 지루한 계산이 될 수 있다. 이와 같은 수들―1부터 시작해 연속되는 정수들로 이루어진―의 합을 삼각수라고 하는데, 이 개수의 물체들은 〈그림 15〉에서처럼 질서정연한 삼각형 모양으로 배열할 수 있기 때문이다. 다행히도 삼각수를 구하는 깔끔한 공식이 있다. 방 안에 있는 사람의 수가 N명이라면 모든 사람이 악수를 나누는 횟수는 $N \times \frac{(N-1)}{2}$이다. 23명이라면, 그 답은 $23 \times \frac{22}{2}$, 즉 253번이다. 따라서 방 안에 있는 사람들이 짝을 지을 수 있는 경우의 수가 이렇게 많으니 생일이 같은 사람이 적어도 한 쌍 이상 나올 확률이 50%를 넘어서는 것은 전혀 놀라운 일이 아니다.

이 확률을 수치로 나타내려면, 서로 생일이 겹치는 사람이 아무도 없을 확률을 생각하는 편이 더 쉽다. 이것은 2장에서 유방 촬영 검사를

　　　　　　　　　　　　　　4. 통계에 속지 않는 법

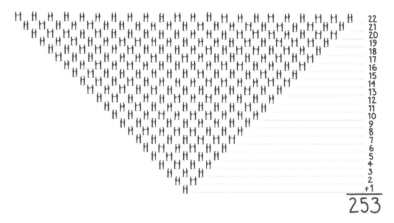

22
21
20
19
18
17
16
15
14
13
12
11
10
9
8
7
6
5
4
3
2
+1
253

그림 15 23명이 서로 악수를 나누는 경우의 수. 첫 번째 사람이 나머지 22명과 악수를 하고, 두 번째 사람은 21명과 악수를 하고 그런 식으로 계속 이어져 끝에서 두 번째 사람이 마지막 사람과 악수를 한다. 23명이 서로 악수를 나누는 전체 횟수는 1부터 22까지 더한 것과 같다. 삼각수를 구하는 공식으로 계산하면, 23명이 서로 짝을 짓는 경우의 수는 모두 253가지이다.

몇 번 받아야 거짓 양성 진단을 받을 확률이 $\frac{1}{2}$을 넘어서는지 계산할 때 사용한 것과 똑같은 방법이다. 어떤 한 쌍을 놓고 생각하면, 두 사람의 생일이 겹치지 않을 확률은 쉽게 구할 수 있다. 첫 번째 사람의 생일은 365일 중 어떤 날이라도 될 수 있는 반면, 두 번째 사람의 생일은 나머지 364일 중 하루여야 한다. 따라서 이 두 사람의 생일이 일치하지 않을 확률은 $\frac{364}{365}$(99.73%)로 거의 100%에 가깝다. 그렇지만 서로 짝지을 수 있는 사람들의 쌍은 모두 253쌍이고, 우리는 이들 중 누구도 서로 생일이 일치하지 않을 확률을 구해야 하므로, 나머지 252쌍의 생일 역시 서로 일치하지 않아야 한다. 만약 이 모든 쌍들이 서로 독립적이라면, 253쌍 중 생일이 일치하는 쌍이 아무도 없을 확률은 한 쌍의 생일이 일치하지 않을 확률 $\frac{364}{365}$를 253번 곱한 값, 즉 $\left(\frac{364}{365}\right)^{253}$과 같다. $\frac{364}{365}$ 는 1에 아주 가깝지만, 수백 번을 곱하면 생일이 일치하는 쌍이 아무도 없을 확률은 $\frac{1}{2}$ 에 조금 못 미치는 0.4995로 나온다. 가능한 경우의 수는 생일이 일치하는 사람들이 아무도 없는 경우와 생일이 일치하는 사람이 2명 이상 있는 경우밖에 없으므로(수학 용어로는 '전체 포괄적collectively exhaustive'이라고 한다), 두 사건의 확률을 더한 값은 1이 되어야 한다. 따라서 두 사람 이상의 생일이 일치할 확률은 0.5005로, $\frac{1}{2}$ 을 살짝 넘는다.

실제로는 모든 생일 쌍들이 서로 독립적인 것은 아니다. 만약 A의 생일이 B와 일치하고, B의 생일이 C와 일치한다면, A와 C의 쌍에 대해서도 어떤 정보를 알게 된다. 즉, 이들 역시 생일이 일치하기 때문에, 이들은 더 이상 독립적이 아니다. 만약 이들이 독립적이라면, 생일이 일치할 확률은 $\frac{1}{365}$ 밖에 안 될 것이다. 이러한 종속성을 고려해 생일이 일치할 확률을 정확하게 계산하는 것은 앞에서 독립성을 가정해 계산한 것보다 아주 약간 더 힘들 뿐이다. 방 안에 있는 사람들을 한 번에 한 명씩 추가하면서 생각해보자. 두 사람의 경우에는 이들의 생일이 일치하지 않을 확률이 $\frac{364}{365}$ 라고 앞에서 이미 이야기했다. 여기에 세 번째 사람을 추가하면서 셋 다 생일이 일치하지 않으려면, 세 번째 사람의 생일은 나머지 363일 중 하루여야 한다. 따라서 세 사람의 생일이 일치하지 않을 확률은 $(\frac{364}{365}) \times (\frac{363}{365})$ 이다. 그리고 네 번째 사람의 생일은 나머지 362일 중 하루여야 하므로, 네 사람의 생일이 일치하지 않을 확률은 $(\frac{364}{365}) \times (\frac{363}{365}) \times (\frac{362}{365})$ 이다. 이 패턴은 스물세 번째 사람을 추가할 때까지 계속 이어진다. 스물세 번째 사람의 생일은 나머지 343일 중 하루여야 한다. 따라서 23명의 생일이 일치하지 않을 확률은 다음과 같은 아주 긴 곱셈으로 구할 수 있다.

$$\left(\frac{364}{365}\right) \times \left(\frac{363}{365}\right) \times \left(\frac{362}{365}\right) \times \cdots \times \left(\frac{363}{365}\right)$$

이 계산은 23명의 집단에서 어느 두 사람도 생일이 일치하지 않을 확률(종속성의 가능성까지 고려해)이 $\frac{1}{2}$에 조금 못 미치는 0.4927임을 알려준다. 다시 전체 포괄(존재할 수 있는 가능성이 생일이 일치하는 사람들이 아무도 없는 경우와 생일이 일치하는 사람이 적어도 2명 이상 있는 경우뿐인)이라는 개념을 사용하면, 유일하게 남아 있는 가능성—생일이 일치하는 사람이 적어도 2명 이상 있는 경우—의 확률은 $\frac{1}{2}$을 조금 넘는 0.5073이다. 전체 사람의 수가 70명이라면, 서로 짝을 지을 수 있는 경우의 수는 2415쌍이 나온다. 정확한 계산 결과에 따르면, 이 경우에 적어도 두 사람의 생일이 일치할 확률은 0.999로 거의 100%에 가깝다. 〈그림 16〉

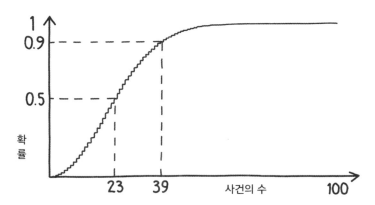

그림16 둘 이상의 사건이 같은 날에 일어날 확률은 사건의 수가 많아질수록 증가한다. 사건의 수가 23개일 때, 어느 두 사건의 날짜가 일치할 확률은 0.5를 넘어선다. 독립적인 사건이 39개일 때, 그중 어느 두 사건의 날짜가 일치할 확률은 거의 90%까지 증가한다.

은 우리가 고려하는 독립적인 사건의 수가 1에서 100까지 변할 때, 두 사건이 일 년 중 같은 날에 일어날 확률이 어떻게 변하는지 보여준다.

나는 이 책의 집필을 논의하기 위해 내 출판 에이전트를 처음 만났을 때, 생일 문제로 강렬한 인상을 주었다. 나는 내기를 제의했는데, 비교적 한산한 펍에 있는 사람들 중 생일이 같은 사람이 적어도 두 명 있다는 데 다음 잔의 술을 걸겠다고 했다. 에이전트는 내부를 재빨리 훑어본 뒤 기꺼이 내기에 응했는데, 그럴 가능성이 희박하다고 확신했는지 만약 정말로 생일이 일치하는 사람이 나오면 술을 '두' 잔 더 사겠다고 말했다. 20분 뒤, 사람들의 당혹스러운 표정을 잇달아 마주치면서 피상적인 설명(나는 약간 술에 취한 상태로 사람들에게 다가가 "괜찮아요. 난 수학자예요."라고 말했다)을 한참 하고 나서 나는 드디어 생일이 같은 사람들을 발견했고, 술은 크리스가 샀다. 사실, 그것은 공정한 내기가 아니었다. 나는 펍에 들어갈 때 사람 수를 대충 세어봤고, 그 안에 40여 명이 있음을 파악했다. 사람 수가 40명이라면, 내가 내기에 질 확률은 11%에 불과했다. 따라서 크리스가 지면 한 잔을 사고, 내가 지면 두 잔을 사기로 조건을 걸었어야 공평했을 것이다. 그러나 두 사건의 발생 날짜가 일치할 확률이 아주 높다는 사실은 펍에서 순진한 사람을 골리는 수학적 속임수에 불과한 게 아니라, 훨씬 심오한 의미를 담고 있다. 특히 지하디가 아무 때나 마음대로 공격할 능력이 있다는 고카의 주장을 검증하는 데 도움을 줄 수 있다.

2013년 4월부터 2018년 4월까지 5년 동안 이슬람 테러리스트가 서구(유럽연합과 북아메리카와 오스트레일리아) 국가를 표적으로 삼아 감행한 테러 공격은 최소한 39건이 일어났다. 만약 공격이 일 년 중 아무 날에

나 무작위로 일어났다면, 얼핏 보기에는 이 사건들 중 어느 두 사건이 같은 날에 일어날 가능성은 낮아 보인다. 그렇지만 39건에서 둘씩 짝을 지을 수 있는 경우의 수는 741가지나 되기 때문에, 어느 두 사건이 같은 날에 일어날 확률은 〈그림 16〉에서 보듯이 약 88%로 아주 높다. 이렇게 확률이 높으니, 어느 두 사건이 같은 날에 일어나지 '않는다면' 오히려 놀라야 할 것이다. 물론 이것은 미래의 테러 공격 가능성에 대해서는 아무것도 알려주지 않지만, 고카는 이슬람 테러리스트의 조직 능력을 실제보다 지나치게 높이 평가한 것으로 보인다.

*　　*　　*

동일한 '생일 문제' 추론은 (앞 장에서 보았듯이) 오늘날의 많은 형사 재판에서 중요하게 쓰이는 DNA 증거를 해석할 때 매우 신중해야 한다고 알려준다. 2001년, 애리조나주의 DNA 데이터베이스에 저장된 6만 5493개의 표본을 조사하던 한 과학자가 혈연관계가 아닌 두 사람의 DNA 프로필이 부분적으로 일치한다는 사실을 발견했다. 두 표본은 13개의 유전자 자리 중 9개가 일치했다. 혈연관계가 아닌 두 개인 사이에 이 정도의 일치가 일어날 확률은 표본으로 저장된 프로필 3100만 개당 하나꼴이다. 이 충격적인 사실의 발견으로 인해 또 다른 일치가 없는지 대대적인 조사가 이루어졌다. 데이터베이스의 모든 프로필을 비교하자, 9개 또는 그 이상의 유전자 자리가 일치하는 프로필이 122쌍 발견되었다.

이 조사를 바탕으로,[71] 그리고 이제 DNA 식별자의 독특성을 의심하면서 미국 전역의 변호사들은 1100만 개의 표본이 저장돼 있는 국립 DNA 데이터베이스를 포함해 다른 DNA 데이터베이스에 대해서도 비슷한 비교 조사를 해야 한다고 주장했다. 표본 수가 6만 5000여 명밖에 안 되는 작은 데이터베이스에서 일치하는 프로필이 122쌍이나 나왔다면, 인구가 3억 명이나 되는 나라에서 용의자를 유일무이하게 확인하는 방법으로 DNA를 신뢰할 수 있겠는가?[72] DNA 프로필과 관련된 확률이 옳지 않고, 그래서 DNA를 기반으로 한 유죄 판결의 안전성이 흔들릴 수 있을까? 일부 변호사들은 그렇다고 믿었으며, 심지어 애리조나주에서 발견된 결과를 자신이 변호하는 피고의 재판에서 DNA 증거의 신뢰성을 의심하는 증거로 제출했다.

삼각수를 구하는 공식을 사용하면, 애리조나주의 데이터베이스에 보관된 6만 5493명의 표본 하나하나를 나머지 표본들과 일일이 비교할 경우, 유일무이한 표본들의 쌍이 20억 개 이상 나온다는 사실을 알 수 있다. 혈연관계가 없는 프로필 3100만 개당 일치하는 쌍이 1개 나오는 확률을 적용하면, 부분적인 일치(즉, 9개의 유전자 자리가 일치하는)가 나타나는 쌍이 68개 있으리라고 예상할 수 있다. 예상한 수치 68개와 실제로 발견된 122개 사이의 차이는 가까운 친척 관계에 있는 사람들의 프로필도 데이터베이스에 보관돼 있다는 사실로 쉽게 설명할 수 있다. 이 프로필들은 혈연관계가 없는 개인들의 프로필보다 부분적인 일치가 일어날 확률이 현저하게 높다. 삼각수에서 얻은 통찰력에 비추어 보면, 데이터베이스에서 발견된 사실은 DNA 증거에 대한 우리의 믿음을 흔드는 게 아니라, 수학과 아주 잘 들어맞는다.

수치에 권위를 불어넣는 방법

리 리그비가 살해된 날짜와 맨체스터 아레나 공격이 일어난 날짜가 일치한다는 사실을 부각시킨 《데일리 스타》의 원래 기사에는 고카의 주장이 맞는지 평가하기 위해 우리가 살펴볼 필요가 있는 확률이 보이지 않게 숨겨져 있었다. 이것은 대부분의 광고주들이 수치를 사용하는 방식과는 정반대이다. 충분히 매력적인 수치를 발견하면, 광고주는 일반적으로 그것을 두드러지게 내세운다. 광고주는 수치가 반박할 수 없이 확실한 사실로 받아들여진다는 점을 잘 안다. 광고에 수치를 하나 추가하면 설득력이 크게 높아지고, 광고주의 주장에 큰 힘이 실린다. 객관성을 띤 것처럼 보이는 통계 수치는 "우리가 하는 말을 그냥 믿지 마세요. 반박할 수 없는 이 증거를 믿으세요."라고 말하는 듯이 보인다.

2009년부터 2013년까지 로레알은 랑콤 제니피끄 '노화 방지' 제품들을 대대적으로 광고하면서 판매했다. 평소에 광고하던 사이비 과학 정보("젊음은 당신의 유전자 안에 있습니다. 그것을 다시 활성화하세요." 또는 "이제 유전자의 활동을 촉진해 '젊음의 단백질' 생산을 자극하세요." 같은)와 함께, 제품을 사용하고 나서 겨우 일주일 만에 소비자 중 85%는 피부에서 '완벽하게 광채'가 나고, 82%는 '놀랍도록 고른' 피부를 얻었으며, 91%는 피부가 '쿠션처럼 부드럽게' 변했고, 82%는 피부의 '전반적인 모습이 개선'되었음을 보여주는 막대그래프도 제시했다. 모호하기 짝이 없는 피부 개선 표현은 제쳐두더라도, 이 수치들은 아주 인상적이어서 제품을 사용하고 싶은 마음이 솟구치게 만든다.

그러나 이 수치들이 나온 연구를 조금만 자세히 살펴보면 아주 다른 이야기를 발견하게 된다. 연구에 참여한 여성들은 제니피끄를 하루에 두 번 사용한 뒤 여러 가지 항목에 느낀 대로 대답하라는 요청을 받았다. 제시된 항목에는 다음과 같은 것들이 포함돼 있었다. "피부에서 광채가 더 많이 나는 것 같다." "피부 톤/색조가 더 고르게 변한 것 같다." "피부가 더 부드러워졌다." 그러고는 이런 진술들에 동의하는 정도를 '전혀 동의하지 않음'부터 '완전히 동의함'에 이르는 9점 척도로 평가하게 했다. 참여자들은 피부의 광채나 부드럽거나 고른 정도를 평가해달라는 요청은 받지 않았다. 그저 어떤 개선이 있었다는 사실에만 동의하는지 않는지 답했을 뿐이다. '완벽하게'나 '놀랍도록' 같은 표현을 사용하라는 요청도 받은 적이 없었다.

이 조사 결과를 보면, 전체 여성 중 82%가 일주일 뒤에 피부가 더 고르게 변한 것 같다는 데 동의하긴 했지만(9점 척도에서 6~9점의 점수를 매기면서), '완전히 동의한' 비율은 30% 미만이었다. 이와 비슷하게 피부에서 광채가 더 많이 나는 것 같다는 데 85%가 동의하긴 했지만, 완전히 동의한 비율은 35.5%에 불과했다. 로레알은 실제보다 더 인상적으로 보이게 하려고 조사 결과를 조작한 것이다.

더 큰 문제는 조사 표본의 크기였다. 참여자 수가 겨우 34명뿐이어서 '소표본 요동' 효과가 일어나기 쉬워 그 결과를 완전히 신뢰하기 어렵다. 일반적으로 작은 표본은 큰 표본보다 모집단의 진짜 평균에서 벗어나는 편차가 더 크게 나타난다. 이것을 설명하기 위해 내가 공정한 동전을 갖고 있다고 상상해보자. 즉, 던졌을 때 전체 시행 횟수 중 50%는 앞면이 나오고 50%는 뒷면이 나오는 동전이다. 그런데 어떤 이유로 내가 이 동전은 뒷면이 많이 나오게도록 조작된 것이라고 사람들을

　　　　　　　　　　　　　4. 통계에 속지 않는 법

설득해야 한다고 하자. 그리고 전체 시행 횟수 중 적어도 75% 이상 뒷면이 나온다는 것을 보여주면, 사람들은 내 말을 믿는다고 가정하자. 표본의 크기—동전을 던지는 횟수—가 커짐에 따라 내가 사람들을 설득하는 데 성공할 확률은 어떻게 변할까?

나는 동전을 한 번만 던지고 넘어가려고 시도할 수도 있다. 만약 뒷면이 나온다면, 나는 쾌재를 부를 것이다. 한 번 던져서 한 번 성공했으니 당연히 75% 문턱값을 넘어섰다. 동전을 한 번 던질 때 이런 일이 일어날 확률은 50%이다. 따라서 한 번만 던지는 것이 동전이 조작됐다고 설득하는 데 성공할 확률이 가장 높지만, 당연히 사람들은 조금 더 확신을 얻기 위해 더 많은 데이터가 필요하다면서 동전을 한 번 더 던지라고 요구할 수 있다. 두 번을 던져서 사람들을 설득하는 데 성공하려면, 두 번 다 뒷면이 나와야 한다. 한 번은 뒷면이 나오고 한 번

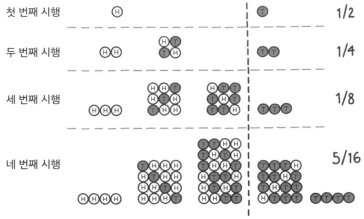

그림17 동전을 던지는 시행 횟수를 네 번까지 늘려갈 때 앞면과 뒷면이 나올 수 있는 전체 경우의 수. 분리선은 뒷면이 75% 이상 나오는 결과와 그보다 적게 나오는 결과를 나누고 있다.(그림에서 H는 앞면, T는 뒷면을 나타낸다.)

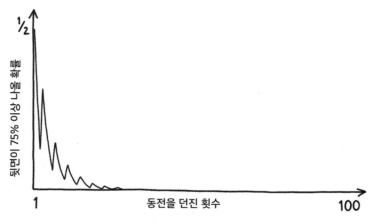

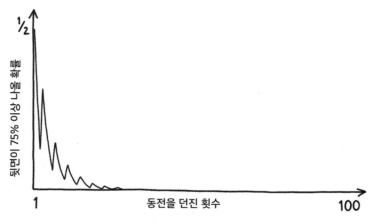의 y축 레이블: 뒷면이 75% 이상 나올 확률

의 y축 최댓값: ½

의 x축 레이블: 동전을 던진 횟수

그림18 동전을 던진 횟수가 많아질수록, 뒷면이 많이 나오도록 동전이 조작되었다고 사람들을 설득하는 데 성공할 확률은 빠르게 줄어든다.

은 앞면이 나오면 성공하지 못하는데, 뒷면이 나온 횟수가 50%에 불과하기 때문이다. 〈그림 17〉에서 보듯이, 공정한 동전을 두 번 던져서 뒷면이 두 번 나오는 결과는 확률이 똑같은 네 가지 경우의 수 중 한 가지뿐이므로, 내가 사람들을 설득하는 데 성공할 확률은 $\frac{1}{4}$ 밖에 안 된다. 〈그림 18〉에서 보듯이, 표본의 크기가 커질수록 적어도 75% 이상 뒷면이 나올 확률은 빠르게 줄어든다. 표본의 크기를 100회로 늘리라는 요구를 받을 때쯤이면 내가 사람들을 설득하는 데 성공할 확률은 0.00000009로 떨어진다.

　표본 크기가 증가함에 따라 평균(이 경우에 평균은 뒷면이 나오는 횟수가 50%) 주변의 분산도가 감소한다. 그래서 갈수록 사실이 아닌 것을 사실이라고 설득하기가 힘들어진다. 따라서 참여자가 겨우 34명밖에 안 된다는 사실은 로레알의 광고에 표현된 결과의 신뢰성을 의심해야 할 충분한 이유가 된다.

일반적으로 작은 표본으로 연구를 진행한 광고들은 부끄러울 정도로 작은 표본 크기를 숨기기 위해 연구 결과를 비(34명 중 28명이 놀랍도록 고운 피부를 경험했다) 대신에 비율(82%가 놀랍도록 고운 피부를 경험했다)로 바꾸어 이야기한다. 그러나 제니피끄 광고에서 보듯이, 작은 표본 크기를 암시하는 징후를 발견할 수 있는데, 두 항목의 비율이 동일하게 (피부의 전반적인 모습이 개선된 비율도 82%였다) 표시된 경우이다. 표본 크기가 작을 때, 자사 제품이 아주 훌륭하지는 않지만(예컨대 95~100%라는 수치는 소비자에게 의심을 살 것이다) 꽤 훌륭하다고 소비자를 설득하려면, 제시할 수 있는 선택지가 비교적 적다. 표본 크기가 클 때에는 정확하게 똑같은 수의 사람들이 두 가지 질문에 긍정적인 답을 내놓을 가능성이 훨씬 낮다.

2014년, 미국 연방거래위원회FTC는 로레알에 제니피끄 계열 상품에 대해 기만 광고를 했다는 내용의 서한을 보냈다.[73] 연방거래위원회는 광고 도표에 사용된 수치들이 "허위이거나 소비자를 오도"할 수 있으며, 과학 연구를 통해 입증되지 않았다고 주장했다. 그러자 로레알 측은 "이 제품들에 대한 테스트나 연구 결과를 잘못 전달하는 주장"을 중단하기로 동의했다.

제니피끄 연구는 소표본 편향 외에도 '자발적 응답 편향'이나 '선택 편향' 같은 표본 추출 편향에 영향을 받았을 가능성이 있다. 만약 로레알이 예컨대 자사의 웹사이트에 광고를 올려서 실험 참가자들을 모집했다면, 이미 로레알 제품에 우호적인 여성들이 뽑혔을 가능성이 높으며, 이들은 로레알에 유리한 응답을 했을 가능성이 높다(자발적 응답 편향). 또는 로레알 측은 예전에 로레알 제품을 좋게 평한 적이 있는 여성들을 선택했을 수도 있다(선택 편향).

그 밖에도 연구 결과나 여론 조사 결과나 정치적 수사에 유리한 수치를 더 교묘하게 집어넣는 방법들이 있다. 만약 34명의 참여자를 대상으로 한 첫 번째 연구에서 유리한 결과가 나오지 않으면, 연구를 또다시 하면 되지 않겠는가? 그렇게 하다 보면 큰 분산도 때문에 조만간 원하는 결과가 나올 것이다. 이것은 데이터 조작이라고 부르는 방법이다. 이 현상의 보편적인 한 예는 보고 편향이다. 대체 의학이나 초감각지각 같은 사이비 과학 현상을 연구하는 과학자들은 그러한 현상에 동정적인 연구자들에게서 나타나는 보고 편향 때문에 애를 먹는다. 부도덕한 연구자들은 '긍정적 결과'(예컨대 치료에 효과가 있었다고 보고하는 피험자나 '초능력자'가 섞은 카드 패에서 다음 카드의 색을 정확하게 맞힌 결과만 보고하는 식으로)만 제시하고 대다수 '부정적 결과'는 무시함으로써 연구 결과를 실제보다 유리하게 조작한다. 두 가지 이상의 편향이 결합되면, 《리터러리 다이제스트》 편집자들이 발견한 것처럼 편향되지 않은 표본에서 기대하는 것과 아주 다른 결과가 나올 수 있다.

완벽히 망해버린 대선 여론 조사

1936년 미국 대통령 선거를 앞두고 유명한 월간지 《리터러리 다이제스트》 편집자들은 승자를 예측하기 위한 여론 조사를 하기로 결정했다. 경쟁 후보는 현직 대통령인 프랭클린 루스벨트Franklin D. Roosevelt

　　　　　　　　　　　　　4. 통계에 속지 않는 법

와 공화당 후보 앨프 랜든Alf Landon이었다. 《리터러리 다이제스트》는 1916년부터 시작해 차기 대통령을 정확하게 예측해온 자랑스러운 역사가 있었다. 4년 전인 1932년에는 루스벨트의 승리를 1% 이내의 오차로 알아맞혔다.[74] 1936년에는 이전의 그 어떤 여론 조사보다 야심적이고 값비싼 여론 조사를 진행하기로 계획했다. 그들은 자동차 등록 기록과 전화번호부 명단을 바탕으로 약 1000만 명(전체 유권자의 약 $\frac{1}{4}$에 해당하는)을 조사 대상자로 선택했다. 확인된 대상자들 전원에게 8월에 여론 조사 설문지를 보냈고, 잡지를 통해 그것을 자랑스럽게 알렸다.[75] "……과거의 경험을 기준으로 삼는다면, 〔유권자〕 4000만 명의 실제 투표 결과를 1% 이내의 오차로 알 수 있을 것이다."

10월 31일까지 240만 명 이상이 설문지를 보내왔다. 《리터러리 다이제스트》는 결과를 집계해 발표할 준비를 끝냈다. 그 기사의 헤드라인은 "랜든 129만 3669표, 루스벨트 97만 2897표"였다.[76] 《리터러리 다이제스트》는 랜든이 일반 투표에서 55% 대 41%로 앞서고(세 번째 후보인 윌리엄 렘키William Lemke의 지지율은 4%) 선거인단 투표에서는 531표 중 370표를 얻어 큰 차로 이긴다고 예측했다. 불과 나흘 뒤에 실제 선거 결과가 발표되자, 《리터러리 다이제스트》 편집자들은 루스벨트가 재선에 성공했다는 사실에 충격을 금치 못했다. 그것도 아슬아슬한 승부가 아니라 압도적인 승리였다. 루스벨트는 총 투표자 중에서 60.8%의 표를 얻었는데, 이것은 1820년 이래 가장 높은 득표율이었다. 그리고 선거인단 수는 523명을 얻었는데, 랜든은 겨우 8명을 얻는 데 그쳤다. 《리터러리 다이제스트》의 득표율 예측은 거의 20%나 빗나가고 말았다. 표본 크기가 작다면 큰 분산도의 가능성을 기대할 수 있겠지만,

《리터러리 다이제스트》는 무려 240만 명을 표본으로 삼았다. 이렇게 큰 표본에서 어떻게 그토록 빗나간 결과가 나왔을까?

그 비밀은 표본 추출 편향에 있었다. 여론 조사 방법의 첫 번째 문제는 선택 편향이었다. 1936년 당시 미국은 아직 대공황의 영향에서 벗어나지 못하고 있었다. 자동차나 전화를 소유한 사람들은 부유한 층에 속했다. 그 결과로 《리터러리 다이제스트》가 작성한 여론 조사자 대상자 명단은 상류층과 중류층 유권자 쪽으로 치우쳐 있었는데, 이들은 정치 성향이 우파 쪽으로 기울어 루스벨트 지지자가 적었다. 그리고 루스벨트의 핵심 지지층인 가난한 사람들은 이 명단에서 완전히 배제되었다.

그런데 여론 조사 결과에 이보다 더 큰 영향을 미친 것은 무응답 편향이었을지 모른다. 명단에 올랐던 1000만 명 중에서 응답자는 $\frac{1}{4}$ 미만이었다. 그래서 이 여론 조사는 본래 의도했던 전체 인구 집단의 표본을 제대로 추출하지 못했다. 설사 처음에 선택한 인구 집단이 전체 인구 집단을 대표하는 것이었다 하더라도(실제로는 그렇지 않았지만), 설문에 응답한 사람들은 응답하지 않은 사람들과 정치 성향이 다른 경향이 있었다. 응답자 중에는 대체로 부유하고 교육 수준이 높은 사람들이 많았는데, 이들은 루스벨트보다는 랜든을 지지하는 경향이 강했다. 이두 가지 표본 추출 편향이 결합해 부끄러울 정도로 부정확한 결과를 낳았으며, 《리터러리 다이제스트》는 조롱거리로 전락하고 말았다.

같은 해에 《포춘》은 불과 4500명의 참여자만 사용해 루스벨트의 승리를 1% 이내의 오차로 예측했다.[77] 《리터러리 다이제스트》는 크게 비교된 이 결과의 후폭풍에서 쉽게 벗어나지 못했다. 예측 결과를 바탕으로 유지돼온 이전의 흠잡을 데 없는 신뢰도에 생긴 상처는 2년도 안

돼 이 잡지의 몰락을 재촉한 주요 요인으로 꼽힌다.[78]

계산을 해보라, 제대로

정치 분야의 여론 조사 기관은 정확한 결과를 얻으려면 갈수록 통계학에 더 정통해야 한다는 사실을 깨달은 반면, 정치인들은 통계 수치를 가지고 이전보다 조작과 오용과 위법 행위를 더 많이 하더라도 빠져나갈 구멍이 있다는 사실을 알아챘다. 도널드 트럼프는 2015년 11월에 공화당 대통령 후보 경선에 나섰을 때, 다음 통계 수치가 포함된 이미지를 트위터에 올렸다.

백인에게 살해당하는 흑인 ― 2%

경찰에게 살해당하는 흑인 ― 1%

경찰에게 살해당하는 백인 ― 3%

백인에게 살해당하는 백인 ― 16%

흑인에게 살해당하는 백인 ― 81%

흑인에게 살해당하는 흑인 ― 97%

이 수치의 출처는 '샌프란시스코 범죄통계국'이라고 했다. 그러나 나중에 범죄통계국은 존재하지 않는 것으로 밝혀졌으며, 통계 수치 자체도 실제와 완전히 달랐다. 비교를 위해 FBI가 발표한 2015년 통계 수치(원래 수치는 192쪽 〈표 10〉에 실려 있다) 일부를 소개하면 다음과 같다.

백인에게 살해당하는 흑인 — 9%

백인에게 살해당하는 백인 — 81%

흑인에게 살해당하는 백인 — 16%

흑인에게 살해당하는 흑인 — 89%

분명히 트럼프의 트윗은 흑인이 저지르는 살인 건수를 크게 부풀렸으며, '백인이 백인을 대상으로 한' 살인과 '흑인이 백인을 대상으로 한' 살인 건수를 바꿔놓았다. 그런데도 이 트윗은 7000번 이상 리트윗 되었고, '마음에 들어요'도 9000번 이상을 받았다. 이것은 확증 편향을 보여주는 대표적인 예이다. 사람들이 틀린 메시지를 리트윗한 이유는 그 출처가 자신이 존경하는 사람인 데다가 그 내용이 기존에 품고 있던 편견과 일치했기 때문이다. 그들은 그것이 사실인지 아닌지 굳이 확인하려고 하지 않았으며, 이 점에서는 트럼프도 마찬가지였다. 폭스 뉴스의 빌 오라일리Bill O'Reilly가 그 이미지를 퍼뜨리는 동기가 무엇이냐고 질문했을 때, 트럼프는 특유의 과장법으로 먼저 "인종 차별주의 성향에 순위를 매긴다면, 아마도 내가 세상에서 맨 꼴찌일 겁니다."라고 주장하고 나서 "……모든 통계 수치를 내가 일일이 확인해야 합니까?"라고 말했다.

*　　*　　*

2015년에 트럼프가 올린 이 트윗은 경찰의 잔혹 행위, 특히 흑인 피

　　　　　　　　　　　　　　　　　　　　4. 통계에 속지 않는 법

해자를 대상으로 한 잔혹 행위를 놓고 전국적 논쟁이 최고조에 이르렀을 때 나왔다. 유명한 사건인 비무장 10대 흑인 소년 트레이번 마틴Tray-von Martin과 마이클 브라운Michael Brown의 죽음을 포함해 그와 비슷한 사건들은 '흑인의 생명도 소중하다Black Lives Matter' 운동의 시작과 급속한 확산에 기폭제가 되었다. '흑인의 생명도 소중하다' 운동은 2014년부터 2016년까지 미국 전역에서 행진과 연좌 농성을 비롯해 집단 시위를 벌였다. 2016년 9월에는 영국에도 이 운동의 지부가 생겼는데, 그 집단 시위에 우파 성향의 저널리스트 로드 리들Rod Liddle이 분개했다. 나는 수학적 성향이 강한 어느 블로그 게시글[79] 때문에 영국의 타블로이드판 신문《선》에 실린 리들의 비평에 관심이 생겼는데, 그 비평은 '흑인의 생명도 소중하다' 운동의 기원에 관해 쓴 것이었다.

> 이 운동은 흑인 용의자를 체포하는 대신에 총을 쏘는 미국 경찰에 항의하기 위해 시작되었다.
> 미국 경찰이 방아쇠를 당기길 좋아하는 성향이 있다는 점은 의심의 여지가 없다. 흑인 용의자가 시야에 들어오면 특히 더 그런 것으로 보인다.
> 미국에서 흑인에게 가장 큰 위험은…… 음 …… 다른 흑인이라는 사실 역시 의심의 여지가 없다.
> 흑인을 대상으로 한 흑인의 살인은 해마다 평균 4000건 이상 일어난다. 미국 경찰에게 살해당하는—정당하게든 부당하게든—흑인의 수는 일 년에 100명 남짓밖에 안 된다.
> 자, 계산을 해보라.

그래서 내가 계산을 해보았다.

리들이 데이터에 접할 수 있었던 해 중에서 가장 가까운 2015년의 통계 자료를 살펴보기로 하자. 〈표 10〉에 요약된 FBI의 통계에 따르면,[80] 2015년에 살해당한 백인과 흑인은 각각 3167명과 2664명이었다. 피해자가 백인인 살인 사건 중에서 2574건(81.3%)은 백인이 저질렀고, 500건(15.8%)은 흑인이 저질렀다. 피해자가 흑인인 살인 사건 중에서 229건(8.6%)은 백인이 저질렀고, 2380건(89.3%)은 흑인이 저질렀다. 따라서 '흑인을 대상으로 한' 흑인의 살인이 연간 4000건이라는 리들의 주장은 상당히(약 70%나) 과장된 것이다. 2015년 당시 미국 전체 인구에서 흑인이 차지하는 비율은 12.6%, 백인은 73.6%였다는 사실을 감안하면, 흑인이 전체 살인 사건 피해자 중 45.6%를 차지한다는 사실이 놀랍다.[81]

훨씬 더 치열한 논쟁이 벌어지는 문제인데도 불구하고, 경찰에게 살해당하는 사람 수를 다룬 통계 자료는 얻기가 더 어렵다. 백인 경찰관 대런 윌슨Darren Wilson이 흑인 청소년 마이클 브라운을 총으로 쏴 죽인 사건이 계기가 되어 일어난 시위는 미주리주 퍼거슨을 마비시켰는데, 이것이 '흑인의 생명도 소중하다' 운동을 촉발하는 티핑 포인트가 되었

피해자의 인종/민족	합계	공격자의 인종/민족	
		백인	흑인
백인	3167	2574 (81.3%)	500 (15.8%)
흑인	2664	229 (8.6%)	2380 (89.3%)

표10 2015년의 살인 사건 통계 자료를 피해자와 공격자의 인종/민족으로 분류한 표. 합계와 백인과 흑인 공격자의 합이 차이가 나는 이유는 공격자 중에 백인 또는 흑인이 아니거나 인종이 알려지지 않은 사람들이 있기 때문이다.

4. 통계에 속지 않는 법

다. 이 시위는 또한 FBI가 집계하는 '경찰관의 연간 살인 건수'에도 관심을 기울이게 했다. FBI는 미국에서 경찰관이 저지르는 전체 살인 건수 중 절반에도 못 미치는 건수만 기록하는 것으로 드러났다.[82] 이에 대응하여 2014년에《가디언》은 정확한 수치를 기록하기 위해 '더 카운티드The Counted(집계)' 캠페인을 시작했다. 이 캠페인은 아주 큰 성공을 거두어, 2015년 10월에 당시 FBI 국장이던 제임스 코미James Comey는 경찰관 손에 죽은 민간인에 관해《가디언》이 FBI보다 더 나은 통계 자료를 갖고 있다는 사실은 '부끄럽고 우스꽝스러운' 일이라고 말했다.[83]

《가디언》의 통계 수치에 따르면, 2015년에 경찰관 손에 '정당하게든 부당하게든'(리들의 표현을 빌리면) 죽은 사람 1146명 가운데 흑인은 307명(26.8%), 백인은 584명(51.0%)이었다(나머지 피해자들은 다른 민족이거나 인종/민족이 확인되지 않은 사람들이었다). 여기서 또다시 리들의 수치는 크게 빗나간다. 리들은 경찰관 손에 죽는 흑인의 수가 연간 100명이라고 주장했지만, 그것은 실제 값의 $\frac{1}{3}$도 안 된다.

만약 리들이 "미국에서 흑인이 살해당할 경우, 다른 흑인에게 죽을 가능성과 경찰관 손에 죽을 가능성 중 어느 쪽이 더 높을까?"라는 질문에 대한 답을 알고 싶었다면, 정확한 통계 수치를 인용해 구한 그 답은 흑인에게 죽은 흑인의 수가 경찰관에게 죽은 흑인의 수보다 약 8배나 많다는(2380명 대 307명) 것이다. 그런데 이 질문은 공정하지 않다. 만약 2017년에 미국에서 개에게 죽은 사람이 40명이고 곰에게 죽은 사람이 2명이라고 한다면, 여러분은 개가 곰보다 더 치명적으로 위험하다고 믿겠는가? 물론 그렇지 않다. 개는 선천적으로 곰보다 덜 위험하다. 다만 미국에 개가 곰보다 훨씬 많이 살고 있을 뿐이다. 질문을 이렇게 바꾸어보자. 만약 여러분이 곰이나 개와 함께 방 안에 있어야 한다면, 어느 쪽을 선택하겠는가? 나는 여러분의 선택을 모르지만, 나라면 당연히 개를 선택할 것이다.

같은 이유로 미국에서 흑인 민간인은 4020만 명 이상인 반면, 정규직 '법 집행 공무원'(총기와 배지를 소유한)은 63만 5781명뿐이라는 사실[84]을 감안하면, 법 집행 공무원보다 흑인이 저지르는 살인 건수가 더 많은 것은 전혀 놀라운 일이 아니다. 리들은 "만약 미국에서 흑인 시민이 혼자 밖에서 걷고 있을 때 누군가를 만난다면, 자기를 죽일지 모른다고 더 두려워해야 하는 사람은 다른 흑인과 법 집행 공무원 중에서 어느 쪽일까?"라는 질문을 제기하는 편이 더 적절했을 것이다.

그 답을 알려면, 흑인과 경찰관에게 각각 살해당하는 흑인 희생자 수를 '1인당' 비율로 비교할 필요가 있다. 〈표 11〉에 실린 1인당 살해 비율은 특정 집단(흑인이나 경찰관)의 손에 죽은 전체 흑인 희생자 수를 그 집단의 크기로 나누어 구했다. 2015년에 흑인이 다른 흑인을 죽인 사건은 2380건이었다. 그렇지만 흑인 인구가 4020만 명이 넘으므로 1인당 살해 비율은 비교적 작은데, 1만 7000명당 1명꼴이다. 2015년에 경찰관이 정당하게든 부당하게든 죽인 흑인은 307명이었다. 경찰관 수가 63만 5781명이므로 1인당 살해 비율은 경찰관 2000명당 1명

살해자	피해자 수	집단의 크기	1인당 살해 비율
흑인	2380	40,241,818	1/16908
법 집행 공무원	307	635,781	1/2071

표11 흑인이 피해자인 살인 건수를 살해자가 다른 흑인이냐 법 집행 공무원이냐에 따라 층화한 표. 1인당 살해 비율을 구하는 데 사용된 두 집단의 크기도 함께 표시했다.

꼴이다. 이것은 흑인에게 살해당하는 것보다 8배 이상 높은 비율이다. 따라서 거리를 걸어가는 흑인은 다른 흑인보다 경찰관이 다가오는 것을 더 경계해야 한다.

물론 우리는 경찰과 대립적으로 마주치는 경우가 많으며, 미국 경찰은 일반적으로 무장하고 있다는 사실을 감안하지 않았다. 치명적인 무력을 행사할 권한이 있는 사람은 일반 인구 집단보다 더 자주 무력을 행사한다는 사실은 그다지 놀랍지 않다. 비록 경찰관 손에 죽는 백인 수보다 백인 손에 죽는 백인 수가 많긴 하지만, 정확하게 똑같은 수학을 사용해 백인이 다른 백인(1인당 살해 비율은 백인 9만 명당 1명꼴)보다 법 집행 공무원(1인당 살해 비율은 경찰관 1000명당 1명꼴)을 더 두려워해야 한다는 것을 보여줄 수 있다. 흑인이 경찰관에게 죽는 1인당 살해 비율보다 백인이 경찰관에게 죽는 1인당 살해 비율이 두 배나 높은 이유는 백인의 수가 더 많기 때문이다. 그 비율이 겨우 두 배 많다는 사실이 오히려 우려스러운데, 미국 내에서 백인의 수는 흑인보다 약 6배나 많기 때문이다.

따라서 리들의 통계 수치는 부정확한 것이지만, 이보다 더 중요한 것은 《선》에 실린 그의 기사가 "누가 가장 많이 살해되는가?" 대신에 "누가 가장 많이 죽이는가?"라고 물음으로써 '흑인의 생명도 소중하다' 운동의 중심에 있는 통계 수치에서 관심을 돌리게 한다는 사실이다. 문제의 그 통계 수치는 전체 인구에서 차지하는 비율이 12.6%밖에 안 되는 흑인이 경찰관에게 살해당하는 비율은 26.8%인 반면, 인구 비율이 73.6%인 백인은 51.0%라는 것이다. 이 차이를 설명하는 숨겨진 연결 고리(앞 장에서 임신 기간의 흡연이 저체중아에게 건강상의 혜택을 준다는 주장을 '교란 변수'로 설명한 것처럼)가 있을까? 그런 게 있다는 것은 거의 확실하다. 예를 들면, 가난한 사람은 범죄를 저지를 가능성이 더 높으며, 미국에서는 흑인이 백인보다 가난할 확률이 더 높다. 이런 요인들이 경찰관 손에 죽는 흑인의 비율이 지나치게 높은 이유를 설명할 수 있는지는 앞으로 더 자세히 조사해봐야 밝혀질 것이다.

돼지고기가 생명을 위협한다고?

《선》이 통계 수치를 둘러싼 논란에 휘말린 사건은 리들의 비평이 처음도 아니고 마지막도 아니었다. 2009년, 《선》은 "부주의한 돼지고기 섭취가 생명을 위협한다"라는 헤드라인 아래 세계암연구재단이 매일 가공육을 50g씩 섭취하는 식습관이 건강에 미치는 효과에 대한 연구 결과를 발표한 500쪽짜리 보고서에서 수백 가지 결과 중 단 하나만 소개했다.[85] 이 타블로이드판 신문은 베이컨 샌드위치를 매일 하나씩 먹으면 대장암에 걸릴 위험도가 20% 증가한다는 '사실'을 전해 독자들을 충격에 빠뜨렸다.

그러나 이 수치는 선정적으로 표현한 것이었다. '절대 위험도'—특정 위험 인자(예컨대 베이컨 샌드위치를 먹거나 먹지 않는 것)에 노출되거나 노출되지 않은 사람들이 각각의 경우에 특정 결과(예컨대 암)를 맞이할 것으로 예상되는 비율—로 표현하면, 매일 가공육을 50g씩 섭취할 경우, 평생 동안 대장암이 발병할 절대 위험도가 5%에서 6%로 증가한다. 〈그림 19〉의 왼쪽은 각각 100명씩으로 구성된 두 집단의 운명을 나타낸다. 매일 베이컨 샌드위치를 하나씩 먹는 집단에서 대장암이 발병하는 사람은 먹지 않는 집단에 비해 한 명 더 늘어날 뿐이다.

《선》은 더 객관적인 절대 위험도 대신에 '상대 위험도'—특정 위험인자(예컨대 베이컨 샌드위치 먹기)에 노출된 사람들에게서 나타나는 특정 결과(예컨대 암의 발병)의 위험도를 일반 인구 집단의 위험 비율로 나타낸 것—에 초점을 맞추었다. 만약 상대 위험도가 1 이상이면, 노출된 개인은 노출되지 않은 사람보다 그 병에 걸릴 가능성이 더 높다. 만약 상대 위험도가 1 미만이면, 그 위험은 줄어든다. 〈그림 19〉의 오른쪽은 병에 걸리지 않은 사람들을 무시함으로써 상대 위험도($\frac{6}{5}$, 즉 1.2)가 아주 많이 증가한 것처럼 보인다. 매일 가공육을 50g씩 섭취하는 사람의

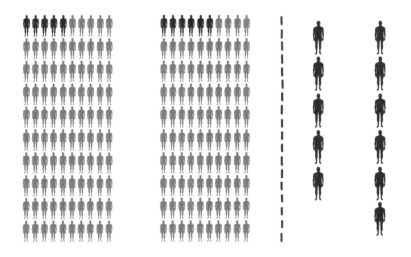

그림19 절대 위험도 수치(100명 중 5명 대 100명 중 6명)의 비교(왼쪽)는 매일 가공육을 50g씩 섭취하는 식습관이 건강에 미치는 위험은 아주 조금만 증가한다는 것을 보여준다. 그 병에 걸리는 비교적 적은 수의 사람들(오른쪽)에 초점을 맞출 경우, 상대 위험도의 증가는 20%(5명에서 6명으로)로 아주 높은 것처럼 보인다.

상대 위험도가 20% 증가하는 것은 사실이지만, 절대 위험도는 겨우 1%만 증가할 뿐이다. 그렇지만 위험도가 1% 증가한다는 기사로는 신문을 많이 팔 수 없다. 당연히 이 기사의 헤드라인은 충분히 자극적이어서, 언론 매체를 통해 '우리의 건강을 위험에서 구하자 Save our Bacon'라는 주장이 들불처럼 퍼졌다. 그 후 며칠 동안 이 수치에 대한 분노의 반응으로 '건강 나치 health Nazis'라 불리는 과학자들이 나타나 '베이컨에 대한 전쟁'을 선포했다.

*　　*　　*

언론 매체가 관심을 끌기 위해 사용하는 또 한 가지 트릭은 우리가 '정규' 모집단으로 간주하고 받아들이는 것을 의도적으로 바꾸는 것이다. 상대 위험도를 가장 정직하게 보고하는 방법은 특정 하위 집단의 증가하거나 감소한 위험도를 일반 인구 집단의 배경 위험도와 비교해 제시하는 것이다. 때로는 가장 큰 하위 집단의 질병 위험 수준이 기준선으로 사용되며, 다른 집단의 위험도는 이 하위 집단의 위험도와 비교한 상대 위험도로 보고한다. 희귀한 질병의 경우에는 질병이 발병하지 않은 하위 집단의 위험도가 전체 인구 집단의 위험도와 아주 비슷하다. 예를 들어 BRCA1이나 BRCA2 유전자 돌연변이가 있는 여성이 유방암에 걸릴 위험도를 보고해야 하는 상황을 살펴보자. 이 돌연변이가 없는 여성 99.8%의 절대 위험도 감소를 이야기하는 것보다는 이 돌연변이가 있는 여성 0.2%의 절대 위험도 증가를 이야기하는 것이 이치에 닿아 보인다. 불행하게도 이런 종류의 솔직하고 투명한 보고가 최선의 헤드라인을 만드는 데 항상 도움이 되는 것은 아니다. 그래서 많은 대형 언론 매체는 독자의 시선을 끌기 위해 통계 수치를 제시하는 방식을 자주 조작한다.

2009년, 《데일리 텔레그래프》는 "10명 중 9명은 고혈압이 발병할 확률을 증가시키는 유전자를 갖고 있다"라는 헤드라인을 내건 기사에서 다음 문장을 포함한 이야기를 전개했다. "과학자들은 전체 인구 중 약 90%가 고혈압이 발병할 확률을 18%나 증가시키는 한 유전자 변이를 갖고 있다는 사실을 발견했다." 《네이처 제네틱스》에 보고된 실제 수치는 유전자 변이를 가진 10%의 사람들은 인구 집단 중 다른 변이를 가진 나머지 90%의 사람들보다 위험이 15% 더 낮다는 것이었다.[86] 18%라는 수치는 이 학술지에 실린 논문에는 나오지 않는다. 엄밀히 따지면 맞긴 하지만, 《데일리 텔레그래프》의 기사는 의도적으로 기준 집단을 더 작은 것—위험이 낮은 10%의 사람들—으로 바꾸었다. 기준값인 1에서 15%를 빼면 0.85가 되므로, 기사를 쓴 사람은 0.85에서 1로 되돌아가려면 약 18% 증가해야 한다고 계산한 것이다. 《데일리 텔레그래프》는 상대 위험도의 크기를 증가시켰을 뿐만 아니라, 10%의 사람들에게 좋은 소식을 90%의 사람들에게 나쁜 소식으로 둔갑시켰다. 수치를 이런 식으로 조작한 매체는 《데일리 텔레그래프》뿐만이 아니었다. 많은 신문들이 독자의 관심을 끌기 위해 이와 동일한 수상쩍은 방법으로 이야기를 지어냈다.

선정적인 과장 기사를 읽고 나면, 기사에서 절대 위험도—대개 하나는 핵심 조건을 충족한 집단, 또 하나는 나머지 인구 집단에 해당하는 두 가지 작은 수치(100%를 넘어서는 일이 절대로 없는)—를 제시하지 않았다는 사실을 발견하는 경우가 많다. 또 전체 인구 집단 중 절반 이상에서 위험이 증가하거나 감소했다고 주장하는 경우도 있다. 이런 경우에는 기사의 주장을 받아들여야 할지 말아야 할지 신중하게 판단해야 한다. 헤드라인 뒤에 숨어 있는 진실을 알고 싶다면, 그 기사의 출처를 추적해 절대 통계 수치가 실린 원래의 간행물을 찾아보라. 혹은 그 내용을 처음 발표한 과학 논문 자체를 찾아보는 것도 좋은데, 요즘은 온라인에서 과학 논문을 무료로 볼 수 있는 기회가 점점 늘어나고 있다.

비율 편향을 일으키는 상대 수치

위험도와 확률을 수상쩍은 방식으로 보고하는 것은 신문뿐만이 아니다. 의학 분야에서도 치료의 위험을 이야기하거나 약의 효능과 부작용을 보고할 때, 발표자가 자신의 주장을 뒷받침하기 위해 사용하는 통계적 기술이 많이 있다. 한 가지 단순한 방법은 통계 수치를 긍정적 또는 부정적으로 포장하는 것이다. 2010년에 실시된 한 연구는 피험자들에게 의학적 절차를 수치로 나타낸 진술을 여러 개 제시하고, 각각에 대해 느끼는 위험도를 1점(전혀 위험하지 않음)부터 4점(아주 위험함)까지의 점수로 매기게 했다.[87] 진술들 중에는 "A는 수술이 필요하다. 이 수술을 받으면 1000명 중 9명이 죽는다."와 "B는 수술이 필요하다. 이 수술을 받으면 1000명 중 991명이 살아남는다."가 포함돼 있었다. 잠깐 생각해보고 나서 여러분이라면 A와 B 중 어느 쪽에 있는 게 좋을지 선택해보라.

물론 두 진술은 동일한 통계 수치를 서로 대조적인 방식으로 표현한 것이다. 첫 번째 진술은 사망률을 사용했고, 두 번째 진술은 생존율을 사용했다. 계산 능력이 낮은 피험자는 생존율을 사용해 긍정적으로 틀 지은 진술이 4점 척도에서 위험도가 거의 1점이나 더 낮다고 판단했다. 계산 능력이 더 나은 사람들조차도 부정적으로 틀 지은 진술의 위험도가 더 높다고 생각했다.

임상 시험 결과를 살펴보면, 긍정적인 결과는 지각된 이득을 최대화하기 위해 상대 수치로 보고하는 반면, 부작용은 위험해 보이는 인상을 최소화하기 위해 절대 수치로 보고하는 사례가 비일비재하다. 이런 관행을 '잘못된 틀 짓기mismatched framing'라고 부르는데, 세계적인 의학 학술지 세 곳에 의학적 치료의 이득과 부작용을 보고한 논문 중 약 $\frac{1}{3}$에서 그런 사례가 발견되었다.[88]

더욱 우려스럽게도 이 현상은 환자 조언 부문 문헌에서도 빈번하게 나타난다. 1990년대 후반에 미국 국립암연구소NCI는 일반 대중에게 유방암에 걸릴 위험을 알리고 교육할 목적으로 '유방암 위험 툴'을 만들었다. 이 온라인 앱은 많은 연구 결과와 함께 유방암 발병 위험이 증가한 여성 1만 3000명을 대상으로 타목시펜의 이득과 잠재적 부작용을 평가한 최근의 임상 시험 결과를 보고했다.[89] 임상 시험에서는 여성들을 대충 균일한 두 집단(임상 시험의 두 '팔'이라 부르는)으로 나누었다. 첫 번째 팔에 속한 여성들은 타목시펜을 투여받았고, 두 번째 팔인 대조군에 속한 여성들은 플라세보를 투여받았다.

5년간의 연구가 끝날 무렵, 타목시펜의 효능을 평가하기 위해 각 집단에서 침습성 유방암에 걸린 여성의 수를 비교했고, 다른 종류의 암에 걸린 여성의 수도 함께 비교했다. 국립암연구소는 유방암 위험 툴을 통해 상대 위험도 감소를 보고했다. "〔타목시펜을 복용한〕여성 중에서 침습성 유방암 진단을 받은 사람의 수는 약 49% 더 적었다." 49%라는 수는 상당히 인상적으로 커 보인다. 그러나 잠재적 부작용을 계량화하는 부분에서는 절대 위험도를 제시했다. "……〔임상 시험의〕타목시펜 팔에서 자궁암 발생률은 연간 1만 명당 23명이었고, 플라세보 팔에서는 1만 명당 9.1명이었다." 이렇게 작은 비로 표시된 수치를 보면, 타목시펜 요법이 자궁암 발병 위험에 큰 변화를 초래하지 않는 것처럼 보인다. 의식적으로건 무의식적으로건, 국립암연구소 연구자들은 위험도 정보 툴에 사용할 데이터를 수집하면서 유방암 발병 위험을 줄이는 타목시펜의 이득을 강조한 반면, 그와 동시에 자궁암 발병 위험 증가는 사람들이 잘 알아채지 못하게 했다. 만약 두 통계 수치를 평평한 운동장에 놓고 비교하기 위해 이 수치들을 사용해 상대 위험도를 계산해 제시한다면, 유방암 발병 위험은 49% 감소하는 반면에 자궁암 발병 위험은 153% 증가한다고 알려야 온당할 것이다.

원래 논문의 초록에서도 유방암 감소는 49%라는 수치로 표현한 반면, 자궁암 증가는 상대 위험도를 2.53이라는 비로 제시했다. 지각된 이득을 강조하기 위해 소수로 나타내는 비 대신에 백분율을 사용하는 것은 '비율 편향ratio bias'이라는 트릭에 속한다.[90] 우리가 비율 편향에 잘 빠지는 성향은 눈을 가린 피험자들에게 트레이에 담긴 젤리빈 중에서 무작위로 하나를 고르게 하는 간단한 실험을 통해 확인되었다.[91] 빨간색 젤리빈을 고른 사람에게는 1달러의 상금을 주기로 했다. 흰색 젤리빈이 9개, 빨간색 젤리빈이 1개 있는 트레이와 흰색 젤리빈이 91개,

빨간색 젤리빈이 9개 있는 트레이를 선택할 수 있는 기회를 주면, 피험자들은 상금을 탈 확률이 더 낮은데도 두 번째 트레이를 더 많이 선택했다. 아마도 그 트레이에 빨간색 젤리빈이 더 많기 때문에 흰색 젤리빈의 수와 상관없이 빨간색 젤리빈을 뽑을 확률이 더 높다고 생각했을 것이다. 어느 피험자는 "제가 빨간색 젤리빈이 더 많은 트레이를 선택한 이유는 이길 수 있는 길이 더 많아 보였기 때문입니다."라고 말했다.

타목시펜 임상 시험에서 얻은 절대 수치는 침습성 유방암 발병 건수가 치료를 받지 않을 때에는 1만 명당 261명에서 치료를 받을 때에는 1만 명당 133명으로 줄어든다는 것을 보여주었다. 아이러니하게도 원래의 임상 시험 데이터를 굳이 조작하지 않고 비율 편향과 잘못된 틀 짓기를 배제하면서 절대 수치를 사용했더라면, 유방암 위험 툴 사용자들은 감소한 전체 유방암 발병 건수(1만 명당 128명)가 치료 부작용 때문에 생긴 자궁암 발병 건수(1만 명당 14명)보다 훨씬 많다는 사실을 쉽게 알 수 있었을 것이다.

자주 빠지는 통계의 함정, 평균 회귀

의학적 맥락에서 통계 수치를 잘못 다루는 실수 중 대다수는 연구자들이 보편적인 통계의 함정을 알아채지 못하고 무의식적으로 저지른다. 예컨대 임상 시험에서는 일반적으로 건강이 좋지 않은 사람들의 집단을 선택해 그 질환을 치료할 수 있는 의약품을 투여한 뒤, 그 효과를 알기 위해 건강 상태를 계속 면밀히 관찰한다. 만약 증상이 누그러지면,

그 치료법이 효과가 있다고 여기는 것이 자연스러워 보인다.

예를 들어 관절통이 있는 사람들을 모집해 자리에 앉아 있으라고 한 다음, 살아 있는 벌을 사용해 그 부위에 침을 쏜다고 상상해보자.(이것은 터무니없어 보이겠지만, 봉침 요법이라는 유명한 대체 요법이다. 봉침은 최근에 인기가 크게 높아졌는데, 미국의 배우이자 가수인 귀네스 팰트로Gwyneth Paltrow가 자신의 생활방식을 소개하는 웹사이트 구프Goop에서 그 효과를 칭송한 것이 일부 영향을 미쳤다.) 이제 일부 환자의 관절통이 사라졌다고 상상해보자 — 평균적으로 이들은 이 치료를 받은 뒤에 상태가 좋아지기 시작한다. 봉침이 정말로 관절통에 효과적인 치료법이라고 결론 내릴 수 있을까? 실제로는 봉침이 어떤 장애를 치료하는 데 효능이 있음을 뒷받침하는 과학적 증거는 전혀 없다. 오히려 벌독 요법에 대한 과민 반응으로 역효과가 자주 나타나며, 그 때문에 죽은 환자도 최소한 한 명 있다. 그렇다면 우리의 가상 임상 시험에서 나온 긍정적 결과는 어떻게 설명할 수 있을까? 환자들의 상태가 좋아진 원인은 무엇일까?

관절통 같은 상태는 시간이 지나면서 그 증상이 요동친다. 임상 시험, 특히 봉침처럼 극단적인 대체 요법의 임상 시험에 참여한 환자들은 특별히 상태가 좋지 않은 경우가 많으며, 임상 시험을 신청할 때 자신의 고통을 없애줄 방법을 매우 간절하게 원한다. 통증이 최악의 단계에 있을 때 치료를 받으면, 치료법의 효능과 상관없이 시간이 조금 지난 뒤에 상태가 좋아질 가능성이 아주 높다. 이 현상을 '평균으로의 회귀regression to the mean'라고 한다. 이것은 결과에 무작위적 요소가 작용하는 다수의 임상 시험에 영향을 미친다.

평균으로의 회귀가 어떻게 작용하는지 이해하기 위해 시험 결과를

4. 통계에 속지 않는 법

생각해보자. 극단적인 예로, 학생들에게 전혀 모르는 주제에 관해 '예/아니요'로 답하는 객관식 문제 50개를 냈다고 하자. 학생들은 완전히 무작위로 추측해서 답해야 하기 때문에, 시험 점수는 0점부터 50점까지 분포할 수 있지만, 문제를 거의 다 틀린 사람은 극소수일 것이고, 문제를 거의 다 맞힌 사람도 극소수일 것이다. 〈그림 20〉의 점수 분포에서 보듯이, 평균인 25점에 가까운 중간 점수를 받은 사람들이 더 많으리라는 것은 명백하다. 상위 10%의 학생들을 분석해보면, 이들의 점수는 정의상 전체 집단의 평균보다 꽤 높을 것이다. 이번에는 이 학생들을 따로 떼어내 새로운 문제들로 다시 시험을 보게 하면, 여전히 평균보다 상당히 높은 점수가 나올까? 당연히 그렇지 않을 것이다. 이번

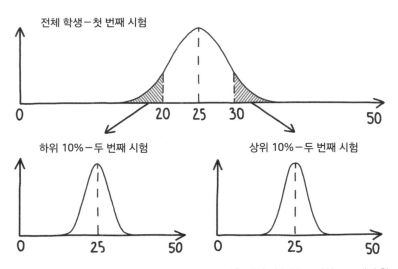

그림 20 '예/아니요'로 답하는 객관식 문제 50개를 냈을 때의 점수 분포. 상위 10%에 속한 학생들(오른쪽의 빗금 친 부분)을 대상으로 시험을 다시 치르면, 이들의 평균 점수는 전체 학생들의 평균 점수와 똑같이 나온다. 하위 10%에 속한 학생들(왼쪽의 빗금 친 부분)도 마찬가지이다. 점수가 높은 집단이나 낮은 집단이나 모두 평균을 향해 회귀한다.

에도 이들의 점수는 평균 점수인 25점 주변에 고르게 분포할 것이다. 하위 10%를 대상으로 시험을 다시 보더라도 똑같은 결과가 나올 것이다. 첫 번째 시험에서 극단적인 점수를 바탕으로 선택한 개인들은 두 번째 시험에서는 평균적으로 평균을 향해 되돌아간다.

실제 시험에서는 공부 기술과 근면성이 점수를 얻는 데 중요한 역할을 하지만, 시험에 나오는 문제들이나 시험 공부를 할 때 우선시하는 과목들에는 우연의 요소가 개입한다. 그래서 약간의 무작위적 요소가 있다고 본다면, 평균으로의 회귀가 그 효과를 나타내게 된다. 우연의 요소는 객관식 시험에서 특히 두드러지게 나타나는데, 필요한 지식을 모르는 학생도 순전히 요행으로 정답을 맞힐 수 있기 때문이다. 1987년에 실시된 한 연구에서는 시험 불안증 때문에 객관식 수학 능력 시험SAT에서 예상 밖으로 낮은 점수를 얻은 미국인 학생 25명에게 고혈압 치료제 프로프라놀롤을 복용한 뒤에 시험을 다시 보게 했다.[92] 《뉴욕 타임스》는 이 연구 결과를 "고혈압을 조절하는 데 쓰이는 약이 아주 심한 불안증이 있는 학생들의 SAT 시험 점수를 크게 높였다……."라고 보도했다. 프로프라놀롤을 복용한 학생들의 점수는 400점부터 1600점까지의 척도에서 평균적으로 무려 130점이나 높아졌다. 얼핏 보기에는 프로프라놀롤이 큰 효과가 있는 듯하다. 그러나 불안증이 없는 학생도 시험을 다시 치르면 점수가 약 40점이나 높아지는 것으로 드러났다. 임상 시험을 위해 모집한 학생들이 IQ나 다른 학업 지표가 시사하는 것보다 낮은 점수를 받아서 선택되었다는 사실을 감안하면, 프로프라놀롤 없이 순전히 평균으로의 회귀 때문에 이들의 점수가 크게 향상되더라도 전혀 놀랄 일이 아니다.

4. 통계에 속지 않는 법

비슷하게 점수가 낮으면서 프로프라놀롤을 복용하지 않고 시험을 다시 치른 학생들의 집단—'대조 코호트control cohort'—이 없기 때문에, 개입의 효과를 정확하게 판단하는 것은 불가능하다. 약을 복용한 코호트만을 바탕으로 판단할 때, 성적 향상을 약의 효과로 해석하고 싶은 유혹을 받는다. 그렇지만 순전히 무작위적인 객관식 시험 결과는 극단적인 코호트가 평균으로 회귀하는 것은 순전히 통계적 현상임을 보여준다.

* * *

임상 시험에서는 그럴싸한 인과 관계 추론을 피하는 것이 아주 중요하다. 한 가지 방법(2장과 3장에서 이미 보았듯이)은 환자들을 두 집단 중 어느 한 곳에 무작위로 배정하는 무작위 대조 시험을 하는 것이다. 타목시펜 유방암 임상 시험에서처럼 '치료 팔'에 있는 환자들에게는 진짜 약을 투여하고, '대조 팔'에 있는 환자들에게는 가짜 약, 즉 '플라세보'를 투여한다. 만약 환자들과 치료 담당자들 모두 환자들이 어느 팔에 속했는지 모를 경우, 이런 시험을 이중 맹검 시험이라고 하는데, 임상 시험의 최적 표준으로 간주된다. 무작위로 대조하는 이중 맹검 시험은 평균으로의 회귀 효과를 배제하므로, 대조군의 증상 개선과 치료군의 증상 개선의 차이는 순수한 치료 효과 때문에 나타난다고 볼 수 있다.

역사적으로 임상 시험에서 대조군 환자들에게 나타나는 증상 개선은 플라세보 효과—비록 설탕으로 만든 위약에 불과할지라도 환자가 그것을 진짜 약으로 인식함으로써 나타나는 효과—라고 불러왔다. 그러나 이 효과는 실제로는 서로 아주 다른 두 가지 현상으로 이루어져 있다는 사실이 점점 분명하게 드러나고 있다. 둘 중에서 비중이 조금 작은 이유는 환자가 치료를 받고 있다고 믿는 데에서 비롯되는 실제 정신신체 효과psychosomatic effect이다. 이 '진짜 플라세보' 효과는 환자의 증상 판단에 어느 정도 실질적인 변화를 일으킨다. 정신신체 효과는 환자 자신이 진짜 치료를 받고 있다는 사실을 알면 더 크게 나타나는데, 흥미롭게도 치료를 하는 사람이 알더라도 효과가 크게 나타난다. 이중 맹검을 사용하는 이유는 이 때문이다.

대조군 환자들의 증상 호전에 더 큰 비중을 차지하는 것으로 추정되는 또 한 가지 이유는 바로 평균으로의 회귀이다. 이 단순한 통계학적 효과는 환자에게 실질적인 이득을 전혀 안겨주지 않는다. 두 가지 플라세보 요소 중에서 어느 쪽이 더 중요한 비중을 차지하는지 알아내는 방법은 가짜약의 치료 효과와 치료를 전혀 하지 않는 경우의 효과를 비교하는 것밖에 없다. 이런 종류의 임상 시험은 흔히 비윤리적인 것으로 간주되지만, 과거에 이미 충분히 많은 연구가 진행되었는데, 그 결과는 플라세보 효과 중 다수가 실제로 평균으로의 회귀(환자가 받은 실질적 이득이 전혀 없는) 때문에 일어난다고 시사한다.[93]

많은 대체 의학 지지자들은 설사 해당 치료법이 플라세보 효과에 불과하더라도 그 효과의 이득이 상당하다면, 그 치료법은 충분히 가치가 있다고 주장한다. 하지만 플라세보 효과 중 다수가 환자에게 실질적인 이득이 전혀 없는 평균으로의 회귀 때문에 일어난다면, 이 주장은 설 자리를 잃는다. 다른 대체 의학 권위자들은 '인위적인 임상 시험'을 신뢰하는 대신에 '실제 세계'의 결과, 즉 '치료를 받은 후 환자의 상태 변

4. 통계에 속지 않는 법

화에만 초점을 맞춘 비대조 임상 시험 결과'를 고려하는 것이 중요하다고 주장한다. 당연한 일이지만, 이 '돌팔이'들은 평균으로의 회귀 효과를 비과학적 치료법의 인과론적 이득인 것처럼 제멋대로 해석할 수 있게 해주는 주장이라면 무엇이건 다 갖다 쓰려고 한다. 퓰리처상 수상자인 업턴 싱클레어Upton Sinclair는 이런 상황을 "어떤 것을 제대로 이해하지 않아야 생계를 이어가는 데 유리한 사람에게 그것을 이해시키기는 무척 어렵다."라고 표현했다.

*   *   *

의학 분야를 벗어나 입법 과정에서도 평균으로의 회귀는 원인과 결과 해석에 큰 영향을 준다. 1991년 10월 16일, 수재나 그레이셔Suzanna Gratia는 텍사스주 킬린에 있는 루비스 카페테리아에서 부모님과 함께 식사를 하고 있었다. 점심시간이 피크타임에 이르러 식당이 몹시 붐볐는데, 150명 이상이 사각 테이블 주위에 앉아 있었다. 12시 39분, 실직한 상선 선원 조지 헤너드George Hennard가 파란색 포드 레인저 픽업트럭을 몰고 식당으로 돌진했다. 트럭은 정면 유리창을 뚫고 전진해 주방까지 가서야 멈췄다. 헤너드는 곧장 운전석 문을 열고 뛰쳐나와 한 손에 글록 17 권총을, 다른 손에 루거 P89 권총을 들고 쏘기 시작했다.

그레이셔와 부모는 처음에 무장 강도인 줄 알고 바닥에 엎드리면서 테이블을 뒤집어 임시방편 장애물로 사용했다. 그런데 총성이 한 발 한 발 계속 울리자, 이 남자가 식당을 털러 온 것이 아니라는 사실이 점점 분명해졌다. 그는 무차별적으로 사람들을 죽이기 위해, 그것도 가능하면 많은 사람을 죽이기 위해 그곳에 온 것이었다.

살인자가 테이블에서 몇 미터 앞까지 다가오자, 그레이셔는 핸드백을 뒤졌다. 몇 년 전에 호신용으로 받은 38구경 스미스&웨슨 권총이 거기에 들어 있었다. 그러나 핸드백을 더듬던 그레이셔는 피가 얼어붙었다. 텍사스주의 은닉 무기법을 위반하지 않으려고 자동차 좌석 밑에 권총을 넣어둔 기억이 났다. 그레이셔는 그것이 "내 인생에서 가장 어리석은 결정"이었다고 말한다.

그레이셔의 아버지는 식당 안의 모든 사람이 살해당하기 전에 그 살인자를 막아야겠다고 영웅적인 결정을 내렸다. 그래서 테이블 뒤에서 벌떡 일어나 헤너드를 향해 돌진했다. 하지만 몇 발짝 가지도 못한 채 가슴에 총을 맞고 쓰러졌다. 헤너드는 희생자를 더 찾으려고 그레이셔와 어머니가 숨어 있던 테이블에서 다른 쪽으로 걸어갔다. 그때 손님 중에서 토미 본Tommy Vaughan이 필사적으로 탈출하려고 식당 뒤쪽 창문을 향해 몸을 던졌다. 깨진 창문을 본 그레이셔는 자신도 그곳을 탈출로로 삼기로 결정하고 어머니 어설라Ursula를 붙잡고는 "자, 함께 뛰어요. 여기서 나가야 해요."라고 말했다. 그레이셔는 전속력으로 달려 창문을 재빨리 통과해 무사히 식당 밖으로 나왔다. 어머니가 따라오는지 보려고 고개를 돌렸더니 자기 혼자뿐이었다. 어설라는 남편이 누워 있는 곳으로 기어가 죽어가는 그의 머리를 부둥켜안았다. 헤너드는 천천히, 하지만 조금도 주저하지 않고 그곳까지 걸어가 어설라의 머리에 총을 쏘았다.

그레이셔의 부모는 그날 헤너드가 살해한 23명의 희생자 중 2명이었다. 부상자도 27명이나 발생했다. 그 당시 이 사건은 미국 역사상 최악의 총기 난사 사건이었다. 그레이서는 전 국민 앞에서 은닉 무기 소지 합법화를 강력하게 지지하는 증언을 했다. 1991년에 일어난 루비스 식당 총기 난사 사건 이전에 특별한 결격 사유가 없는 한 은닉 무기 소지를 허가하는 법('shall-issue')이 있던 주는 모두 10개였다. 이 법에 따르면, 신청자가 일련의 객관적 기준을 충족하기만 하면 은닉 무기 소지 허가증을 무조건 발급해야 한다. 즉, 발급 기관은 거부할 수 있는 재량권이 없다. 1991년부터 1995년까지 11개 주에서 추가로 비슷한 법이 통과됐고, 1995년 9월 1일에 조지 W. 부시George W. Bush가 서명함으로써 텍사스주도 열두 번째로 합류했다.

총기 규제가 미국에서 뜨거운 쟁점이라는 사실을 감안하면, 은닉 무기 소지 법이 폭력 범죄에 미치는 효과에 큰 관심이 쏠린 것은 당연한 일이다. 총기 규제를 옹호하는 사람들은 은닉 무기가 많아질수록 상대적으로 사소한 분쟁이 치명적인 분쟁으로 비화할 수 있을 뿐만 아니라, 범죄 단체의 손에 들어가는 총기도 늘어난다고 주장했다. 총기 소지에 찬성하는 압력 단체는 피해자의 무장 확률이 높아지면, 잠재적 범죄자를 억지하거나 적어도 시민에게 총기 난사 범죄를 더 일찍 끝낼 기회를 줄 수 있다고 주장했다. 이 법이 도입되기 전과 후의 범죄 발생률을 비교한 최초의 연구들은 은닉 무기 소지 법이 공표된 직후에 살인과 폭력 범죄 비율이 줄었다고 알려주는 것처럼 보였다.[94]

그러나 이 연구들은 두 가지 요인을 간과했다. 하나는 많은 주에서 은닉 무기 소지 법이 도입될 당시에 미국 전역에서 폭력 범죄가 감소했다는 점이다. 1990년부터 2001년까지 치안 유지 활동 증가와 범죄자 투옥 증가, 크랙 코카인 유행 퇴조 등의 요인이 겹쳐 미국 전역에서는 살인 발생률이 연간 10만 명당 약 10명에서 약 6명으로 줄어들었다.[95] 살인 발생률은 은닉 무기 소지 법이 있는 주와 없는 주 모두에서 정확하게 거의 똑같은 비율로 줄어들었다. 은닉 무기 소지 법이 있는 주의 살인 발생률을 미국 전체의 살인 발생률과 비교해보면, 은닉 무기 소지 법의 영향력은 크게 줄어드는 것으로 나타난다. 아마도 이보다 훨씬 중요한 것은 한 연구에서 발견한 사실이 아닐까 싶은데, 이 연구는 일단 평균으로의 회귀를 고려하면, 그 데이터는 "……은닉 무기 소지 법이 살인 발생률을 줄이는 데 긍정적 효과가 있다는 가설을 전혀 뒷받침하지 않는다."라고 주장했다.[96] 폭력 범죄 수위가 올라감에 따라 많은 주들은 이에 대응해 은닉 무기 소지 법을 공표했다. 법을 도입한 직후에 상대적 살인 발생률이 감소한 것처럼 보인 현상은 은닉 무기 소지 법과는 아무 관계가 없었다. 대신에 그 법은 그것이 도입되기 '이전'에 상대적 살인 발생률이 증가한 것과 관련이 있다는 사실이 밝혀졌다. 그러고 나서 범죄율이 비정상적으로 높았던 수준에서 자연히 떨어지자, 은닉 무기 소지 법이 효과가 있는 듯한 착시 현상을 일으켰다.

속지 않기 위한 3가지 질문

미국에서 총기 규제 법률을 둘러싼 논쟁은 지금도 치열하게 이어지고 있다. 2017년 10월에 58명이 죽고 수백 명이 다친 라스베이거스 총기 난사 사건 직후, 얼마 전에 백악관에서 물러난 서배스천 고카는 총기 규제를 주제로 벌어진 찬반 토론에 참여했다. 이 장의 시작 부분에 나왔던 고카는 종종 근거 없는 주장을 과감하게 펼치는 버릇이 있는데, 총기와 그 부대 용품의 판매를 제약하는 문제에 관한 토론에 뛰어들어 논의를 전혀 예상 밖의 방향으로 끌고 갔다.

> …… 이것은 무생물을 대상으로 하는 논의가 아닙니다. 가장 큰 문제는 총기 난사가 아닙니다. 그런 사건들은 비정상입니다. 이상치 때문에 법을 만들지는 않습니다. 우리가 안고 있는 큰 문제는 흑인 아프리카인이 흑인 아프리카인을 대상으로 벌이는 총기 범죄입니다. …… 흑인 젊은이들이 서로를 대량으로 죽이고 있습니다.

고카가 말한 '흑인 아프리카인'이 아프리카계 미국인을 지칭한다고 가정한다면, 이 발언은 이 장 앞부분에서 그 신빙성을 부정했던 나쁜 통계 수치를 반복하는 것처럼 들린다. 고카의 반복적인 일탈 행위는 우리가 나쁜 통계 수치를 극도로 경계해야 하는 상황을 대표적으로 보여준다. 우리는 통계 수치를 가지고 반복적으로 장난을 치는 연쇄 범죄자를 극도로 경계해야 한다. 수치의 정확성을 한 번 무시한 사람은 그다음에도 부주의한 짓을 저지를 가능성이 높다. 정치적 사실 확인의 선구자 중 한 명인 《워싱턴 포스트》의 글렌 케슬러Glenn Kessler는 정치인들의 발언을 정기적으로 분석해 평점을 매기는데, 진실을 왜곡한 정도에 따라 1부터 4까지의 '피노키오'를 부여한다. 케슬러의 보고서에는 같은 이름이 계속 반복적으로 등장한다.

통계 조작을 시사하는 미묘한 징후는 그 밖에도 많다. 만약 통계 수치를 제시하는 사람이 수치의 진실성을 자신한다면, 다른 사람들이 확인할 수 있도록 그 맥락과 출처를 제공하길 꺼리지 않을 것이다. 고카의 테러 공격 트윗과 마찬가지로 맥락의 공백은 신뢰성의 위험을 알리는 붉은 깃발이다. 표본 크기와 던진 질문, 표본의 원천을 포함해 조사 결과에 관한 세부 내용 부족—로레알의 광고 캠페인에서 보았듯이—은 또 하나의 경고 신호이다. 국립암연구소의 '유방암 위험 툴' 사례에서처럼 잘못된 틀 짓기와 백분율, 지수, 절대 수치가 빠진 상대 수치에도 경고 벨을 요란하게 울려야 한다. 비대조 연구나 작은 표본의 데이터에서 그럴싸한 인과 효과를 추론하는 것—대체 의학의 임상 시험 결과를 통해 도출한 결론들에서 자주 보듯이—도 경계해야 할 속임수들이다. 만약 처음에 극단적이었던 통계 수치가 갑자기 치솟거나 떨어지면(미국의 총기 범죄 사례에서처럼), 평균으로의 회귀가 그 원인이 아닌지 자세히 살펴볼 필요가 있다.

더 일반적으로는, 누가 어떤 통계 수치를 내놓으면, 다음 질문들을 스스로에게 던져보라. "비교 수치는 무엇인가?" "동기는 무엇일까?" "이것이 이야기의 전부일까?" 이 세 가지 질문에 답을 얻으면, 통계 수치의 진실성을 판단하는 데 큰 도움이 될 것이다. 그 답을 찾을 수 없다면, 당연히 그 수치는 믿을 수 없는 것이다.

* * *

수학을 사용해 진실을 감추는 방법은 여러 가지가 있다. 신문에서 주장하거나 광고에서 내세우거나 정치인의 입에서 나오는 통계 수치는 사람들을 오도할 때가 많고 가끔은 부정직하지만, 완전히 틀린 경우는 드물다. 이런 수치에는 대개 진실의 씨가 들어 있는데, 열매 전체가 진실인 경우는 드물다. 이런 왜곡은 가끔 의도적으로 그릇되게 전달한 결과로 일어난다. 그러나 당사자 자신이 도입한 편향이나 계산에서 저지른 실수를 몰라서 일어나기도 한다. 다음 장에서는 그러한 진짜 수학적 실수가 훨씬 불길한 상황에서 파국적 결과를 낳은 사례들을 살펴볼 것이다.

대럴 허프Darrel Huff는 자신의 고전적인 저서 『새빨간 거짓말, 통계 How to Lie with Statistics』에서 "통계학은 그 수학적 기반에도 불구하고 과학에 못지않게 미술의 속성도 지니고 있다."라고 주장한다. 결국 우리가 어떤 통계 수치를 신뢰하는 정도는 화가가 우리를 위해 그리는 그림이 얼마나 완전한가에 달려 있다. 만약 그림이 맥락과 신뢰할 만한 출처와 명확한 설명과 추론 사슬에 따라 세부 묘사를 정교하게 한 사실주의 풍경화라면, 우리는 그 수치의 진실성을 믿을 수 있다. 그러나 만약 그것이 의심스럽게 추론한 주장이고, 그것을 뒷받침하는 통계 수치를 미니멀리즘 화풍으로 단 하나만 그리고 나머지는 텅 빈 캔버스로 남겨두었다면, 우리는 이 '진실'을 믿어야 할지 심각하게 재고해야 할 것이다.

5장

잘못된 자리와
잘못된 시간

수 체계가 우리를 곤경에 빠뜨리는 방법

앨릭스 로세토Alex Rossetto와 루크 파킨Luke Parkin은 노섬브리아대학교 스포츠과학과 2학년에 재학 중이었다. 2015년 3월, 두 사람은 카페인이 운동에 미치는 효과를 연구하는 임상 시험에 지원했다. 두 사람은 카페인 0.3g을 복용한 뒤에 운동 능력을 테스트하기로 돼 있었다. 그런데 단순한 수학적 오류 때문에 두 사람은 중환자실로 실려가 생사의 고비를 넘겨야 했다.

로세토와 파킨은 오렌지 주스와 물 혼합물에 녹인 카페인을 마시고 나서 일반적인 운동 능력 측정 시험인 윙게이트 테스트를 받기로 동의했다. 두 사람은 카페인이 무산소성 파워 출력에 어떤 영향을 미치는지 알아보기 위해 실내 운동용 자전거에 올라가 페달을 최대한 세게 밟으라는 지시를 받았다. 그러나 카페인 칵테일을 마시고 난 직후 자전거에 다가가기도 전에 두 사람은 어지러움을 느꼈으며, 시야가 흐릿하고 심장이 두근거린다고 말했다. 두 사람은 즉시 응급실로 실려가 투석기에 연결되었다.

임상 시험을 진행한 과학자들이 복용량을 계산할 때 실수를 저질러

분말 카페인을 0.3g 대신에 30g을 카페인 칵테일에 넣었다. 그 결과로 두 학생은 커피 약 300잔을 몇 초 만에 들이켠 셈이 되고 말았다. 어른의 카페인 치사량은 10g으로 알려져 있다. 다행히도 두 사람은 젊고 건강해 카페인 과량 복용 효과를 견뎌낼 수 있었고, 장기적인 부작용도 거의 없었다.

임상 시험을 진행한 연구자들이 휴대 전화로 소수점을 타자할 때 오른쪽으로 두 칸 더 간 위치에다 소수점을 찍는 바람에 0.30g이 30g으로 둔갑하는 사고가 일어났다. 소수점을 잘못 찍은 탓에 극적인 결과를 빚어낸 사건은 이것뿐만이 아니다. 그 밖에도 이와 비슷한 실수들이 재미있는 것부터 웃음거리가 된 것, 심지어 치명적인 것에 이르기까지 다양한 결과를 빚어냈다.

* * *

2016년 봄, 건설 노동자 마이클 사전트Michael Sergeant는 일주일 동안의 일을 끝내고 나서 446.60파운드(약 67만 원)가 적힌 청구서를 보냈다. 며칠 뒤 자신의 계좌에 44,660파운드(약 6700만 원)가 입금된 것을 보고서 크게 놀라는 한편으로 흥분을 감추지 못했다. 청구서를 받은 회사 책임자가 소수점을 엉뚱한 곳에 찍는 바람에 벌어진 실수였다. 며칠 동안 사전트는 록 스타 같은 삶을 살았다. 경찰이 마침내 그를 찾아낼 때까지 새 차와 마약, 술, 도박, 디자이너 의류, 시계, 보석을 사는 데 수천 파운드를 썼다. 사전트는 남은 돈을 돌려줘야 했으며, 유혹을 뿌리치지 못하고 기회주의에 휘둘린 대가로 사회봉사 활동을 해야 했다.

이보다 더 큰 규모로 일어난 사건도 있는데, 2010년 영국 총선을 앞두고 선거 운동 기간에 보수당은 집권 노동당 정부 시절 영국의 부유한 지역과 가난한 지역 사이의 차이를 강조한 문서를 공개했다. 그 문서는 가난한 지역에 사는 여성 중 54%가 18세 이전에 임신하는 반면, 부유한 지역에 사는 여성은 19%만 18세 이전에 임신한다고 밝혔다. 이 수치는 13년간의 노동당 집권이 낳은 사회적 불평등을 신랄하게 부각하는 것처럼 보였지만, 노동당 관계자들이 실제 수치는 5.4%와 1.9%에 불과하다고 지적하는 바람에 오히려 부메랑이 되어 돌아왔다. 소수점의 위치를 잘못 파악한 큰 실수와는 별개로 일부 지역에서 어린 여성 중 절반 이상이 10대 시절에 임신한다는 통계 결과를 보수당이 아무 의심도 없이 받아들였다는 사실은 그들이 일반 유권자들의 사정에 얼마나 어두운지 잘 드러냈다. 소수점의 위치를 잘못 파악한 실수 때문에 이렇게 큰 창피를 당했는데도 불구하고, 보수당은 2010년 총선에서 승리를 거두었다. 따라서 그것은 그렇게 치명적인 실수는 아니었던 것으로 보인다.

그러나 85세의 연금 수급자 메리 윌리엄스Mary Williams는 같은 실수 때문에 목숨을 잃었다. 2007년 6월 2일, 지역 사회 간호사 조앤 에번스Joanne Evans가 동료를 대신해 메리를 찾아갔다. 에번스가 맡은 임무는 당뇨병 환자에게 인슐린 주사를 놓는 것이었다. 에번스는 펜 형태의 인슐린 주사기에 인슐린 36'단위'를 채워 주사를 놓으려고 했지만, 주사기 구멍이 막혀 나오지 않았다. 여분의 인슐린 주사기 두 개로 다시 시도해봤지만, 그것들 역시 제대로 작동하지 않았다. 인슐린을 주사하지 않으면 메리에게 어떤 일이 일어날지 염려가 된 에번스는 자동차로 돌아가 일반 주사기를 가지고 왔다. 인슐린 주사기에는 용량이 인슐린 '단위unit'로 표시된 반면 보통 주사기에는 mm로 표시돼 있었지만, 에번스는 한 '단위'가 0.01mm에 해당한다는 사실을 알고 있었다. 그래서 1mm짜리 주사기에 인슐린을 채워 그것을 메리의 팔에 주사했다. 필요한 양을 투여하기 위해 이 과정을 세 번 더 반복했는데, 그러면서 다른 환자들에게는 한 번만 놓아도 되는 주사를 왜 여러 번 놓아야 하는지 전혀 의심하지 않았다. 임무를 끝낸 에번스는 그 집에서 나와 다른 환자들을 보러 갔다. 그날 늦게야 에번스는 자신이 끔찍한 실수를 저질렀다는 것을 깨달았다. 인슐린을 일반 주사기로는 0.36mm 투여했어야 하는데 10배나 많은 3.6mm를 투여한 것이었다. 에번스는 즉각 의사를 불렀지만, 메리는 이미 인슐린이 유발한 심장마비로 죽어가고 있었다.

이 이야기들에서 명백한 실수를 저지른 주인공들을 풍자하기는 쉽지만, 이런 이야기들이 넘쳐나는 현실은 이 같은 단순한 실수가 일어날 수 있고 실제로도 일어나며, 심각한 결과를 수반하는 경우도 많다는 것을 보여준다. 파장이 심각한 이런 실수들이 일어나는 일부 이유는 우리가 쓰는 십진법 자릿값 체계의 결함에 있다. 222 같은 수에서 각각의 2는 200과 20과 2라는 서로 다른 수를 나타낸다. 각각의 수는 바로 뒤의 수보다 10배씩 크다. 소수점을 엉뚱한 자리에 찍는 실수를 유발하고 치명적인 결과를 낳는 원인은 바로 10이라는 증가 비율에 있다. 만약 이진법(오늘날의 컴퓨터화한 모든 기술의 바탕을 이루는 수 체계. 이진법에서는 각각의 자리에 있는 수가 바로 뒤의 수보다 2배씩만 크다)을 사용한다면, 이런 실수를 피할 수 있을 것이다. 인슐린을 두 배 많이 주사하거나 카페인을 네 배 많이 처방한다고 하더라도, 아주 심각한 결과를 초래하지는 않을 것이다.

이 장에서는 현재 일상생활에서 쓰는 수 체계 때문에 일어나 값비싼 대가를 치른 실수들을 더 살펴볼 것이다. 그러면서 우리가 오랫동안 사용하지 않은 수 체계들이 보이지 않게 미치는 영향을 살펴볼 텐데, 이것은 인류의 역사를 새롭게 바라보는 창을 제공하고 우리의 생물학적 특징을 드러낼 것이다. 그런 수 체계들에 어떤 결함이 있는지 알아보고, 흔히 일어나는 실수를 피하는 데 도움을 주는 대안 수 체계들도 살펴볼 것이다. 우리는 수 체계들의 자연 선택 과정을 따라가면서 그것들이 인류 문화의 진화와 손을 맞잡고 지나온 막다른 길과 수렴 경로를 살펴볼 것이다. 그리고 문화적 편향의 경우와 마찬가지로, 우리의 잠재의식 속에 깊이 뿌리박혀 우리의 시야를 제약하는(우리가 그 사실을 알아채지도 못하면서) 수학적 사고가 어떤 것인지도 살펴볼 것이다.

로마가 수학에 약했던 것은 수 체계 탓

현재 우리가 사용하는 수 체계는 '십진법 체계' 또는 '십진 자릿값 체계'라 부른다. '자릿값'이라는 용어는 같은 숫자라도 위치에 따라 그 값이 다르다는 것을 뜻한다. '십진十進'이라는 용어는 같은 숫자라도 바로 옆에 있는 숫자보다 그 값이 10배 크거나 작다는 것을 뜻한다. 이웃한 자리 사이의 값 차이를 나타내는 인수인 10을 기수基數라고 한다. 우리가 다른 수가 아닌 10을 기수로 쓰는 것은 세심하게 숙고한 계획의 결과가 아니라 생물학적 우연의 산물이다. 우리 조상 중 일부는 다른 기수를 선택하기도 했지만, 수 체계를 발전시킨 대다수 문화(아르메니아인, 이집트인, 그리스인, 로마인, 인도인, 중국인을 포함해)는 10을 선택했다. 그 이유는 아주 단순한데, 수를 셀 필요가 생겼을 때 오늘날 아이들을 가르치는 것과 비슷하게 10개의 손가락을 사용했기 때문이다.

우리 조상들이 가장 많이 채택한 수 체계가 십진법이긴 하지만, 우리의 다른 생물학적 특징을 바탕으로 다른 기수를 선택한 문화도 일부 있었다. 캘리포니아주에 살았던 아메리카 원주민 유키족은 손가락 자체보다는 손가락 사이의 공간을 표지로 사용해 팔진법을 썼다. 수메르인은 60진법을 썼는데, 오른손 네 손가락에 있는 마디 12개를 엄지로 짚어가며 세었고, 왼손 다섯 손가락은 각각 12를 한 묶음씩 가리키는데 사용해 모두 합쳐 다섯 묶음의 수(60)를 나타낼 수 있었다. 파푸아뉴기니의 오크사프민족은 27진법을 사용한다. 한 손 엄지(1)에서 시작해 양팔 위아래로 오르내리면서 코(14)를 지나 다른 손 새끼손가락(27)에서 끝난다. 따라서 열 손가락은 수 체계에 영감을 줄 수 있는 유일한 신체 부위가 아니지만 가장 분명하게 드러나는 신체 부위여서 우리 조상들이 수학을 처음 개발할 때 가장 많이 사용했다.

어떤 문화에서 수를 세는 체계가 일단 확립되고 나면, 실용적 목적에 사용할 수 있는 더 높은 수준의 수학이 발달할 가능성이 열렸다. 실제로 많은 고대 문명에서는 수학이 높은 수준으로 발달했다. 예를 들면, 기원전 3000년 무렵에 이집트인은 덧셈과 뺄셈, 곱셈을 했고 단분수를 사용했다. 그들은 각뿔의 부피를 구하는 공식도 알았으며, 피타고라스보다 훨씬 이전에 각 변의 길이 비가 3:4:5인 직각삼각형을 발견했다는 증거도 있다. 이집트인은 십진법을 사용했지만 자릿값 체계는 사용하지 않았다. 대신에 10의 거듭제곱에 해당하는 수들에 각각 다른 상형 문자를 사용했다. 이 그림 문자로 나타낸 수들은 특정 순서대로 쓸 필요가 없었다. 그림을 보는 것만으로도 그 수가 얼마나 큰 수인지 바로 알 수 있었다. 1은 오늘날 우리가 쓰는 것과 비슷하게 선을 하나 그은 것이었고, 1000은 화려하게 그린 수련이었다. 1만은 구부린 손가락, 10만은 올챙이, 100만은 무한 또는 영원의 화신인 헤Heh 신이었다. 100만은 고대 이집트인에게는 아주 큰 수였다. 만약 1999라는 수를 나타내고 싶으면, 수련 1개와 돌돌 감은 밧줄 9개, 멍에 9개, 세로 방향의 선 9개를 그렸다. 좀 번거롭긴 하지만, 이 체계로 10억 아래의 수들은 충분히 나타낼 수 있다. 그러나 만약 이집트인이 우주에 있는 별들의 수(십진수로 나타내면 약 1,000,000,000,000,000,000,000개)를 헤아릴 수 있었더라면, 헤 신을 10억×10억 개 그려야 했을 것이다.

로마인은 많은 점에서 이집트인보다 문명이 훨씬 발전했다. 로마 문명의 유명한 업적으로는 책, 콘크리트, 도로, 실내 급배수, 공중 보건 개념을 널리 보급한 것을 들 수 있다. 그렇지만 로마인의 수 체계는 이집트인의 수 체계보다 원시적이었다. 그들은 7개의 기호로 이루어진 수 체계를 사용했다. I, V, X, L, C, D, M은 각각 1, 5, 10, 50, 100, 500, 1000을 나타냈다. 자신들의 수 체계가 번거롭다는 사실을 잘 알았던 로마인은 숫자를 적을 때 항상 큰 것부터 작은 것의 순서로 왼쪽에서 오른쪽으로 썼다. 그래야 기호들을 더해 수가 얼마인지 제대로 파악할 수 있었기 때문이다. 예를 들어 MMXV는 1000+1000+10+5, 즉 2015이다.

이런 방식으로 긴 수를 표기하려면 무척 번거로웠기 때문에 이 규칙에 한 가지 예외를 도입했다. 큰 수 왼쪽에 작은 수가 붙어 있으면, 그것은 큰 수에서 작은 수를 빼라는 뜻이었다. 예컨대 2019는 MMXVIIII로 적는 대신에 MMXIX로 적는다. IX는 X에서 I을 뺀 9가 되므로, 소중한 기호를 아낄 수 있다. 이것만 해도 충분히 복잡한데, 오늘날 우리가 생각하는 로마 숫자의 표준 규칙과 기호는 고대 로마인이 사용하던 것과 똑같지 않다는 점이 문제를 더 복잡하게 만든다. 예를 들면, 비록 아직 논란이 되긴 하지만, 에트루리아인은 I, V, X, L, C 대신에 |, ∧, ×, ↑, ✱를 사용했을지도 모른다. 위에서 설명한 로마 숫자 기호와 그것을 쓰는 규칙은 로마 시대 이후의 유럽에서 수백 년에 걸쳐 발전했을지도 모른다. 진짜 로마인이 사용한 수 체계는 이보다 훨씬 덜 통일된 것이었을 수 있다.

그러나 로마 제국이 망한 뒤에도 로마 숫자는 이집트 상형 문자처럼 완전히 사라지진 않았다. 오늘날 로마 숫자는 많은 건물의 준공 연도를 표시하는 장식물로 쓰이는데, 그럼으로써 최근에 완공된 건물에 고풍스러운 분위기를 더해준다. 이 이유 때문에 19세기 후반은 석공들에게 특히 힘든 시기였다. 보스턴공립도서관 건물에는 1888년이라는 완공 연도가 13개의 로마 숫자 MDCCCLXXXVIII로 새겨져 있는데, 이것은 지난 밀레니엄의 연도 중 로마 숫자로 표기할 때 가장 긴 것이었다. 수를 로마 숫자로 표기하면 엄숙한 무게를 더해준다고 느낀 사람들은 건축가뿐만이 아니다. 패션 스타일 안내서들은 로마 숫자가 새겨진 시계를 찬 사람이 보통 사람들보다 훨씬 세련돼 보인다고 주장한다. 엘리자베스 2세는 역대 영국 군주 중에서 재위 기간이 가장 긴데, 그 영어 이름을 Elizabeth II로 쓰는 편이 영화 후속편 같은 느낌을 풍기는 Elizabeth 2보다 분명히 더 나아 보인다. 영화와 텔레비전 프로그램도 제작 연도를 표시할 때 로마 숫자를 사용하는데, 그 이유는 다르다. 로마 숫자는 빨리 읽기가 어려워 영화 산업 초기에 영화 제작자의 저작권 표시 의무를 충족시키면서 많은 사람들이 그 영화가 이전에 만든 영화를 재상영하는 것이라는 사실을 쉽게 알아채지 못하게 했다.

이렇게 틈새에서 오래 살아남긴 했지만 로마 숫자가 세상을 지배하지는 못했는데, 표기가 복잡하다는 단점이 더 높은 수준의 수학 발전을 방해했기 때문이다. 실제로 로마 제국은 유명한 수학자를 배출하지 못했고, 수학에 기여한 것도 거의 없다. 앞에서 보았듯이, 로마 숫자로 표기한 수는 읽는 사람이 일련의 기호들을 더하거나 빼면서 그 답을 계산해야 하는 복잡한 방정식이나 다름없다. 이 때문에 로마 숫자로 쓴 두 수를 단순히 더하는 것조차 쉽지가 않다. 예를 들면, 오늘날 우리가 수학 공부를 처음 시작할 때처럼 한 수를 위에, 다른 수를 그 아래에 써서 각각의 세로줄에 있는 수들을 계산하는 것이 로마 숫자에서는 불가능하다. 같은 자리에 같은 기호가 있다고 해서 두 기호가 똑같은 값을 갖는 것은 아니다. 예컨대 2019년과 2015년은 몇 년 차이가 나는지 알아보기 위해 MMXIX에서 MMXV를 뺄 때, 오른쪽에서 왼쪽으로 차례대로 각각의 숫자들을 빼는 방식으로 계산하면 정답을 얻을 수가 없다 (X-V는 5, I-X는 -9가 되므로). 게다가 로마인은 자릿값 체계 개념이 없었다.

로마인과 이집트인보다 훨씬 전에 오늘날의 이라크 지역에 살았던 수메르인은 훨씬 나은 수 체계를 사용했다. 인류 최초의 문명을 세웠다고 일컬어지는 수메르인은 농업을 위해 관개와 쟁기, 그리고 어쩌면 바퀴를 포함해 광범위한 기술과 도구를 발전시켰다. 농경 사회가 발달하면서 농경지 면적을 정확하게 측정하고 세금을 결정하고 기록할 필요가 생겼다. 그래서 약 5000년 전에 수메르인은 최초의 자릿값 체계를 만들었는데, 이 수 체계의 기본 개념은 결국 전 세계로 퍼져나갔다. 숫자들은 사전에 정해진 순서에 따라 적었다. 왼쪽에 있는 기호는 오른쪽에 있는 같은 기호보다 더 큰 값을 나타냈다. 오늘날의 자릿값 체계에서 2019는 1이 9개, 10이 1개, 100이 0개, 1000이 2개라는 것을 나타낸다. 같은 숫자라도 왼쪽으로 한 칸씩 옮겨갈 때마다 그 값은 10배씩 증가한다. 수메르인은 60진법을 사용하긴 했지만, 자릿값 체계의 원리는 십진법과 정확하게 똑같았다. 맨 오른쪽 기둥은 기본 단위를, 그 왼쪽 기둥은 60의 배수를, 그다음 왼쪽 기둥은 3600의 배수를 나타냈다. 수메르인의 60진법에서 2019라는 수는 1이 9개, 60이 1개, 3600이 0개, 216000이 2개라는 것을 나타낸다. 반대로 만약 수메르인이 2019년을 60진법으로 나타내려고 했다면, 33 39와 비슷한 형태로 표기했을 것이다. 여기서 33이라는 기호는 60이 33개(1980), 39라는 기호는 나머지 39를 나타낸다.

자릿값 개념은 분명히 모든 시대를 통틀어 가장 중요한 과학적 계시라고 할 수 있다. 15세기에 기수가 10인 인도-아라비아 자릿값 체계

(오늘날 우리가 여전히 사용하는 그 체계)를 유럽에서 과학 혁명 직전에 광범위하게 받아들인 것은 결코 우연의 일치가 아니다. 자릿값 체계는 어떤 수라도(그것이 아무리 큰 수라 하더라도) 몇 가지 단순한 기호만으로 마음대로 다룰 수 있게 해준다. 이집트인과 로마인의 수 체계에서는 기호의 위치에 특별한 의미가 없었다. 대신에 기호 자체가 그 숫자의 값을 말해주었다. 이 때문에 두 문화는 유한한 개수의 숫자에 제약을 받았다. 그러나 수메르인은 60개의 기호를 사용해 어떤 수라도 나타낼 수 있었다. 정교한 자릿값 체계 덕분에 수메르인은 (토지를 분배할 때처럼 농업을 다루는 과정에서 자연히 나타나는) 2차방정식을 풀고 삼각법을 다루는 것을 포함해 수준 높은 수학을 할 수 있었다.

수메르인이 60진법을 사용한 주된 이유는 아마도 분수를 다루거나 나눗셈을 하기가 쉬웠기 때문일 것이다. 60은 인수가 아주 많다. 60은 1, 2, 3, 4, 5, 6, 10, 12, 15, 20, 30, 60으로 딱 나누어떨어진다. 1달러(100센트)나 1유로(100센트) 또는 1파운드(100펜스)를 여섯 명이 나누어 가지려면, 나머지 4센트를 누가 가져야 할지를 놓고 분쟁이 벌어질 것이다. 하지만 수메르인이 쓰던 화폐인 1미나는 60세겔이어서 2, 3, 4, 5, 6, 10, 12, 15, 20, 30명에게 아무런 분쟁 없이 깔끔하게 나누어줄 수 있다. 수메르인의 60진법을 사용하면, 예컨대 케이크를 12명이 정확하고 공평하게 나누기도 쉽다. 12분의 1은 60진법에서는 60분의 5이다. 그들은 이것을 깔끔하게 0.5(소수 첫째 자리는 십진법에서는 $\frac{1}{10}$의 값을 가지지만, 60진법에서는 $\frac{1}{60}$의 값을 가진다. 따라서 0.5는 $\frac{5}{60}$에 해당한다)로 적을 수 있을 것이다. 반면에 십진법에서는 다소 거추장스럽게 0.083333……($\frac{1}{100}$이 8개, $\frac{1}{1000}$이 3개, $\frac{1}{10000}$이 3개…)으로 적어야 한다. 바로 이 이유 때문에 수메르의 천문학자들은 천문학 계산을 쉽게 하기 위해 밤하늘의 호를 원형 케이크처럼 360(= 6×60)도로 나누었다.

고대 그리스인은 수메르인의 전통을 토대로 1도(°)를 60분(′)으로, 1분을 60초(″)로 나누었다. 사실, 분과 초를 영어로 각각 'minute'와 'second'라고 하는데, 형용사로서의 minute는 아주 작은 분할(이 경우에는 원의 분할)을 가리키고, second는 도(°)의 두 번째(second) 분할을 가리킨다. 60진법은 지금도 천문학에서 서로 다른 천체들의 위치와 크기를 나타내는 데 쓰인다. 도를 나타내는 원형 기호 °(이것은 온도를 나타내는 기호로도 쓰인다)는 천문학과의 긴밀한 관계 때문에 원래는 태양을 상징하는 기호였던 것으로 보인다. 이보다 덜 낭만적이고 더 수학적인 해석은, 분과 초를 나타내는 ′과 ″를 사용한 뒤에 도를 나타내는 기호로 위 첨자 °를 사용하는 것이 자연스러웠을 수 있다는 것이다. 그러면 O, I, II의 순서가 완성되니까.

9시가 아니라 21시 출발입니다

천문학에서 사용하는 분과 초 개념은 잘 모를 수도 있지만, 우리 일상생활의 리듬을 지배하는 60진법 개념을 모르는 사람은 없는데, 그것은 바로 시간이다. 아침에 눈을 뜬 순간부터 밤에 잠자리에 눕는 순간까지 우리는 알건 모르건 60진법을 자주 사용한다. 주기적으로 순환하는 나날을 시간적으로 나눈 한 시간이 60분으로 나뉘고, 1분은 다시 60초로 나뉘는 것은 우연의 일치가 아니다.

그런데 하루의 시간은 오전과 오후로 나뉘어 각각 12개의 시간으로 이루어져 있다. 하루를 24부분으로 나눈 사람들은 고대 이집트인이다. 그들은 태양력의 일 년이 12개의 달로 이루어졌다는 사실에 착안해 하루를 12개의 낮 시간과 12개의 밤 시간으로 나누었다. 낮 동안에는 열 구간으로 나뉜 해시계를 사용해 시간을 쟀다. 그리고 거기에 새벽녘과 황혼녘에 해당하는 2개의 시간대를 추가했는데, 이 시간대는 아직 완전히 캄캄하진 않지만 시간을 파악하는 데 해시계가 아무 도움이 되지 않았다. 밤도 이와 비슷하게 밤하늘에 특정 별들이 떠오르는 시간을 바탕으로 12부분으로 나누었다.

이집트인은 열두 시간을 낮의 길이에 따라 정했기 때문에, 한 시간의 길이가 여름에는 더 길어지고 겨울에는 짧아지는 식으로 일 년 중 시기에 따라 변했다. 고대 그리스인은 천문학 계산을 정확하게 하려면 시간을 똑같은 간격으로 나눌 필요가 있다는 사실을 깨달아 하루를 균일하게 24등분한 시간 개념을 도입했다. 그러나 이 개념이 실제로 자리를 잡은 것은 14세기에 유럽에서 최초의 기계식 시계가 등장하고 나서였다. 19세기 초에 이르자 신뢰할 만한 기계식 시계가 널리 퍼졌다. 유럽의 대다수 도시들에서는 하루를 균등하게 24등분하여 오전 12시간과 오후 12시간으로 나눈 시간을 사용했다.

하루를 두 벌의 12시간으로 나누는 관습은 영어권 세계 대부분에서 표준으로 자리잡았다. 미국과 멕시코, 영국 그리고 대다수 영국 연방 국가들(오스트레일리아, 캐나다, 인도 등)은 a.m.과 p.m.이라는 약자를 사용하거나 '오전'과 '오후'라는 수식어를 사용해 오전 8시와 오후 8시를 구분한다. 그렇지만 대부분의 나라들은 하루가 24시간으로 나뉜 시계를 사용하는데, 오전 8시(08:00)와 오후 8시(20:00)를 서로 다른 수를 사용해서 구분한다. 이러한 관습의 차이 때문에 가끔 문제가 생기는데, 나도 그런 문제를 종종 겪는다.

대학원 시절에 나는 프린스턴의 공동 연구자들을 방문할 기회를 얻었다. 나는 여행에 불안을 느끼는데, 아버지에게서 물려받은 성향이다. 해외여행을 하려고 집을 나설 때마다 아버지는 내 등 뒤에 대고 걱정스러운 목소리로 외친다. "돈, 항공권, 여권!" 이것은 피타고라스의 정리를 생각할 때마다 떠오르는 기억 속의 목소리와 비슷하게 들린다. 고등학교 때 수학을 가르쳤던 리드Reid 선생님이 "빗변의 제곱은 나머지 두 변의 제곱의 합과 같다."라고 아일랜드인 억양으로 외치던 목소리처럼.

새삼스러울 것도 없지만, 나는 출발 시각보다 무려 네 시간이나 일찍 히스로 공항에 도착했다. 도착하고 나서 두 시간 반이 지났을 때 거기서 느긋하고 경험 많은 내 지도 교수를 만났는데, 그는 나보다 조금 더 일찍 출발하는 비행기를 타고 갔다. 미국 방문은 학문적으로 생산적인 여행이었지만, 여행 불안증에 시달리던 나는 미국에서 보내는 마지막 날의 뉴욕 관광 일정을 생략하고 그냥 프린스턴으로 돌아가 밤에 잠을 푹 자기로 했다. 그날 저녁, 가방을 다 싸고, 방을 샅샅이 살펴보고, 돈과 항공권과 여권을 확인하고 또 확인한 뒤, 9시에 출발하는 비행기에 늦지 않도록 만전을 기하기 위해 알람을 오전 4시에 맞춰놓았다.

예정대로 새벽 4시에 일어나 프린스턴에서 기차를 탔다. 그리고 두 시간 반 뒤에 뉴어크 국제공항에 도착했다. 그런데 출발 안내 전광판에서 내가 탑승할 항공편을 찾아봤지만, 그런 항공편이 없었다. 거듭 훑어봐도 8시 59분에 출발하는 세인트루시아행 비행기 다음에는 9시 1분에 출발하는 잭슨빌행 비행기밖에 없었다. 나는 안내 데스크로 가서 항공편 운항 일정을 물어보았다. 안내원은 "오늘 런던으로 가는 비행기는 저녁에 출발하는 한 대밖에 없는데요."라고 대답했다. 오, 맙소사! 어떻게 이런 실수를 저질렀단 말인가! 준비를 그렇게 철저하게 한다고 했건만, 내가 타기로 한 항공편이 오늘 없다는 사실을 간과한 것처럼 보였다. 그러다가 퍼뜩 정신이 들었다. 나는 저녁 비행기는 몇 시에 출발하느냐고 물어보았다. "네, 오늘 저녁 정각 9시입니다."

나는 a.m.과 p.m.을 혼동하는 실수를 저질렀는데, 24시간 체계를 사용한다면 절대로 일어날 리가 없는 실수였다. 다행히도 나는 올바른 방향으로 실수를 저질렀다. 내가 치러야 할 대가는 14시간을 더 기다리기만 하면 되는 거였지만, 인터넷에는 이런 실수를 반대 방향으로 저질러 비행기를 놓치고 항공권을 다시 구입한 사람들의 이야기가 차고 넘친다. 두말할 필요도 없이 이 경험은 여행 불안증을 줄이는 데에는 아무 도움이 되지 않았다.

이처럼 21세기에도 나 같은 사람은 공항에 제때 도착하기는 일이 어렵다고 느끼는데, 혼란스럽고 서로 일치하지 않는 시간 체계를 사용하던 19세기 전반에는 장거리 여행이 얼마나 힘들었을지 상상해보라. 1820년대에 이르러 대부분의 유럽 국가들은 하루를 24시간으로 균등하게 나눈 시간 체계를 사용하긴 했지만, 나라들 간의 시간을 비교하고 조절하는 일은 너무나도 어려워 거의 무의미할 정도였다. 같은 나라 안에서도 통일된 단일 시간 체계를 사용하는 나라는 거의 없었으니, 이웃 나라들과 시간을 일관성 있게 조절한다는 것은 생각도 하지 못했다. 영국 서쪽에 위치한 브리스틀은 파리보다 최대 20분이 '늦은' 반면,

런던은 프랑스 서쪽에 위치한 낭트보다 6분이 '빠른' 식으로 각 지역의 시간 체계가 제멋대로였다. 이러한 차이가 발생한 주요 이유는 도시마다 하늘에 뜬 태양의 위치를 기준으로 각자 나름의 지방시地方時를 사용했기 때문이다. 옥스퍼드는 런던보다 1.25° 더 서쪽에 있기 때문에, 태양이 하늘에서 가장 높은 지점에 오는 시간이 런던보다 5분이 더 늦다. 그래서 옥스퍼드의 지방시는 런던보다 5분이 늦다. 24시간은 지구가 자전축을 중심으로 360° 회전하는 시간에 해당하므로, 경도에 1° 차이가 날 때마다 시간은 4분 차이가 난다. 그래서 런던에서 서쪽으로 2.5° 떨어진 브리스틀은 옥스퍼드보다도 5분이 더 늦다.

결국 전국에 철도망이 깔리면서 급증한 장거리 여행에서 발생하는 문제 때문에 영국 전역의 시간을 통합 조정해야 할 필요성이 생겼다. 도시들마다 서로 다른 지방시를 사용하다 보니 열차 출발 시각과 도착 시각을 제대로 정하기가 어려웠고, 기관사와 신호수가 생각한 출발 시각과 도착 시각이 일치하지 않아 위험한 사고가 일어날 뻔한 적도 여러 번 있었다. 1840년, 그레이트웨스턴철도는 전국 철도망에 그리니치 표준시GMT를 채택했다. 1846년에 산업 도시인 리버풀과 맨체스터도 그 뒤를 따랐다. 전신이 발명된 덕분에 이제 그리니치에 있는 왕립천문대에서 전국으로 거의 순간적으로 시간을 전송하면서 모든 도시들이 시계를 일치시킬 수 있게 되었다. 전국의 대다수 지역은 금방 '철도' 시간을 받아들였지만, 일부 도시들, 특히 종교적 전통이 강한 도시들은 '신이 주신' 태양시를 포기하고 철도가 강요한 영혼 없는 실용주의를 받아들이려 하지 않았다. 1880년에 영국 의회가 드디어 법안을 통과하고 나서야 태양시를 완강하게 고수하던 지역들도 마침내 대부분 그리니치 표준시를 받아들였다. 그렇긴 하지만, 옥스퍼드대학교 산하 크라이스트처치 칼리지에 있는 톰타워는 아직도 정시에서 5분이 지난 뒤에 종을 울린다.

이탈리아와 프랑스, 아일랜드, 독일도 그 뒤를 이어 같은 나라 안에서 단일 시간을 사용하는 대열에 속속 합류했다. 파리는 그리니치 표준시보다 9분이 빨랐고, 더블린은 25분이 늦었다. 하지만 미국의 사정은 그렇게 간단하지 않았다. 경도 차이가 최대 58°까지 나고 태양시는 최대 네 시간 차이가 나는 미국 본토 전역에 단일 시간을 적용한다는 것은 실용적으로 전혀 타당하지 않았다. 겨울에 메인주에서 해가 지려고 할 때, 서해안 지역은 아직도 점심시간에 머물러 있었다. 이런 상황에서는 지방시가 분명히 나름의 장점이 있었지만, 19세기 중엽에 이르러 모든 주요 도시가 독자적인 지방시를 사용하면서 상황이 매우 심각해졌다. 1850년에 뉴잉글랜드를 가로지르는 노선을 운영하던 주요 철도 회사들도 본사나 유명한 기차역 위치를 기준으로 각자 독자적인 시간을 사용했다. 교통량이 많은 일부 교차 지점에서는 많게는 다섯 가지 지방시를 사용했다. 많은 사고가 이런 시간의 불일치에서 비롯된 혼란 때문에 일어난 것으로 추정된다. 1853년에 승객 14명이 사망한 사고가 일어나 큰 파문이 일자, 뉴잉글랜드 지역의 철도 시간을 표준화하기 위한 계획이 마련되었다. 드디어 미국 전역을 이웃 간에 한 시간 차이가 나는 일련의 시간대로 나누자는 주장이 나왔다. 많은 사람들에게 '정오가 두 번인 날The Day of Two Noons'로 알려진 1883년 11월 18일, 미국 전역의 기차역 시계가 새로운 시간에 맞추어졌다. 이로써 미국은 식민지 간 시간대(캐나다 노바스코샤주까지 포함한 지금의 대서양 지역—옮간이), 동부 시간대, 중부 시간대, 산악 시간대, 태평양 시간대, 이렇게 5개 시간대로 나누어졌다.

1884년 10월에 워싱턴 DC에서 열린 국제자오선회의에서 캐나다의 샌드퍼드 플레밍Sandford Fleming은 미국의 시간대에서 영감을 얻어 지구 전체를 24개의 시간대로 나누어 전 세계적으로 표준화한 시계를 만들자고 제안했다. 그래서 지구는 남극점과 북극점을 잇는 24개의 자오선으로 분할되었다. 세계일은 '본초' 자오선이 지나가는 그리니치에서 자정이 되는 순간부터 시작되는 것으로 정의되었다. 1900년까지 지구 위의 거의 모든 곳은 특정 표준 시간대의 일부가 되었지만, 전 세계의 모든 나라가 본초 자오선을 기준으로 시간을 측하게 된 것은 네팔이 자국의 시계를 그리니치 표준시보다 5시간 45분 빠르게 설정한 1986년부터이다. 이웃 나라들 간에 일정 시간 차이가 나도록 정한 시간대를 도입하자, 시간표 작성이나 교역 업무가 크게 간소화되어 그동안 일어났던 문제와 혼란이 상당 부분 해소되었다. 그러나 시간대 도입으로 모든 혼란이 다 해소된 것은 아니었다. 실수가 일어날 때에는 시간 계산의 오차가 단 몇 분이 아니라 최대 한 시간까지 벌어지기 때문에, 오히려 재난을 초래할 잠재력이 커진 측면도 있었다.

*   *   *

1959년, 7·26 운동의 지도자 피델 카스트로Fidel Castro는 동생 라울 카스트로Raúl Castro, 동료 체 게바라Ché Guevara와 함께 미국이 지원하던 쿠바의 독재자 풀헨시오 바티스타Fulgencio Batista 정부를 무너뜨렸다. 카스트로는 마르크스-레닌주의 철학에 입각해 쿠바를 일당 독재 국가로 바꾸고, 전면적인 사회 개혁의 일환으로 모든 산업과 기업을 국유화했다. 미국 정부는 소련에 동정적인 공산주의 정부가 자기 앞마당에 들어서는 상황을 좌시할 수 없었다. 냉전이 절정으로 치닫던 1961년, 미국 지도부는 카스트로 정부를 전복하려는 계획을 세웠다. 소련이 베를린에서 보복할까 봐 두려웠던 존 F. 케네디John F. Kennedy 대통령은 이 쿠데타 음모에 미국이 개입한 사실이 드러나지 않게 하라고 주문했다. 그래서 쿠바인 망명자 1000명 이상을 모아(이들을 2506 여단이라고 한다) 과테말라의 비밀 기지에서 쿠바 침공을 위한 훈련에 들어갔다. 미국은 침공을 돕기 위해 인근 국가인 니카라과에 B26 폭격기(미국이 카스트로의 전임자에게 제공했던 것과 같은 종류의 비행기)도 10대 배치했다. 2506 여단은 4월 17일에 쿠바 남해안의 피그스만에 상륙하기로 계획을 세웠다. 그러면 억압받던 많은 쿠바 사람들이 망명자들의 대의에 동조해 봉기를 일으키리라고 기대했다.

그러나 이 계획은 실행에 옮기기도 전에 문제에 봉착했다. 공격 예정 날짜 열흘 전인 4월 7일, 《뉴욕 타임스》가 이 계획에 관한 소문을 입수하고는 미국이 카스트로에게 반대하는 쿠바인들을 훈련시키고 있다는 1면 기사를 실었다. 이제 카스트로도 침공에 대비해 경계 수위를 높이고, 봉기를 도울 가능성이 있는 반체제 인사들을 구금하고, 군의 대비 태세를 높이는 등 엄중한 예방 조치를 취했다. 그런데도 침공 이틀 전인 4월 15일 토요일, 미국의 B26 폭격기들이 카스트로의 공군 전력을 파괴할 목적으로 쿠바로 날아갔다. 이 임무는 거의 완전히 실패로 끝났는데, 파괴한 카스트로의 공군 항공기는 극소수에 그친 반면, 적어도 B26 한 대가 쿠바군의 공격을 받아 쿠바 북쪽 바다에 추락했다.

임무 실패의 후폭풍으로 쿠바 외무부 장관 라울 로아Raúl Roa가 국제연합에서 한껏 목청을 높이며 미국을 비난했다. 총회 긴급회의에서 로아는 미국이 쿠바를 폭격했다고 강력하게 주장했다. 전 세계의 이목이 이 문제에 집중되자, 미국의 개입을 뒷받침하는 추가 증거를 제공할 위험이 있다는 판단에서 케네디는 반군의 상륙 작전을 돕기 위해 17일 오전으로 예정돼 있던 공습을 취소했다.

2506 여단은 미국과 분명한 연결 고리가 없는 쿠바인 망명자들로만 구성되었기 때문에, 케네디는 이들의 배후에 미국이 있다는 주장을 그럴싸하게 부인할 수 있었다. 4월 17일 오전, 케네디는 피그스만 상륙 작전을 승인했다. 상륙한 반군 앞에는 잘 준비된 쿠바군 2만 명이 기다리고 있었다. 또다시 국제적 보복을 두려워한 케네디는 카스트로 군대에 포격을 가하거나 공중에서 반군을 지원하라는 명령을 내리지 않았다. 4월 18일 저녁, 반군의 침공 작전은 거의 실패로 끝나기 직전이었다. 케네디는 마지막 구조 노력으로 니카라과에 배치된 B26을 보내 쿠바 군대를 공격하라는 명령을 내렸다. 이 폭격기들의 호위는 쿠바 동쪽 지평선 너머에 대기하고 있던 항공모함에서 발진한 전투기들이 맡기로 했다. 공습 시각은 19일 오전 6시 30분으로 정해졌다.

명령받은 시간이 다가와 전투기들이 B26 폭격기들을 만나기 위해 출격했는데, 막상 만나기로 한 장소에 도착했더니 폭격기들이 보이지 않았다. 사실, 니카라과의 중부 표준시에 따라 작전에 나선 B26 폭격기들은 정확히 한 시간 늦게, 쿠바 동부 시간으로 오전 7시 30분에 도착했다. 이미 전투기들이 임무를 포기하고 떠난 뒤였으므로 카스트로의 비행기들은 미군 기장旗章이 선명하게 붙어 있는 무방비 상태의 B26 폭격기 두 대를 격추함으로써 미국이 쿠데타 기도에 개입했음을 의심의 여지 없이 입증했다. 시간대 착각에서 비롯된 이 단순한 실수가 낳은 정치적 영향은 매우 컸다. 쿠바는 확실하게 소련의 품으로 넘어갔으며, 1년 뒤에는 쿠바 미사일 위기를 촉발했다.

십이진법의 이점

하루를, 그리고 그에 따라 세계를 두 벌의 12시간(즉, 24개의) 시간대로 나눈 것이 피그스만 침공 작전 실패의 원인 중 하나였다. 그렇지만 다른 기수를 사용해서 세계를 쪼갰더라도, 이 실수는 마찬가지로 재앙에 가까운 실패로 끝났을 것이다. 세계를 60개 또는 심지어 단 10개의 시간대로 쪼갰더라도, 니카라과의 시간대는 여전히 쿠바보다 거의 같은 시간만큼 늦었을 것이다. 사실, 12를 기수로 사용하는 수 체계(십이진법)가 십진법보다 월등히 훌륭하다고 생각하는 사람들이 많다. 영국의 십이진법협회와 아메리카십이진법협회는 십이진법은 인수가 6개(1, 2, 3, 4, 6, 12)여서 인수가 4개(1, 2, 5, 10)뿐인 십진법보다 유리하다고 주장하는데, 나는 일리가 있다고 생각한다.

내 두 아이는 모든 것을 공평하게 똑같이 나누는 게 얼마나 중요한 일인지 고통스러운 경험을 통해 내게 가르쳐주었다. 나는 두 아이가 사탕을 한 사람은 5개, 다른 사람은 6개를 갖는 것보다 둘 다 1개만 갖는 쪽을 더 좋아하리라고 확신한다. 아이들의 할아버지와 할머니 집에 가

다가 주유소에 들렀을 때, 나는 스타버스트 캔디 한 봉지를 사서 뒷좌석에 앉은 두 아이에게 나눠 먹으라고 주었다. 봉지 안에 캔디가 11개 들어 있으리라고는, 그리고 홀수 개의 캔디를 두 아이에게 나눠 먹으라고 건네주었다고는 꿈에도 생각지 못했다. 나머지 긴 여행 내내 계속 이어진 그 소란을 겪고 난 뒤로 나는 과자를 살 때 꼭 짝수 개가 들어 있는지 확인하는 버릇이 생겼다. 이와 비슷하게 자녀가 셋인 친구들 중에는 개수가 꼭 3의 배수인 과자만 사는 사람들이 있다. 따라서 어린이가 주 고객인 제품을 생산하는 회사는 개수를 12개 단위로 맞추면 고객을 많이 끄는 동시에 가족의 분쟁을 최소화할 수 있을 것이다. 아이의 수가 1, 2, 3, 4, 6명, 혹은 심지어 12명이라도 공평하게 나눌 수 있기 때문이다. 마찬가지로 어떤 것을 쪼개 모두에게 똑같은 양을 나눠 줘야 한다면(예를 들어 아이들을 위해 케이크를 자르는 경우처럼), 12개(또는 12의 배수)로 쪼개는 편이 모두에게 공평하게 돌아갈 확률이 높다. 그렇긴 하지만, 과자나 케이크가 아니더라도 아이들은 늘 다른 것에서 트집을 잡으려 한다.

십진법보다 십이진법을 선호하는 주요 이유는 수메르인의 60진법과 마찬가지로 십이진법은 더 많은 분수를 깔끔하게 나타낼 수 있기 때문이다. 예를 들어 십진법에서 $\frac{1}{3}$은 0.33333…으로 거추장스러운 무한 소수로 표현되는 반면, 십이진법에서는 간단히 $\frac{4}{12}$로 생각할 수 있고, 0.4로 쓸 수 있다(십이진법에서 소수 첫째 자리는 $\frac{1}{12}$ 단위를 나타낸다). 그런데 이게 왜 중요할까? 어떤 수를 정확하게 나타내는 것과 나타내지 못하는 것은 반복적인 측정을 할 때 큰 차이를 빚어낸다. 예를 들어 1m 길이의 목재를 정확하게 3등분해 의자 다리로 사용하려 한다고 하자.

세련되지 못한 십진법 자를 사용해 첫 번째 $\frac{1}{3}$을 그 어림값인 33cm로, 두 번째 $\frac{1}{3}$도 33cm로 잘랐다고 하자. 하지만 그러면 마지막 $\frac{1}{3}$은 34cm가 된다. 이렇게 자른 다리를 가지고 만든 의자는 균형이 맞지 않아 앉기에 불편할 것이다. 반면에 십이진법 자에는 $\frac{1}{3}$(십이진법으로는 $\frac{4}{12}$)이 정확한 눈금으로 표시돼 있어 목재를 정확하게 똑같은 길이로 3등분할 수 있다.

십이진법을 지지하는 사람들은 십이진법이 반올림이나 버림의 필요성을 줄여주어 흔히 생기는 문제를 많이 해결해준다고 주장한다. 이것은 어느 정도 일리가 있다. 기우뚱한 의자는 조금 불편한 정도에 그치지만, 십진법에서 수를 반올림하거나 버리면서 생기는 실수는 훨씬 심각한 결과를 초래할 수 있다.

예를 들면, 1992년 독일 총선에서는 승리를 거둔 사회민주당 당수가 단순한 반올림 실수 때문에 의석을 얻지 못할 뻔한 일이 있었다. 녹색당이 얻은 득표율이 4.97% 대신에 5.0%로 보고되는 바람에 벌어진 해프닝이었다.[97] 1982년에는 이와는 완전히 다른 맥락에서 비슷한 사건이 벌어졌다. 막상 시장에서는 주가가 상승했는데도 불구하고 새로 설립된 밴쿠버증권거래소의 주가 지수가 거의 2년 동안 계속해서 곤두박질쳤다.[98] 그곳은 주식 매매가 이루어질 때마다 지수가 소수 셋째 자리까지만 표시되었는데, 그럼으로써 꾸준히 소수 셋째 자리 밑의 지수를 깎아먹었던 것이다. 하루에 거래가 약 3000건 일어나면 지수는 한 달에 약 20포인트가 내리는 셈인데, 그럼으로써 시장의 신뢰 지수를 끌어내렸다.

골칫거리가 된 영국 도량형

반올림이나 버림과 관련된 실수를 줄일 수 있는 장점에도 불구하고, 십이진법으로의 전환이 가져올 격변과 충격 때문에 가까운 미래에 선진국에서 그런 일이 일어날 가능성은 거의 없어 보인다. 그렇지만 과거에 막 부상하던 많은 산업 국가들은 십이진법에 크게 의존하는 영국 도량형을 광범위하게 사용했다. 1피트는 12인치이고, 1인치는 12라인이다. 원래 영국 제국 파운드는 1파운드가 12온스였다(오늘날 상용 온스는 1파운드의 $\frac{1}{16}$이다—옮긴이). 온스ounce라는 단어는 인치와 마찬가지로 '$\frac{1}{12}$'을 뜻하는 라틴어 운키아uncia에서 유래했다. 사실, 귀금속과 보석을 측정하는 데 사용되는 영국 제국 트로이 체계는 여전히 1트로이 파운드가 12트로이 온스이다. 옛날에 사용하던 영국 화폐 1파운드는 20실링이었고, 1실링은 12펜스였다. 이것은 240펜스로 이루어진 1파운드를 사람들에게 똑같이 나눠줄 수 있는 방법이 스무 가지나 된다는 뜻이다.

영국 도량형은 일부 장점(가장 많이 거론되는 장점은 어린이를 이해하기 힘든 기차 시간표에 익숙해지게 한다는 것)이 있긴 하지만, 일관성 없는 척도(1파운드는 16온스, 1스톤은 14파운드, 1로드는 11큐빗, 1발리콘은 4포피시드) 때문에 많은 나라는 십진법을 근간으로 한 미터법으로 전환했다. 오늘날 미국은 라이베리아, 미얀마와 함께 세상에서 미터법을 광범위하게 사용하지 않는 단 세 나라로 남아 있다. 미얀마는 현재 미터법으로 바꾸려고 시도하고 있다. 미국의 유별난 태도는 대체로 많은 시민이 지닌 회의주의와 전통주의자의 완고함에서 비롯되었다. 현대 미국인의 삶을 엿볼 수 있는 창을 제공하는 〈심슨 가족〉의 어느 에피소드에서는 그 램파 심슨이 미터법에 대한 불만을 이렇게 터뜨린다. "미터법은 악마의 도구야. 내 차는 1호그즈헤드로 40로드를 달린다고. 난 이런 단위가 좋아!"(1호그즈헤드hogshead는 238리터, 1로드rod는 약 5.03m—옮긴이)

영국은 1965년에 미터법으로 전환하기 시작했고, 지금은 명목상으로는 미터법을 사용하는 국가이다. 그런데도 영국은 영국 도량형을 완전히 버리지는 않았다. 지금도 여전히 높이와 거리에는 마일과 피트와 인치를, 우유와 맥주의 부피에는 파인트를, 무게에는 스톤과 파운드와 온스 단위를 사용한다. 2017년 2월, 영국 환경식품농림부 장관을 지내고 보수당 대표 경선에 두 번 나서기도 한 앤드리아 레드섬Andrea Leadsom은 유럽연합에서 탈퇴한 뒤에는 영국 제조업자들이 옛날의 영국 도량형을 사용해 상품을 팔도록 허용해야 한다고 주장하기까지 했다. 그램파 심슨처럼 지나간 '황금시대'에 대한 향수에 젖어 있는 소수의 사람들에게는 매력적으로 들릴지 몰라도, 영국 도량형으로 돌아간다면 영국은 국제 교역에서 거의 완전히 고립된 신세로 전락하고 말 것이다. 십이진법으로 전환하는 것과 마찬가지로 영국 도량형을 시행하려면 막대한 비용과 시간이 소요될 뿐만 아니라, 불필요한 관료적 절차가 엄청나게 많이 만들어질 것이다. 관료적 절차와 비용은 미터법을 사용하지 않는 극소수 나라들에서 살고 있는 사람들의 침묵과 함께 미터법이 아직까지 보편적으로 채택되지 않고 있는 주요 이유이기도 하다. 미국은 거의 보편적으로 영국 도량형을 사용하는 마지막 산업 국가로 남아 있는데,[99] 의미가 제대로 전달되지 않는 에피소드를 앞으로도 많이 경험할 것이다.

     *   *   *

   1998년 12월 11일, NASA는 1억 2500달러가 투입된 화성기후궤도 선Mars Climate Orbiter을 발사했다. 화성의 기후를 조사하고 화성극지착륙 선Mars Polar Lander과의 통신 중계 임무를 담당하도록 설계된 로봇 탐사선 이었다. 화성기후궤도선은 화성극지착륙선과 달리 화성 표면에 다가 가지 않도록 설계되었다. 사실, 표면에서 85km 이내로 다가가면, 대기 와 부딪치면서 그 충격으로 부서지고 말 것이다. 1999년 9월 15일, 태 양계에서 아홉 달 동안의 긴 여행을 무사히 마친 뒤 화성기후궤도선은 화성 표면에서 약 140km 고도로 진입하기 위해 마지막 기동을 시작했 다. 9월 23일 오전, 화성기후궤도선은 반동 추진 엔진을 가동하고 나서 예상보다 49초 일찍 붉은 행성 뒤편으로 사라졌다. 그러고는 다시는 나타나지 않았다. 사고 조사국은 화성기후궤도선이 부정확한 궤도로 진입해 표면에서 57km 이내 지점까지 다가가는 바람에 대기와 충돌 해 파괴되었다고 결론 내렸다. 추가 조사에서 그런 실수가 일어난 원인 은 미국 항공 우주 산업과 방위 산업 부문 계약업체인 록히드마틴이 공 급한 한 소프트웨어가 화성기후궤도선의 추력에 관한 데이터를 계속 영국 도량형 단위로 보내온 데 있었던 것으로 밝혀졌다. 세상에서 가장 유명한 우주 개발 기구인 NASA는 당연히 모든 측정 결과가 국제 표준 인 미터법으로 표시된다고 생각했다. 이 실수로 화성기후궤도선은 엔 진을 너무 강하게 추진했으며, 그 결과로 화성의 대기 깊숙한 곳에서 산산이 분해되어 338kg(또는 영국 도량형을 선호한다면 745파운드)의 우주 쓰레기로 변하고 말았다.

* * *

　나머지 세계 대부분이 미터법을 채택했다는 현실과 함께 NASA가 겪은 것과 같은 실수 가능성을 감안해 캐나다는 1970년에 미터법으로 전환하기로 결정했다. 1970년대 중엽에 이르자 상품들을 미터법 단위로 표시했고, 온도도 화씨온도 대신에 섭씨온도로 나타냈으며, 적설량도 cm 단위로 측정했다. 1977년에는 모든 도로 표지판을 미터법 단위로 표기했고, 속도 제한도 마일 대신에 km로 표시했다. 그러나 실용적인 이유 때문에 일부 산업 부문은 미터법으로 전환하는 데 시간이 조금 더 걸렸다. 1983년, 에어캐나다가 새로 도입한 보잉 767은 이 항공사에서 최초로 미터법 단위를 사용한 항공기였다. 연료는 갤런과 파운드 대신에 리터와 킬로그램 단위로 측정했다.

　1983년 7월 23일, 새로 도입한 보잉 767 한 대가 에드먼턴에서 출발해 정규 비행을 마치고 몬트리올에 착륙했다. 에어캐나다 143편은 연료를 다시 채우고 승무원을 교체하면서 잠깐 머문 뒤, 17시 48분에 승객 61명과 승무원 8명을 태우고 다시 에드먼턴으로 돌아가기 위해 몬트리올에서 이륙했다.

　비행기가 고도 4만 1000피트(또는 전자 계기에 표시된 수치로는 1만 2500m)에서 순항하자, 로버트 피어슨Robert Pearson 기장은 자동 조종 장치 모드로 바꾸고 휴식을 취했다. 그런데 한 시간쯤 지났을 때, 제어반에 경고등이 들어오면서 시끄럽게 삐삐거리는 소리가 나기 시작했다. 왼쪽 엔진의 연료 압력이 낮다는 경고였다. 피어슨은 연료 펌프가 고장 났겠거니 대수롭지 않게 생각하고서 경보 장치를 껐다. 연료 펌프가 제대로 작동하지 않더라도 연료는 중력에 의해 엔진으로 들어가게 돼 있었다. 몇 초 뒤, 또 같은 경보가 울리면서 제어반에 경고등이 다시 들어왔다. 이번에는 오른쪽 엔진이었다. 피어슨은 또다시 경보 장치를 껐다.

그러나 양쪽 엔진이 모두 결함이 있다면, 가까운 위니펙에 들러 비행기를 점검할 필요가 있겠다고 판단했다. 이렇게 생각하는 순간, 왼쪽 엔진이 털털거리더니 꺼지고 말았다. 피어슨은 위니펙 공항에 무전을 보내 엔진 하나로 비상 착륙을 해야겠다고 긴급히 알렸다. 왼쪽 엔진을 살리려고 필사적으로 노력하고 있을 때, 제어반에서 피어슨은 물론이고 부기장 모리스 퀸틀Maurice Quintal 역시 한 번도 들어보지 못한 소리가 났다. 두 번째 엔진까지 꺼지면서 엔진에서 만든 전기로 작동하는 전자 항행 장비들이 모두 멈추고 말았다. 피어슨과 퀸틀이 이전에 이런 소리를 한 번도 들어보지 못한 이유는 훈련 과정에서 양쪽 엔진이 모두 꺼지는 상황에 접한 적이 없었기 때문이다. 양쪽 엔진이 동시에 꺼질 확률은 너무나도 낮아서 무시해도 된다고 생각했던 것이다.

이 엔진 고장은 그날 에어캐나다 143편에 일어난 첫 번째 결함도 아니었다. 그날 피어슨은 비행기를 인계받을 때 연료 게이지가 제대로 작동하지 않는다는 말을 들었다. 피어슨은 부품을 교체할 때까지 비행기를 지상에 세워두고 24시간을 기다리는 대신에 비행에 필요한 연료량을 손으로 계산하기로 결정했다. 비행 경력이 15년이 넘는 베테랑 파일럿이었던 피어슨에게 이런 일은 새삼스러운 것도 아니었다. 정비원은 평균 연료 효율을 바탕으로 오차를 감안한 약간의 여유분을 더해 에드먼턴까지 비행하는 데에는 2만 2300kg의 연료가 필요하다고 계산했다. 몬트리올에 도착한 뒤 계량봉을 사용해 확인해보니 연료가 아직 7682리터나 남아 있었다. 이 부피에 연료의 밀도(리터당 1.77kg)를 곱하니 비행기에 남아 있는 연료량이 1만 3597kg이라는 계산이 나왔다. 그렇다면 8703kg만 더 채우면 2만 2300kg이 된다. 연료의 밀도를 감안해 계산하면, 부피로는 4917리터의 연료를 더 넣으면 되는 셈이다. 피어슨은 여기서 문제점을 눈치챘어야 했다. 정비원의 계산을 검토하면서 제트 연료의 밀도가 물(리터당 1kg)보다 낮다는 사실을 떠올렸어야 했지만, 그 당시는 에어캐나다가 미터법으로 전환한 지 아직 얼마 안 된 시점이었다. 불행하게도 에어캐나다가 뒤늦게 미터법으로 전환하는 과정에서 항공사 매뉴얼에는 연료 밀도가 1.77로 잘못 실렸다. 1.77은 리터당 킬로그램이 아니라 리터당 파운드에 해당하는 값이었다. 킬로그램 단위로 나타낸 정확한 수치는 그 절반이 조금 못 되는 0.803이다. 이 실수로 인해 몬트리올에 착륙한 비행기에 실린 연료량은 실제로는 6169kg에 불과했다. 따라서 정비원은 그들이 계산한 4917리터보다 4배나 많은 2만 88리터를 추가로 급유했어야 했다. 그러나 143편은 적정량인 2만 2300kg 대신에 그 절반도 안 되는 연료를 싣고 이륙했다. 엔진은 기계적 결함 때문에 멈춘 것이 아니었다. 그냥 연료가 부족했던 것이다.

곤경에 빠진 143편은 위니펙을 향해 활공을 계속했다. 유일한 희망은 타이밍이 제대로 맞아 무동력 착륙에 성공하는 것이었다. 다행히 피어슨은 경험 많은 글라이더 조종사이기도 했기 때문에, 위니펙까지 날아갈 확률을 최대한으로 높이려고 최적의 활공 속력을 계산했다. 그러나 143편이 구름에서 나오는 순간, 보조 배터리로 작동되는 장비 중 이용할 수 있는 것이 얼마 없다는 사실을 알아챈 피어슨은 성공할 가능성이 전혀 없다고 생각했다. 피어슨은 위니펙 공항 관제탑으로 무전을 보내 상황을 알렸다. 관제탑은 143편이 활공 비행으로 갈 수 있는 활주로는 현재 위치에서 약 19km 떨어진 김리 공항뿐이라고 알려주었다. 이번에도 운이 좋았다. 퀸틀이 캐나다 공군 파일럿으로 복무할 때 김리에 주둔했기 때문에 그 공항을 잘 알고 있었다. 하지만 그 뒤에 김리가 민간 공항으로 바뀌었고, 본래의 주 활주로가 자동차 경주장으로 바뀌었다는 사실은 퀸틀도 관제탑 요원도 몰랐다. 바로 그 순간에 트랙에서는 자동차 경주가 벌어지고 있었고, 활주로 주변에서 수천 명의 관중이 자동차와 캠프용 밴에 탄 채 구경하고 있었다.

비행기가 활주로에 가까워지자 퀸틀은 랜딩 기어를 내리려고 했지만, 엔진이 꺼질 때 유압 장치도 멈추고 말았다. 중력의 힘을 빌려 뒤쪽 랜딩 기어는 제대로 내릴 수 있었다. 앞쪽 랜딩 기어도 내려가긴 했지만 정확하게 제자리에 걸리지 않았다. 그런데 이것이 얼마 후 많은 인명을 구하는 데 중요한 역할을 한 뜻밖의 행운이었다. 엔진 소리가 나지 않았기 때문에, 지상에서 자동차 경주를 구경하던 사람들은 바로 머리 위로 지나갈 때까지 무게가 100톤이나 나가는 비행기가 자유 활공을 하면서 다가온다는 사실을 전혀 눈치채지 못했다. 비행기가 땅에 닿는 순간, 피어슨은 제동 장치를 있는 힘껏 잡아당겼고, 그 바람에 뒷바퀴 타이어 2개가 터졌다. 그와 동시에 제자리에 걸리지 않은 앞쪽 랜딩 기어가 비행기 무게를 지탱하지 못하고 비행기 안쪽으로 도로 들어갔다. 기수가 땅에 충돌하면서 밑부분에서 불꽃이 분수처럼 튀었다. 이 덕분에 큰 마찰력을 얻은 비행기는 혼비백산한 관중 앞 불과 수백 미터 지점에서 급정거했다. 자동차 경주를 관리하던 요원들은 재빨리 사태를 파악하고 트랙으로 달려와 마찰로 인해 기수 부분에 생긴 불을 껐고, 승객과 승무원 69명 전원이 비상 슬라이드로 안전하게 탈출했다.

밀레니엄 버그에 물린 사람들

피어슨이 어떤 장비나 컴퓨터도 사용하지 않은 채 비행기를 착륙시키는 데 성공한 것은 실로 놀라운 묘기라 할 수 있다. 21세기로 들어오면서 많은 현대 기술은 발달 속도와 확산 규모가 꾸준히 기하급수적으로 증가하고 있다. 특히 컴퓨터는 우리의 삶에 점점 더 깊숙이 침투하고 있으며, 그 결과로 우리는 컴퓨터의 오작동 가능성에 점점 더 취약해지고 있다. 새천년으로 넘어오기 전에 컴퓨터 소프트웨어에 크게 의존하던 회사들은 '밀레니엄 버그Millennium Bug' 문제로 골머리를 썩었다. 이 소프트웨어 결함은 1970년대와 1980년대에 컴퓨터 프로그래밍 과정에서 저지른 아주 단순한 실수 때문에 생겼다.

누가 생년월일을 물으면, 우리는 대개 편의상 여섯 자리 숫자로 답한다. 열 살 꼬마와 110세의 노인에게 생년월일을 적으라고 했는데 둘 다 앞의 두 자리 숫자를 똑같이 적었다면 약간의 혼선이 생길 수도 있지만, 각자의 정확한 나이는 맥락을 통해 충분히 짐작할 수 있다. 그렇지만 컴퓨터는 대개 그런 맥락을 전혀 모른 채 작동한다. 대부분의 프로그래머들은 메모리(초기에는 그 비용이 꽤 비쌌다)를 최대한 절약하려고 날짜 포맷을 여섯 자리로 정했다. 그 결과, 그들이 만든 프로그램은 날짜를 20세기에 한정해 인식하게 되었다. 그래서 날짜가 다음 세기로 넘어갈 경우에는 오류가 발생할 여지가 생겼다. 새천년이 다가오자 컴퓨터 전문가들은 많은 컴퓨터 프로그램이 2000년과 1900년을, 또는 이와 마찬가지로 다른 세기의 첫 번째 해도 구별하지 못할 것이라고 경고하기 시작했다.

시곗바늘이 드디어 2000년 1월 1일로 넘어갔을 때, 특별한 일은 거의 일어나지 않았다. 하늘에서 비행기가 떨어지지도 않았고, 계좌에서 돈이 사라지지도 않았으며, 핵미사일이 발사되지도 않았다. 당장 극적인 사건이 전혀 일어나지 않자, 많은 사람들은 밀레니엄 버그 효과에 대한 공포가 지나치게 부풀려진 것이라고 믿게 되었다. 일부 냉소적인 사람들은 심지어 컴퓨터 산업계가 몸값을 높이려고 문제의 규모를 의도적으로 과장했을지 모른다고 주장했다. 이와 반대로 어떤 사람들은 새천년이 되기 전에 철저히 대비한 덕분에 많은 잠재적 위험을 피할 수 있었다고 주장한다. 실제로 제대로 대비하지 않은 시스템에 일어난 사소한 결함 이야기가 많다. 재미있는 한 가지 에피소드로는 미국의 공식 시간을 정하는 책임을 맡고 있는 미국해군천문대 웹사이트가 새천년 첫날을 '1 Jan 19100'으로 표시한 것이 있다. 그렇지만 밀레니엄 버그의 증상 중에는 쉽게 웃어넘길 수 없는 것도 있었다.

1999년, 셰필드에 있는 노던종합병원 병리학연구소는 다운 증후군 검사의 지역 중심지였다. 영국 동부 전역에서 임신부의 검사 결과를 셰필드로 보내면, 이곳에서 국가보건서비스의 컴퓨터 시스템인 Path-LAN에서 돌아가는 정교한 컴퓨터 모형을 사용해 분석했다. 이 모형은 출생 날짜, 몸무게, 혈액 검사 결과를 포함해 해당 여성의 광범위한 데이터를 바탕으로 아기가 다운 증후군에 걸릴 위험을 계산했다. 이 위험 평가는 고위험 임신부에게 더 확실한 검사를 권하면서 임신을 계속 유지할지 여부를 결정하는 데 도움을 주었다.

2000년 1월 내내 셰필드의 직원들은 PathLAN 시스템에서 (날짜와 관련된) 사소한 오류를 다수 발견했지만, 곧장 제대로 바로잡아 별로 걱정하지 않았다. 1월 후반에 노던종합병원이 관리하는 한 병원에서 일하던 조산사가 고위험 다운 증후군 사례가 자신이 예상한 것보다 훨씬 적다고 보고했다. 이 조산사는 석 달 뒤에 똑같은 보고를 올렸지만, 연구소 직원들은 두 번 다 잘못된 게 아무것도 없다고 확인해주었다. 5월에 다른 병원에서 일하던 조산사도 고위험 검사 결과가 드물다고 보고했다. 결국 병리학연구소 관리자는 결과를 자세히 들여다보기로 결정했다. 그리고 뭔가 잘못됐다는 사실을 이내 알아챘다. 이것은 밀레니엄 버그가 아주 독하게 문 사례였다.

병리학연구소의 컴퓨터 모형에서는 임신부의 출생 날짜를 현재의 날짜와 비교해 나이를 계산했다. 임신부의 나이는 중요한 위험 인자인데, 나이가 많을수록 다운 증후군 아이를 임신할 가능성이 크게 높아지기 때문이다. 2000년 1월 1일 이후에는 예컨대 1965년생의 나이를 2000에서 1965를 빼 35세로 파악하는 대신, 0에서 65를 빼 음수의 나이가 나오는 바람에 컴퓨터가 그것을 제대로 처리할 수 없었다. 터무니없는 나이는 위험 계산을 극적으로 왜곡시켜 나이 많은 임신부들을 실제보다 위험이 낮은 집단으로 분류하게 만들었다. 그 결과로 (2장의 가슴 아픈 '거짓 음성' 이야기에서 아기 크리스토퍼의 어머니 플로라 왓슨에게 닥친 것과 비슷한 불운으로) 150명이 넘는 여성이 배 속의 아기를 다운 증후군에 걸릴 위험이 낮다고 거짓 음성으로 잘못 분류한 편지를 받았다. 그렇지 않았더라면 추가 검사를 받았을 텐데, 이들 중에서 네 사람은 다운 증후군에 걸린 아기를 낳았고, 두 사람은 외상을 초래하는 후기 낙태를 했다.

컴퓨터의 언어, 이진법

우리가 갈수록 크게 의존하는 컴퓨터는 가장 원시적인 수 체계—기수가 2인 이진법—를 사용한다. 기수가 10인 십진법에서는 9개의 숫자와 0으로 어떤 수라도 표현할 수 있다. 이진법에서는 0 외에 숫자가 하나만 더 있으면 된다. 모든 이진수는 0과 1의 숫자열로 표현된다. '이진'을 뜻하는 영어 단어 '바이너리binary'는 '두 부분으로 이루어진'이라는 뜻의 라틴어 '비나리우스binarius'에서 유래했다. 십진법에서는 같은 숫자라도 자릿수가 하나 높아질 때마다 그 값이 10배씩 증가하지만, 이진법에서는 2배씩 증가한다. 맨 오른쪽부터 첫 번째 자리는 1의 값을 나타내고, 두 번째 자리는 2, 세 번째 자리는 4, 네 번째 자리는 8,…의 값을 각각 나타낸다. 십진수 11을 이진수로 나타내려면, 1이 1개, 2가 1개, 4가 0개, 8이 1개 필요하다. 따라서 이진수로는 1011이 된다. 수학에 관한 농담 중에 이런 게 있다. "사람은 오직 10종류밖에 없다. 이진법을 이해하는 사람과 이해하지 못하는 사람." 여기서 10은 물론 둘을 이진수로 나타낸 것이다.

컴퓨터에 이진법을 쓰는 이유는 이진법이 수학을 하는 데 근본적으로 유리한 점이 있어서가 아니라, 컴퓨터가 작동하는 방식 때문이다.

오늘날의 컴퓨터는 트랜지스터라는 수십억 개의 작은 전자 부품으로 만들어지는데, 트랜지스터는 데이터를 옮기고 저장하면서 서로 커뮤니케이션을 한다. 트랜지스터에 흐르는 전압은 수의 값을 나타내기에 아주 좋은 방법이다. 각각의 트랜지스터에 확실히 구별되는 열 가지 전압을 선택할 수 있게 함으로써 십진법으로 작동하도록 하는 대신에 '온on'과 '오프off'의 단 두 가지 선택권만 주는 게 현실적으로 더 낫다. 이러한 '참 또는 거짓' 이진법 체계를 사용하면, 전압이 다소 불안정하게 요동치더라도 오인하는 일이 일어나지 않아 작은 전압으로도 신뢰할 수 있게 신호를 전달할 수 있다.

수학자들은 트랜지스터의 참 또는 거짓 출력들을 'and'와 'or'와 'not' 같은 논리 연산과 결합함으로써 이론적으로 아무리 복잡한 수학 계산도 답이 있는 것이라면 컴퓨터로 충분히 그 답을 계산할 수 있음을 보여주었다. 현대 컴퓨터는 이 이론을 현실적으로 실현하는 데 아주 큰 도움을 주었다. 현대 컴퓨터는 우리의 질문을 일련의 1과 0들로 바꾼 뒤, 차갑고 냉정한 논리를 적용해 명료한 답이 나올 때까지 작업을 무한정 계속해나감으로써 엄청나게 복잡한 과제들을 해결할 수 있다. 이진법을 책상 위와 주머니 속에서 작동하는 기계와 결합함으로써 날마다 기적 같은 일이 수많이 일어나고 있지만, 가장 원시적인 이 기수법이 기대를 저버리고 그 주인들을 곤경에 빠뜨릴 때가 있다.

* * *

크리스틴 린 메이스Christine Lynn Mayes는 17세이던 1986년에 미 육군에 입대했다. 독일에서 취사병으로 3년 동안 근무하고 제대한 뒤 미국으로 돌아와 펜실베이니아의 인디애나대학교에서 경영학을 공부했으며, 그곳에서 남자 친구 데이비드 페어뱅크스David Fairbanks를 만났다. 1990년 10월에 메이스는 학비를 벌기 위해 예비군으로 재입대했는데, 물을 정제하는 일이 주요 임무인 제14 병참분견대에 배속되었다. 이부대는 1991년 밸런타인데이에 사막의 폭풍 작전에 참여하라는 명령을 받았다. 사흘 뒤에 메이스는 중동으로 건너갔다. 미국을 떠나던 날, 페어뱅크스가 한쪽 무릎을 꿇고 청혼을 했다. 메이스는 기꺼이 청혼을 받아들였지만, 반지는 잃어버릴까 봐 가져가지 않겠다고 했다. "좋아. 그렇다면 돌아올 때까지 내가 맡아둘게." 이것이 약혼자가 사우디아라비아로 떠나기 전에 페어뱅크스가 한 마지막 말이었다. 페어뱅크스는 반지를 집으로 가져가 스테레오 옆에 둔 메이스의 사진 위에 올려놓았다. 그러나 메이스의 손가락에 반지를 끼워줄 기회는 영영 오지 않았다.

제14 병참분견대는 사우디아라비아 다란 공군 기지에 내린 뒤, 차량으로 짧은 거리를 이동해 걸프만의 알코바르에 세운 임시 막사로 갔다. 다른 미군이나 영국군 부대와 마찬가지로 메이스의 부대가 머무른 임시 건물은 골이 진 금속으로 만든 창고를 얼마 전에 숙소용으로 개조한 것이었다. 도착하고 나서 엿새가 지난 2월 24일 일요일, 메이스는 어머니에게 전화를 걸어 무사히 도착했으며, 자기 부대는 곧 쿠웨이트 국경을 향해 북쪽으로 40마일을 더 이동할 것이라고 말했다. 이튿날, 근무를 마친 메이스는 다른 동료들이 쉬거나 운동을 할 때 잠을 청했다. 자신의 운명을 결정지을 사건이 이미 시동을 걸었다는 사실은 꿈에도 모른 채.

걸프 전쟁(페르시아만 전쟁 또는 제1차 이라크 전쟁이라고도 한다—옮긴이) 동안 이라크는 사우디아라비아를 향해 스커드 미사일을 40발 이상 발사했지만, 그중에서 조금이라도 효과가 있는 타격을 입힌 것은 10발 미만이었다. 사우디아라비아까지 도달한 미사일 중 대부분은 군사 표적에서 크게 벗어나 민간인 지역에 떨어졌다. 스커드 미사일의 성공률이 낮았던 이유 중 일부는 미군의 패트리엇 미사일 시스템에 있었다. 이 시스템은 날아오는 미사일을 포착하고 '요격 미사일'을 발사해 공중에서 적의 미사일을 파괴했다. 이 시스템은 초기 레이더 탐지와 더 자세한 후속 레이더 탐지 방식에 의존해 작동했다. 후속 탐지는 지나치게 민감한 첫 번째 레이더가 포착한 것이 거짓 신호가 아니라 진짜 미사일인지 더 확실하게 확인할 목적으로 설계되었다. 탐지를 더욱 자세하게 하기 위해 두 번째 레이더에는 첫 번째 레이더가 포착한 발사체의 위치와 추정 속도와 함께 시간 정보를 보냈다. 이 정보들을 바탕으로 미사일의 잠재적 위치를 추적하는 좁은 창을 만듦으로써 더 자세한 검증을 할 수 있었다.

정확성을 위해 패트리엇 시스템은 시간을 $\frac{1}{10}$초 단위로 쟀다. 불행하게도 $\frac{1}{10}$초는 십진법으로는 깔끔하게 소수 '0.1'로 표시되지만, 이진법으로는 0.0001100110011001100⋯으로 무한히 반복되는 무한소수로 표시된다. 처음의 '0.0' 다음부터는 네 자리 숫자 0011이 계속 반복된다. 무한히 많은 숫자를 저장할 수 있는 컴퓨터는 없기 때문에, 패트리엇 미사일 시스템은 $\frac{1}{10}$을 24개의 숫자를 사용한 이진수 근사값으로 나타냈다. 이 수는 어느 선에서 잘라낸 값이기 때문에 $\frac{1}{10}$초의 참값과는 약 1000만분의 1초 차이가 난다. 패트리엇 시스템을 지배하는 코드를 작성한 프로그래머들은 그렇게 작은 차이는 실제로는 아무 문제가 되지 않을 것이라고 생각했다. 그러나 패트리엇 시스템을 오랫동안 가동하면, 내부 시계에 누적된 오차가 점점 커진다. 12일 정도가 지나면, 패트리엇 시스템의 시간 측정에 일어난 전체 오차는 거의 1초나 된다.

2월 25일 20시 35분, 패트리엇 시스템은 꼬박 4일 동안 계속 가동되고 있었다. 메이스가 자고 있을 때, 이라크군은 스커드 미사일에 탄두를 장착하고 사우디아라비아 동해안을 향해 발사했다. 몇 분 뒤 미사일이 사우디아라비아 영공을 가로지르자, 패트리엇 시스템의 첫 번째 레이더가 미사일을 탐지하고서 확인을 위해 그 데이터를 두 번째 레이더로 보냈다. 한 레이더에서 다음 레이더로 데이터가 전달될 때, 탐지 시간이 약 $\frac{1}{3}$초나 어긋나 있었다. 그래서 초속 1600m가 넘는 속도로 날아오는 스커드 미사일의 위치 계산에서 약 500m나 되는 오차가 발생했다. 두 번째 레이더가 그 미사일이 나타날 것으로 예상한 지점을 훑어보았지만 아무것도 발견되지 않았다. 그래서 첫 번째 레이더의 미사일 경보는 거짓 경보로 간주되어 시스템에서 제거되었다.[100]

20시 40분, 스커드 미사일은 메이스가 자고 있던 막사에 떨어졌다. 메이스와 동료 27명이 사망하고 100여 명이 부상을 입었다. 전쟁이 끝나기 사흘 전에 이 한 번의 공격으로 걸프 전쟁 때 사망한 전체 미군 중 $\frac{1}{3}$이 죽었다. 만약 컴퓨터가 다른 언어—다른 기수법—를 사용했더라면, 충분히 피할 수 있었을지도 모를 비극이었다.

그러나 유한한 숫자로 모든 수를 정확하게 표현할 수 있는 기수법은 없다. 패트리엇 시스템이 다른 기수법을 사용했더라면, 탐지 오류를 피할 수 있었을지는 몰라도 틀림없이 다른 오류가 나타났을 것이다. 따라서 드물게 일어나는 오류에도 불구하고, 에너지와 신뢰도 측면의 이점 때문에 이진법은 현재의 컴퓨터에 가장 적합한 기수법이다. 하지만 사회적 맥락에서 이진법을 사용하려고 하면, 이러한 이점들은 금방 사라지고 만다.

＊　　＊　　＊

　만원 버스에서 매력적인 이성과 눈이 마주쳐 대화를 나누는 장면을 상상해보라. 내릴 정류장이 가까워오자, 당신은 상대방에게 전화번호를 묻고, 상대방은 07XXX-XXX-XXX(영국 내의 모든 휴대 전화 번호 형식)처럼 11개의 숫자로 된 번호를 알려준다. 이와 같은 규모의 다양성을 이진법으로 구현하려면, 각각의 휴대 전화 번호는 적어도 30자리는 되어야 한다. 버스가 정류장에 도착하기 전에 111011100110101100100111 111111을 받아 적어야 한다고 상상해보라. '일곱 번째 0 뒤의 숫자가 1이었던가 0이었던가?'

　당장 이보다 더 중요한 것은 우리 사회 곳곳에 스며들어 있는 이진법 사고의 잠재적 위험성이다. 아주 먼 옛날부터 이것이냐 저것이냐를 빨리 결정하는 판단은 삶과 죽음을 갈랐다. 우리의 원시적인 뇌는 하늘에서 떨어지는 돌이 머리에 맞을 확률을 계산할 시간이 없다. 맹수와 맞닥뜨렸을 때에는 싸울지 도망갈지 즉석에서 결정을 내려야 한다. 빠른(그리고 지나치게 조심스러운) 이진법적 결정이 선택지를 전부 비교해보는 느리고 신중한 결정보다 나을 때가 많다. 더 복잡한 사회로 진화하면서 우리는 이러한 이진법적 판단을 그대로 유지했다. 우리는 동료를

　　　　　　　　　　　　　　5. 잘못된 자리와 잘못된 시간

좋은 사람과 나쁜 사람, 성인과 죄인, 친구와 적으로 나누는 고정 관념을 갖고 있다. 이러한 분류는 불완전하긴 하지만, 각 개인을 맞닥뜨렸을 때 어떻게 반응해야 할지 알려주는 쉬운 지름길을 제공했다. 시간이 지나면서 이러한 고정 관념은 많은 이원론적 종교에서 전제 조건에 해당하는 이진법적 캐리커처로 깊숙이 뿌리를 내렸다. 이런 종교를 믿는 사람들은 선과 악의 특징이 어떤 것인지 전혀 의심하지 않는다.

그러나 오늘날 대부분의 사람들은 그렇게 빠른 결정과 절대적인 캐리커처에 얽매여 살아가지 않는다. 우리는 인생의 중요한 선택 앞에서 충분히 시간을 두고 깊이 생각한다. 사람은 하나의 이진법적 기술어記述語로 분류하기에는 너무나 복잡하고 모호하고 미묘한 존재이다. 이진법 사고는 문학 세계의 스네이프나 개츠비, 햄릿처럼 우리가 좋아하는 캐릭터가 존재할 공간을 남기지 않는다. 우리가 도덕적 모호성으로 무장하고 여러 성격이 뒤섞인 캐릭터를 좋아하는 이유는 이들이 우리 자신의 복잡하고 결함이 많은 성격을 반영하고 있기 때문이다. 하지만 우리는 외부 세계에 우리가 누구인지 보여주기 위해 편안한 이진법 라벨의 확실성을 향해 손을 뻗는다. 우리는 청군 아니면 홍군이며, 좌파 아니면 우파이며, 유신론자 아니면 무신론자이다. 우리는 자신을 둘 중 하나로 정의하면서 스스로를 속이지만, 실제로 전체 스펙트럼에는 훨씬 많은 색들이 존재한다.

*　　*　　*

내 전공 분야인 수학에서 우리가 싸우느라 가장 애를 먹는 것은 스스로에게 강요하는 거짓 이분법—수학을 할 수 있다고 믿는 사람들과 할 수 없다고 믿는 사람들로—이다. 후자에 속하는 사람들이 너무나도 많다. 그러나 수학을 전혀 이해하지 못하는 사람은 거의 아무도 없으며, 수를 세지 못하는 사람도 거의 아무도 없다. 한편, 스펙트럼의 반대쪽 끝으로 가면, 알려진 수학을 전부 다 이해한 수학자는 수백 년 동안 한 사람도 없었다. 우리는 모두 이 스펙트럼 위의 어느 지점에 있다. 우리가 왼쪽이나 오른쪽으로 얼마나 멀리 나아가는지는 이 지식이 자신에게 얼마나 유용하다고 생각하느냐에 달려 있다.

예를 들어 주변의 수 체계들을 이해하면, 우리 종의 역사와 문화에 대한 통찰력을 얻을 수 있다. 겉보기에 이상하고 낯선 이 체계들은 두려워해야 할 대상이 아니라 찬양해야 할 대상이다. 이것들은 우리 조상이 어떻게 생각했는지 알려주고, 그들의 전통이 지닌 측면들을 반영하고 있다. 또한 이것들은 우리의 기본적인 생물학적 특징을 생생하게 비춰주는 거울을 내밀면서 우리 손의 손가락이나 발의 발가락처럼 수학이 우리에게 고유한 것임을 보여준다. 이것들은 현대 기술의 언어를 가르쳐주고, 단순한 수학적 실수를 피하도록 도와준다. 다음 장에서 보겠지만, 수학에 기반을 둔 현대 기술은 과거에 우리가 저지른 실수를 분석함으로써 미래에 동일한 계산 착오를 피하는 방법을 알려준다(때로는 미심쩍은 성공을 거두면서).

6장

도무지 끝나지 않는 최적화

진화에서 SNS까지,
알고리즘의 무한한 잠재력

"100미터 앞에서 우회전하세요……. 우회전하세요." 내비게이션의 영혼 없는 목소리가 이렇게 지시했다. 아내와 두 아이를 태운 초보 운전자 호베르투 파라트Roberto Farhat는 지시대로 했다. 운전 경력이 15년이나 되어 자신만만한 운전자인 아내와 운전을 교대한 지 몇 분 지나지 않은 때였다. A6에서 오른쪽으로 도는 순간, 반대편 차로에서 2톤짜리 아우디가 시속 72km로 달려와 파라트가 모는 차의 조수석 쪽을 들이받았다. 내비게이션에 신경 쓰느라 파라트는 우회전 '금지' 도로 표지판을 미처 보지 못했다. 운 좋게도 파라트는 이 충돌에서 하나도 다치지 않고 걸어 나왔다. 그러나 네 살짜리 딸 아멜리아는 운이 없었다. 세 시간 뒤에 병원에서 사망했다.

우리는 점점 복잡해지는 삶을 단순하게 하기 위해 위성 항법 시스템 같은 장비에 크게 의존해 살아가게 되었다. A에서 B로 가장 빨리 가는 경로를 결정하려고 할 때, 위성 항법 시스템은 아주 복잡한 일을 처리해야 한다. 이 과제를 제대로 처리하려면, 주어진 계산을 알고리듬의 형태로 처리하는 것이 유일한 방법이다. 서로 멀리 떨어진 출발 장소와

6. 도무지 끝나지 않는 최적화

도착 장소 사이의 가능한 경로를 모두 하나의 장비 안에 집어넣는 것은 아주 어렵다. 요청하는 출발 장소와 도착 장소도 엄청나게 많다는 조건까지 더해지면, 이 과제를 해결하는 것은 천문학적으로 어려운 수준이 된다. 이 문제의 어려움을 감안하면, 위성 항법 시스템 알고리듬이 틀리는 경우가 아주 드물다는 사실이 매우 인상적이다. 그렇지만 실수를 저지르는 날에는 아주 큰 사고가 날 수 있다.

알고리듬은 어떤 과제를 어떻게 처리하라고 구체적으로 알려주는 일련의 지시들로 이루어져 있다. 과제는 음반 컬렉션을 조직하는 것부터 특정 요리를 하는 것에 이르기까지 어떤 것이라도 될 수 있다. 그러나 기록된 최초의 알고리듬은 완전히 수학적인 것이었다. 고대 이집트인은 두 수를 곱하는 단순한 알고리듬을 만들었고, 고대 바빌로니아인은 제곱근을 구하는 규칙을 발견했다. 기원전 3세기에 고대 그리스 수학자 에라토스테네스Eratosthenes는 '에라토스테네스의 체'(일정 범위의 수들에서 소수素數를 찾아내는 알고리듬)를 발명했고, 아르키메데스는 π의 값을 구하는 '실진법悉盡法'을 발견했다.

계몽 시대 이전의 유럽에서 기계를 다루는 기술이 크게 발전하면서 알고리듬이 시계와 나중에는 톱니바퀴로 돌아가는 계산기 같은 도구로 물리적으로 구현되었다. 19세기 중엽에 이르러 이러한 기술은 박학다식한 찰스 배비지Charles Babbage가 최초의 기계식 컴퓨터를 만들 정도로 크게 발전했는데, 이 컴퓨터를 위해 선구적인 수학자 에이다 러브레이스Ada Lovelace가 최초의 컴퓨터 프로그램을 만들었다. 사실, 배비지의 발명이 원래 목적인 단순한 수학적 계산을 넘어서서 많은 곳에 응용될 잠재력이 있음을 알아챈 사람은 바로 러브레이스였다. 러브레이스는 악보나 더 중요하게는 문자 같은 실체를 부호화해 기계로 처리할 수 있다고 확신했다. 처음의 전기기계적 컴퓨터, 그리고 그다음의 순수한 전기적 컴퓨터는 바로 이 목적으로 사용되어 제2차 세계 대전 때 독일의 암호를 푸는 알고리듬을 처리했다. 비록 원리적으로는 손으로 알고리듬을 실행할 수도 있었지만, 이 컴퓨터들은 사람의 손으로는 도저히 따라갈 수 없는 속도와 정확성으로 명령을 실행했다.

오늘날 컴퓨터가 실행하는 온갖 알고리듬은 점점 더 복잡해지고 있는데, 검색 엔진에 질문을 타자하거나 휴대 전화로 사진을 찍는 것부터 컴퓨터 게임을 하거나 디지털 가상 비서에게 오후의 날씨를 물어보는 것에 이르기까지 우리의 일상을 효율적으로 처리하는 데 중요한 부분을 차지하고 있다. 또 우리는 이전의 해결책을 단순히 그대로 받아들이지 않게 되었다. 우리는 던진 질문에 검색 엔진이 맨 처음 발견한 답이 아니라 가장 적절한 답을 내놓기를 원한다. 예컨대 외출할 때 우산을 가져가야 할지 여부를 판단하기 위해 오후 5시에 비가 내릴 확률을 정확하게 알기를 원한다. 또한 A에서 B로 가려고 할 때, 내비게이션이 맨 먼저 발견한 경로가 아니라 가장 빠른 경로를 안내해주기를 원한다.

알고리듬을 규정하는 대부분의 정의(과제를 수행하기 위한 일련의 지시들)에서 입력과 출력이 빠져 있다는 점이 눈길을 끈다. 입력과 출력은 알고리듬을 돌아가게 하는 데이터이다. 예를 들어 조리법에서 입력은 재료이고, 출력은 식탁에 나온 음식이다. 내비게이션에서 입력은 여러분이 장비의 메모리에 저장된 지도를 사용해 표시하는 출발 장소와 도착 장소이고, 출력은 내비게이션이 여러분을 안내하기로 결정한 경로이다. 현실 세계와 연결하는 이러한 밧줄이 없다면, 알고리듬은 그저 추상적인 규칙들의 집단에 지나지 않는다. 알고리듬의 오작동이 뉴스가 될 때, 원인은 규칙 자체가 아니라 부정확한 입력이나 예상 밖의 출력에 있는 경우가 많다.

이 장에서는 일상생활 속의 알고리듬 최적화 사례들 뒤에 숨어 있는 수학을 살펴볼 것이다. 어려운 문제를 푸는 데 쓰일 뿐만 아니라, 구글 지도의 내비게이션 시스템부터 아마존의 배송 경로에 이르기까지 오늘날의 첨단 기술 기업들이 크게 의존하는 알고리듬들을 들춰내 보여줄 텐데, 여러분은 그것들이 믿을 수 없을 정도로 단순하다는 사실에 크게 놀랄 것이다. 그리고 컴퓨터화한 현대 기술 세계에서 한 발짝 물러나 '여러분'이 실생활에서 직접 사용할 수 있는 일부 알고리듬을 가르쳐줄 것이다. 열차에서 가장 좋은 좌석을 얻거나 대형 마트에서 가장 짧은 줄을 선택하는 데 사용할 수 있는 단순한 최적화 알고리듬이 바로 그런 예이다.

비록 어떤 알고리듬은 상상하기 힘들 정도로 복잡한 과제를 수행할 수 있지만, 가끔은 그런 수행 방식이 최선이 아니라 차선에 해당하는 경우도 있다. 파라트 가족에게는 비극적이게도 내비게이션이 잘못된 방향을 제공한 이유는 입력된 지도가 낡은 것이었기 때문이다. 경로를 찾는 규칙 자체는 아무 문제가 없었으며, 지도만 업데이트된 것으로 제대로 입력되었더라면 그 사고는 절대로 일어나지 않았을 것이다. 이 이야기는 현대 알고리듬의 굉장한 위력을 잘 보여준다. 일상생활에 스며들어 많은 측면을 단순화한 이 놀라운 도구는 두려워해야 할 대상이 아니다. 하지만 적절히 존중하면서 다루어야 하고, 늘 입력과 출력을 철저히 감시해야 한다. 그러나 인간의 감시에는 검열과 편향이라는 위험이 따른다. 공정성을 위해 수동 제어를 억제할 때 어떤 일이 일어날 수 있는지 분석해보면, 편견이 알고리듬 자체에 암호화되어 숨어 있을 수 있다는 사실이 드러난다. 그것은 알고리듬을 만든 사람의 성향이 알고리듬에 각인된 것이다. 알고리듬이 아무리 유용하다 하더라도, 그것이 아무 오류 없이 작동한다고 맹신하는 대신에 그 내부 작용을 조금만 이해하면 시간과 돈과 심지어 생명까지 아낄 수 있다.

100만 달러짜리 문제들

2000년, 클레이수학연구소는 수학 분야의 가장 중요한 미해결 문제로 간주되는 7개의 '밀레니엄 문제' 목록을 발표했다.[101] 이 목록에 포함된 문제는 호지 추측, 푸앵카레 추측, 양-밀스 존재성과 질량 간극 가설, 나비에-스토크스 존재성과 매끄러움 문제, 버치와 스위너턴-다이어 추측, P-NP 문제이다. 비록 이 이름들이 수학의 세부 전문 분야에 종사하는 사람들을 제외한 대부분의 사람들에게는 아주 생소하게 들리겠지만, 이 연구소에 그 이름이 붙어 있는 주요 기부자 랜든 클레이 Landon Clay는 이 문제들이 얼마나 중요한지 강조하기 위해 각각의 문제를 증명하거나 반증하는 데 100만 달러의 상금을 내걸었다.

이 글을 쓰고 있는 지금, 이 중에서 풀린 문제는 오직 푸앵카레 추측뿐이다. 푸앵카레 추측은 위상수학(토폴로지topology 또는 위상기하학이라고도 한다—옮긴이) 분야의 문제이다. 위상수학은 반죽을 가지고 하는 기하학(형태를 다루는 수학 분야)이라고 생각할 수 있다. 위상수학에서는 물체 자체의 실제 모양은 중요하지 않다. 대신에 물체는 구멍의 수에 따라 분류된다. 예를 들면, 위상수학자는 테니스공과 럭비공과 프리스비 사이에 아무 차이가 없다고 본다. 만약 이것들이 반죽으로 만들어진 것이라면, 반죽에 구멍을 뚫거나 있던 구멍을 메우지 않으면서 짓누르거나 잡아늘이거나 다른 방법으로 변형해 서로 똑같은 모양으로 만들 수 있다. 그러나 위상수학자가 볼 때, 이 물체들은 베이글처럼 가운데에 구멍이 뚫린 고무 고리나 자전거 튜브, 농구 골대의 링과는 근본적으로 다르다. 구멍이 2개 있는 8자 모양과 구멍이 3개 있는 프레첼은 위상수학적으로 이것들과는 또 다른 종류의 물체들이다.

1904년, 프랑스 수학자 앙리 푸앵카레(3장에서 수학적 오류를 바로잡아 알프레드 드레퓌스 대위의 무죄를 입증했던 바로 그 사람)는 4차원에서 가장 단순한 형태는 4차원 버전의 구(4차원 초구)라고 주장했다. 푸앵카레가 말한 '단순한 형태'가 무슨 뜻인지 설명하기 위해 어떤 물체 주위에 끈을 고리 모양으로 두른다고 상상해보자. 만약 끈을 표면 위에 붙어 있게 한 상태로 팽팽하게 당겨서 고리를 사라지게 할 수 있다면(즉, 폐곡선이 수축되어서 하나의 점이 될 수 있다면), 그 물체는 위상수학적으로 구와 같다. 이 개념을 '단일 연결'이라고 한다. 만약 끈으로 이렇게 하는데 매번 성공할 수 없다면, 그것은 위상수학적으로 더 복잡한 물체이다. 이번에는 끈을 베이글 가운데로 집어넣어 고리 모양으로 빙 두른다고 상상해보라. 끈을 잡아당기면, 베이글이 가운데에 걸려 고리가 절대로 사라지지 않는다. 구멍이 1개 있는 베이글은 구멍이 없는 축구공보다 더 복잡한 물체이다. 3차원에서 나타나는 이런 결과는 이미 잘 알려져 있었지만, 푸앵카레는 이 개념이 4차원 공간에서도 성립할 것이라고 주장했다. 그의 추측은 나중에 이 개념이 모든 차원의 공간에서 성립한다는 주장으로 일반화했다. 그런데 밀레니엄 문제가 발표될 당시에 푸앵카레 추측은 나머지 모든 차원에서는 성립한다는 것이 이미 증명되었지만, 푸앵카레가 처음에 제기한 4차원 공간의 경우만 증명되지 않은 채 남아 있었다.

2002년과 2003년, 은둔 생활을 하던 러시아 수학자 그리고리 페렐만Grigori Perelman이 난해한 수학 논문 세 편을 수학계에 공개했다.[102] 이 논문들은 4차원에서 그 문제를 푼 것이라고 알려졌다. 여러 수학자 집단이 달려들어 그 증명이 옳다는 확신을 얻기까지는 3년이 걸렸다. 페렐만은 40세가 되던 해인 2006년, 수학 분야의 노벨상이라 불리는 필즈상을 받았다(필즈상은 40세를 넘지 않은 젊은 수학자에게 수여한다는 단서 조항이 있다). 이 수상 소식은 수학계 밖에서는 작은 뉴스거리가 되었지만, 페렐만이 필즈상을 최초로 거부한 사람이 되면서 퍼지기 시작한 이야기에 비하면 아무것도 아니었다. 거부 성명에서 페렐만은 이렇게 말했다. "나는 돈이나 명성에는 아무 관심이 없다. 나는 동물원의 동물처럼 구경거리가 되는 걸 원치 않는다." 2010년, 클레이수학연구소가 드디어 페렐만이 밀레니엄 문제 중 하나를 풀었다고 믿어 100만 달러의 상금을 받을 자격이 있다고 인정했을 때에도 페렐만은 상금을 거절했다.

전국의 모든 술집을 순례하는 최단 경로

페렐만이 푸앵카레 추측을 증명한 것은 순수수학 분야에서는 이론의 여지 없이 아주 중요한 연구였지만, 그것을 실용적으로 응용할 만한 곳은 거의 없다. 이 글을 쓰고 있는 현재 아직 풀리지 않은 나머지 6개의 밀레니엄 문제도 대체로 그렇다. 하지만 P-NP 문제라는 이름으로 알려진 일곱 번째 문제의 증명이나 반증은 인터넷 보안과 바이오테크놀로지를 비롯해 다양한 분야에 광범위하게 응용될 잠재력이 있다.

P-NP 문제의 중심 개념은 문제를 풀어서 답을 구하는 것보다 그 문제에 올바른 풀이법이 있음을 증명하는 편이 더 쉬운 경우가 있다는 것이다. 아주 중요한 이 수학적 질문은 그 풀이법이 옳다는 것을 컴퓨터로 효율적으로 검증할 수 있는 문제는 모두 효율적으로 풀 수 있느냐고 묻는다.

비유를 들자면, 파란 하늘 그림처럼 아무 특징이 없는 이미지의 퍼즐을 맞추는 장면을 상상해보라. 퍼즐 조각들이 제대로 들어맞는지 가능한 조합을 모두 시도하는 것은 몹시 어려운 일이다. 시간이 아주 오래 걸릴 것이라는 말은 매우 절제된 표현이다. 그러나 일단 맞추는 작업을 완성하고 나면, 그것이 제대로 됐는지 확인하기는 쉽다. 여기서 효율성을 수학적으로 더 엄밀하게 정의한다면, 문제가 더 복잡해짐에 (퍼즐 조각이 더 많아짐에) 따라 알고리듬이 얼마나 빨리 답을 찾느냐로 표현할 수 있다. 빨리('다항식 시간Polynomial time' 안에) 풀 수 있는 문제들의 집단을 P라고 한다. 빨리 검증할 수 있지만 반드시 빨리 풀리는 것은 아닌 문제들로 이루어진 더 큰 집단은 NP('Nondeterministic Polynomial time', 즉 '비결정론적 다항식 시간'을 가리킨다)라고 한다. P 문제는 NP 문제의 부분집합인데, 문제를 빨리 풀면 우리가 발견한 풀이법이 자동적으로 증명되기 때문이다.

이번에는 '일반적인' 퍼즐을 완성하는 알고리듬을 만든다고 상상해보자. 만약 이 알고리듬이 P에 속한다면, 그것을 푸는 데 걸리는 시간은 퍼즐 조각의 수나 그 수의 제곱, 그 수의 세제곱, 심지어 그 수의 더 큰 거듭제곱에 비례할지 모른다. 예를 들어 만약 그 알고리듬이 퍼즐 조각 수의 제곱에 비례한다면, 조각의 수가 2개인 퍼즐을 푸는 데에는 $4(=2^2)$초가 걸리고, 조각의 수가 10개인 퍼즐을 푸는 데에는 $100(=10^2)$초가 걸리고, 조각의 수가 100개인 퍼즐을 푸는 데에는 1만$(=100^2)$ 초가 걸릴 것이다. 이것은 비교적 긴 시간처럼 들리지만, 여전히 겨우 몇 시간의 범위 안에 있다. 그러나 이 알고리듬이 NP에 속한다면, 푸는 데 걸리는 시간은 조각의 수가 늘어남에 따라 기하급수적으로 늘어날 수 있다. 조각의 수가 2개인 퍼즐은 여전히 $4(=2^2)$초가 걸리지만, 조각의 수가 10개인 퍼즐은 $1024(=2^{10})$초가, 조각의 수가 100개인 퍼즐은 $1267650600228229401496703205376(=2^{100})$초가 걸릴 수 있다. 이것은 빅뱅 이후 흐른 시간보다 훨씬 긴 시간이다. 두 알고리듬 모두 조각의 수가 많아질수록 퍼즐을 완성하는 시간이 더 오래 걸리지만, 문제의 크기가 커질수록 일반적인 NP 문제를 푸는 알고리듬은 금방 사용하기가 불가능해진다. 사실상 P는 '현실적으로Practically' 풀 수 있는 문제들을, NP는 '현실적으로 풀 수 없는Not Practically' 문제들을 가리킨다고 말할 수 있다.

P-NP 문제는 그 풀이법을 빨리 검증할 수 있지만 빨리 풀 수 있는 알고리듬이 알려져 있지 않은 NP 집합의 모든 문제들이 사실은 P집합에도 속하느냐고 묻는다. NP 문제는 현실적인 해결 알고리듬이 있지만, 우리가 아직 발견하지 못한 것은 아닐까? 만약 그렇다면, 나중에

보겠지만, 그 잠재력은 심지어 일상생활 속의 과제 해결에서도 아주 큰 의미를 지닌다.

* * *

닉 혼비Nick Hornby가 1990년대에 쓴 소설 『하이 피델리티』(이 책을 원작으로 한 영화가 우리나라에서는 〈사랑도 리콜이 되나요〉라는 제목으로 개봉되었다—옮긴이)에서 주인공으로 나오는 로브 플레밍Rob Fleming은 챔피언십 비닐이라는 중고 음반 가게를 운영하는 음악광이다. 로브는 방대한 음반 컬렉션을 주기적으로 알파벳순, 시간순, 심지어 자전적 순서(음반을 산 순서를 통해 자신의 인생 이야기를 들려주면서) 등 각각 다른 분류 방법에 따라 재배열한다. 이러한 정렬sorting은 음악 애호가에게 카타르시스를 느끼게 하는 활동일 뿐만 아니라, 데이터 정보에 빨리 접근할 수 있게 해주고, 다른 뉘앙스를 풍기도록 음반들을 재배열하게 해준다. 이메일을 날짜나 보낸 사람이나 주제 중 어느 것을 기준으로 정렬할지 선택하는 단추를 누를 때, 여러분의 이메일 클라이언트는 효율적인 정렬 알고리듬을 실행에 옮긴다. 이베이eBay는 여러분이 '가장 일치하는 것'이나 '가장 낮은 가격'이나 '경매 만료가 가장 가까운 것' 같은 검색 단어와 일치하는 물건을 보려고 선택할 때마다 정렬 알고리듬을 실행에 옮긴다. 구글은 웹페이지들이 여러분이 입력한 검색 단어와 얼마나 잘 일치하는지 결정하고 나면, 그 페이지들을 빨리 정렬하여 올바른 순서대로 여러분에게 제시한다. 따라서 이 목적에 적합한 효율적 알고리듬이 아주 중요하다.

많은 물건을 정렬하는 한 가지 방법은 가능한 모든 순열로 목록들을 만든 뒤, 각각의 목록을 들여다보면서 순서가 제대로 됐는지 확인하는 것이다. 레드 제플린Led Zeppelin, 퀸Queen, 콜드플레이Coldplay, 오아시스Oasis, 아바Abba의 앨범이 각각 하나씩 있는 아주 적은 수의 음반 컬렉션을 갖고 있다고 상상해보자. 불과 5개의 앨범만으로도 가능한 순열은 120가지나 된다. 6개라면 720가지의 순열이 존재하고, 10개라면 300만 가지가 넘는다. 음반의 수가 많아짐에 따라 서로 다른 순서대로 배열하는 가짓수는 아주 빠르게 증가하기 때문에, 자부심이 넘치는 음반 팬이 수집한 음반들의 가능한 목록을 전부 다 살펴본다는 것은 사실상 불가능하다.

다행히도 여러분은 경험을 통해 음반이나 책, DVD 컬렉션의 정렬이 P 문제, 즉 현실적인 해결책이 있는 문제라는 사실을 알고 있을 것이다. 그러한 정렬 알고리듬 중 가장 간단한 것을 '거품 정렬bubble sort'이라고 부르는데, 그 방법은 다음과 같다. 우리의 초라한 음반 컬렉션에서 음악가의 이름을 L, Q, C, O, A로 줄인 뒤에 알파벳순으로 음반을 분류한다. 거품 정렬은 선반 위에 놓인 음반들을 왼쪽에서 오른쪽으로 훑어보면서 어떤 한 쌍의 음반이 순서에 어긋나면 둘의 위치를 서로 바꾼다. 그런 식으로 어떤 쌍도 순서가 어긋나지 않도록 위치를 계속 바꿔가면서 전체 목록을 순서대로 정렬한다. 첫 번째 단계에서는 L이 제자리에 그대로 있는데, Q보다 알파벳순에서 앞서기 때문이다. 그러나 Q와 C는 순서가 어긋나므로 둘의 자리를 서로 바꾸어야 한다. 그다음에는 Q와 O의 자리를 바꾸고, 마지막으로 Q와 A의 자리도 바꾸면 첫 번째 단계가 끝난다. 이제 목록은 L, C, O, A, Q가 되었다. 첫 번째 단계가 끝난 뒤, Q는 '거품처럼' 이동하면서 목록 맨 끝자리의 올바른 자기 자리를 찾아갔다. 두 번째 단계에서는 C를 L과 바꾸고 A를 O 앞으로 보내 이제 O가 제자리를 찾았고, 목록은 C, L, A, O, Q로 변했다. 이제 두 단계만 더 거치면 A가 맨 앞으로 가고, 목록은 알파벳순으로 정확하게 정렬된다.

정렬할 음반이 5개일 때, 정렬되지 않은 목록을 네 단계에 걸쳐 살펴보면서 매번 네 번의 비교를 해야 했다. 음반의 수가 10개라면, 아홉 단계를 거치면서 목록을 살펴봐야 하고 매번 아홉 번의 비교를 해야 한다. 이것은 우리가 해야 할 일의 양이 물체 개수의 제곱에 비례해 증가한다는 것을 뜻한다. 음반의 수가 아주 많다면, 그만큼 해야 할 일의 양도 엄청나게 늘어나지만, 음반이 30개일 경우 수조×수조 가지의 가능한 순열을 모두 다 단순 무식한 알고리듬으로 조사하는 대신에 수백 번의 비교만 하면 된다. 이처럼 큰 진전에도 불구하고, 컴퓨터과학자들은 일반적으로 거품 정렬을 비효율적이라고 비웃는다. 수십억 개의 게시물을 거대 기술 회사들의 최신 선호도에 따라 정렬하고 배열해야 하는 페이스북의 뉴스 피드나 인스타그램의 포토 피드 같은 실제 응용 사례에서는 단순한 거품 정렬 대신에 더 효율적인 최신 정렬 방법을 사용한다. 예를 들어 '합병 정렬merge sort'은 게시물을 작은 집단들로 나눈 뒤, 빨리 정렬하고 합치는 방법을 써서 정확한 순서대로 배열한다.

2008년 미국 대통령 선거 과정에서 존 매케인John McCain이 출마 선언을 한 직후, 구글은 그가 구상하는 정책에 관한 연설을 해달라고 초대했다. 그 당시 구글의 CEO 에릭 슈미트Eric Schmidt는 매케인에게 대통령 선거에 출마하는 것은 구글에서 면접을 보는 것과 매우 비슷하다고 농담했다. 그러고 나서 슈미트는 매케인에게 진짜로 구글에서 면접을 볼 때 나오는 질문을 던졌다. "32비트 정수 100만 개를 2메가바이트 RAM 으로 정렬하는 방법이 좋은 것인지 아닌지 어떻게 판단하겠습니까?" 매케인은 당혹스러운 표정을 지었고, 이를 충분히 즐긴 슈미트는 곧 다음번의 진지한 질문으로 넘어갔다. 6개월 뒤, 버락 오바마_{Barack Obama}를 구글에 초대했을 때, 슈미트는 똑같은 질문을 던졌다. 오바마는 청중 쪽을 바라보면서 눈을 비비고는 "음, 그러니까……."라고 말문을 열었다. 오바마가 당황해한다는 것을 눈치챈 슈미트는 거기서 끼어들려고 했지만, 오바마는 슈미트의 눈을 똑바로 보면서 "……아니지요, 아니에요. 나는 거품 정렬은 올바른 방법이 아니라고 생각합니다."라고 말을 이어갔다. 청중 속에 섞여 있던 컴퓨터과학자들에게서 박수와 환호가 터져나왔다. 오바마에게서 나온 예상 밖의 박식한 대답—정렬 알고리듬의 비효율성에 대한 내부적 농담을 공유하면서—은 겉보기에 아주 자연스럽게 분출되는 것처럼 보이는 카리스마(세심한 준비로 뒷받침된)의 특징으로, 이런 카리스마는 선거 유세 내내 오바마의 특색이 되었으며, 결국 그를 거품처럼 솟아오르게 해 백악관으로 보냈다.

* * *

효율적인 정렬 알고리듬이 있으니, 다음번에 책들을 다시 정렬하거나 DVD 컬렉션을 재배열할 때 우주의 나이보다 더 오랜 시간이 걸리진 않으리라는 사실에 크게 마음이 놓인다.

이와는 반대로, 기술하기는 쉬워도 풀기까지는 천문학적 시간이 걸리는 문제들이 있다. 여러분이 DHL이나 UPS 같은 거대 배송 회사에서 일하는데, 근무 시간에 배송해야 할 물품이 많이 있다고 상상해보자. 배송에 걸린 시간이 아니라 배송한 물품의 수로 급여를 받기 때문에, 여러분은 모든 배송 장소를 가장 빨리 방문할 수 있는 경로를 찾으려고 한다. 이것은 '순회 외판원 문제'라고 하는 오래되고 중요한 수학적 난제의 핵심이다. 방문해야 할 장소가 많을수록 문제는 급속도로 엄청나게 어려워지는데, 이를 '조합 폭발combinatorial explosion'이라 부른다. 새로운 장소를 추가할 때마다 가능한 풀이법이 증가하는 속도는 기하급수적 증가보다 훨씬 빠르다. 만약 배송할 장소가 30곳이라면, 맨 처음에 방문할 수 있는 장소는 30곳이고, 두 번째에는 29곳, 세 번째에는 28곳, …이다. 그러면 확인해야 할 경로의 수는 $30 \times 29 \times 28 \times \cdots \times 3 \times 2$개이다. 즉, 목적지가 불과 30곳일 때, 가능한 전체 경로의 수는 2구溝 6500양穰 개, 즉 265 다음에 0이 30개 붙은 수이다. 그러나 이번에는 정렬 문제와 달리 간단하게 해결할 수 있는 방법이 없다. 다항식 시간 안에 답을 찾을 수 있는 실용적인 알고리듬이 전혀 없다. 올바른 풀이법을 입증하는 것 자체가 답을 찾는 것만큼 힘든데, 나머지 가능한 풀이법도 모두 다 검증해봐야 하기 때문이다.

배송 회사 본사에는 날마다 많은 운전기사에게 운송해야 할 물품을 배정하는 한편으로 최적의 경로를 짜는 물류 지원팀이 있다. 이와 관련된 과제를 '차량 경로 문제vehicle routing problem'라고 하는데, 순회 외판원 문제보다 풀기가 훨씬 어렵다. 이 두 가지 문제는 도시 내에서 버스의 경로를 짜는 것부터 우체통에서 편지를 수거하고, 창고 선반에서 물품을 가져오고, 회로 기판에 구멍을 뚫고, 마이크로칩을 만들고, 컴퓨터들에 배선을 연결하는 것에 이르기까지 온갖 곳에서 나타난다.

이 모든 문제들에서 유일하게 위안을 주는 특징이 있다면, 특정 과제들의 경우 훌륭한 해결책이 제시되었을 때 우리가 그것을 알아볼 수 있다는 점이다. 1000km보다 짧은 배송 경로를 요구했을 경우, 그런 경로를 발견하기는 쉽지 않더라도, 주어진 답이 그 조건을 만족시키는지 여부는 쉽게 확인할 수 있다. 이것을 순회 외판원 문제의 '결정 버전'이라고 하는데, 제시된 답에 대해 예 또는 아니요라는 결정을 내릴 수 있기 때문이다. 이것은 풀이법을 찾는 것은 어렵지만 풀이법이 옳은지 검증하는 것은 쉬운 NP 문제 중 하나이다.

이러한 어려움에도 불구하고, 설사 일반적으로는 가능하지 않더라도, 일부 특정 목적지들의 집단에 대해서는 정확한 풀이법을 찾는 것이 가능하다. 캐나다 온타리오주 워털루대학교에서 조합론과 최적화를 가르치는 빌 쿡Bill Cook 교수는 영국의 모든 펍을 방문하는 최단 경로를 계산하느라 병렬 슈퍼컴퓨터로 약 250년의 컴퓨터 시간을 썼다. 이 거대한 술집 순례는 4만 9687개의 펍을 포함하며, 총 거리는 약 6만 4000km나 된다. 평균적으로 약 1.3km마다 펍이 하나씩 있는 셈이다. 쿡이 이 계산을 하기 오래전에 영국 베드퍼드셔에 사는 브루스 매스터스Bruce Masters가 이 문제를 현실 세계에서 푸는 데 도전했다. 브루스는 가장 많은 펍을 방문한 사람으로 기네스 세계 챔피언에 올라 있다. 2014년까지 브루스(그때 나이는 69세)는 4만 6495곳의 펍을 방문해 술을 마셨다. 브루스는 1960년부터 영국 내의 모든 펍을 방문하는 여행을 시작해 160만 km가 넘는 거리를 여행했다. 이것은 빌 쿡이 발견한 가장 효율적인 경로보다 25배 이상 긴 것이다. 만약 여러분도 이와 비숫한 여행이나 단순히 자기 고장의 술집 순례를 계획하고 있다면, 먼저 쿡의 알고리듬을 참고하는 편이 좋을 것이다.[103]

*　　*　　*

대다수 수학자들은 P와 NP가 기본적으로 다른 종류의 문제라고 믿는다. 즉, 외판원이나 차량의 최적 경로를 알려주는 빠른 알고리듬을 절대로 알아내지 못할 것이라고 생각한다. 어쩌면 이것은 좋은 일일지도 모른다. 제시된 답에 대해 예 또는 아니요로 결정을 내리는 순회 외판원 문제의 '결정 버전'은 NP-완전NP-complete이라고 알려진 문제들의 부분집합 중 표준적인 예다. 한 강력한 정리는 어떤 알고리듬이 한 NP-완전 문제를 푸는 데 성공한다면, 이 알고리듬을 변형해 어떤 NP 문제라도 풀 수 있다고 말한다. 그러면 P는 곧 NP와 같다는 것, 즉 P와 NP가 사실은 같은 종류의 문제라는 것이 증명된다. 거의 모든 인터넷 암호는 특정 NP 문제를 풀기가 어렵다는 특성에 의존하기 때문에, 만약 P와 NP가 같다는 것이 증명된다면, 온라인 보안은 큰 위기를 맞이하게 될 것이다.

그렇지만 긍정적인 측면도 있는데, 모든 종류의 물류 배송 문제를 풀 수 있는 빠른 알고리듬을 개발할 수 있을 것이다. 공장들은 최대의 효율로 돌아가도록 작업 일정을 짤 수 있고, 배송 회사들은 모든 물품을 효율적으로 운송하는 경로를 찾아낼 수 있어 상품 가격을 낮출 수 있을 것이다—비록 우리는 온라인에서 더 이상 안전하게 상품을 주문할 수는 없더라도 말이다! P와 NP가 같다는 것이 증명되면, 과학 분야에서는 컴퓨터 비전computer vision(기계의 시각에 해당하는 부분을 연구하는 최신 컴퓨터과학 분야—옮긴이)과 유전자 염기 서열 분석, 심지어 자연재해 예측을 위한 효율적인 방법이 나올지 모른다.

만약 P와 NP가 같다면, 과학은 큰 승리를 거둘 수 있겠지만, 아이러니하게도 과학자들 자신은 패자가 될지 모른다. 가장 놀라운 과학적 발견 중 일부는 잘 훈련받고 자신의 분야에 깊이 몰두한 개인들의 창조적 사고에 크게 의존해왔다. 다윈의 자연 선택에 의한 진화론이나 앤드루 와일스Andrew Wiles의 페르마의 마지막 정리 증명, 아인슈타인의 일반 상대성 이론, 뉴턴의 운동 방정식 등이 그런 예이다. 만약 P와 NP가 같다면, 증명 가능한 것이면 어떤 수학적 정리라도 컴퓨터가 제대로 증명할 것이다. 그렇게 되면 인류의 위대한 지적 성취 중 많은 것이 로봇을 통해 다시 만들어지거나 로봇이 만들어낸 것으로 대체될지 모른다. 많은 수학자가 일자리를 잃게 될 것이다. P-NP 문제의 중심에는 인간의 창조성을 자동화할 수 있느냐 없느냐를 알아내기 위한 싸움이 자리하고 있다.

탐욕 알고리듬이 데려다주는 곳

순회 외판원 문제 같은 최적화 문제를 풀기가 그토록 어려운 이유는 엄청나게 많은 가능성 중에서 최선의 답을 얻으려고 하기 때문이다. 그렇지만 느리면서 완벽한 답보다는 빠르면서 적당히 좋은 답에 만족해야 하는 상황도 가끔 있다. 나는 출근하기 전에 가방에 집어넣는 물건들

6. 도무지 끝나지 않는 최적화

의 공간을 최소화하는 최적의 방법을 원치 않을 수도 있다. 그저 모든 것을 제대로 집어넣는 방법에 만족할 수도 있다. 이런 경우라면 문제를 푸는 방법에서 지름길을 택할 수 있다. 이때에는 어떤 문제의 광범위한 변형들에 대해 최선의 답에 가까운 것을 찾도록 설계된 발견적 알고리듬(상식적인 근사나 경험 법칙)을 사용할 수 있다.

　그런 식으로 답을 찾는 기술 중 하나가 탐욕 알고리듬greedy algorithm 이다. 이 근시안적 절차는 최선의 국지적 선택을 함으로써 전체에 대해 성립하는 최적의 해결책을 찾으려고 시도한다. 이것은 빠르고 효율적 이긴 하지만, 반드시 최적의 해결책이나 좋은 해결책을 내놓는다는 보 장은 없다. 여러분이 어떤 곳을 처음 방문하는데, 지형을 살펴보기 위 해 주변에서 가장 높은 언덕으로 올라가려 한다고 상상해보자. 꼭대기 로 올라가는 탐욕 알고리듬은 먼저 현재 위치에서 가장 가파른 경사면 을 찾은 뒤, 그 방향으로 발걸음을 내딛는 것으로 시작할 수 있다. 모든 발걸음에 이 절차를 반복하면, 결국 여러분은 사방의 경사면이 모두 아 래로 향하는 지점에 이를 것이다. 이것은 여러분이 어느 언덕 꼭대기에 도착했음을 뜻하지만, 그곳이 반드시 가장 높은 언덕은 아니다. 사방을 잘 보기 위해 가장 높은 곳으로 올라가기를 원할 때, 이 탐욕 알고리듬 이 여러분을 반드시 그곳으로 데려다주진 않는다. 방금 여러분이 올라 온 작은 언덕 꼭대기에 이르는 경로가 국지적인 산으로 안내하는 경로 보다 처음에 더 가파르게 시작했을 수도 있다. 그래서 여러분은 자신의 발견적 근시안을 바탕으로 작은 언덕으로 가는 경로를 선택한 것이다. 탐욕 알고리듬은 해결책을 발견할 수 있지만, 그것이 최선의 해결책이 라는 보장은 없다. 그런데 탐욕 알고리듬이 최적의 해결책을 제공한다고 알려진 특별한 문제들이 있다.

내비게이션에 저장된 지도는 길이가 제각각 다른 도로들로 연결된 교차점들의 집합으로 생각할 수 있다. 내비게이션이 해결해야 할 과제는 미로처럼 얽힌 도로들과 교차점들을 지나면서 두 장소 사이의 최단 경로를 찾는 것인데, 이것은 순회 외판원 문제만큼 어려워 보인다. 사실, 도로와 교차점의 수가 증가할수록 가능한 경로의 수는 천문학적으로 증가한다. 그저 약간의 도로와 교차점만 있어도 가능한 경로의 수가 수조 개로 불어난다. 만약 답을 찾는 방법이 가능한 경로를 모두 다 계산하고 각각의 경로를 지나는 총 거리를 비교하는 것밖에 없다면, 이것은 NP 문제가 될 것이다. 내비게이션 사용자들에게는 다행하게도 다항식 시간 내에 '최단 경로 문제'의 답을 찾는 효율적인 방법―데이크스트라 알고리듬Dijkstra's algorithm―이 있다.[104]

예를 들어 집에서 극장까지 가는 최단 경로를 찾으려고 할 때, 데이크스트라 알고리듬은 극장에서부터 거꾸로 시작한다. 만약 집에서 하나의 도로를 통해 극장까지 연결된 모든 교차점까지의 최단 거리를 안다면, 일은 아주 간단하다. 집에서 가까운 교차점들까지의 경로 길이를 교차점들을 극장으로 연결하는 도로들의 길이에 더하기만 하면, 극장까지 가는 최단 경로를 계산할 수 있다. 물론 이 과정을 시작할 때 집에서 가까운 교차점들까지의 길이는 알려져 있지 않다. 그렇지만 같은 개념을 다시 적용하면, 끝에서 두 번째 교차점들까지의 최단 경로를 집에서 거기에 연결된 교차점들까지의 최단 경로를 사용해 찾을 수 있다. 교차점 하나하나에 대해 이 논리를 반복적으로 적용하면, 우리가 여행을 시작할 집으로 돌아가는 경로를 찾을 수 있다. 도로망에서 최단 경

6. 도무지 끝나지 않는 최적화

로를 찾는 작업은 단순히 훌륭한 국지적 선택을 반복하기만 하면 된다—탐욕 알고리듬. 경로를 재구성하려면, 이 최단 거리를 이루기 위해 지나가야 하는 교차점들을 따라가기만 하면 된다. 구글 지도에서 극장으로 가는 최선의 경로를 검색할 때마다 보이지 않는 곳에서 일종의 데이크스트라 알고리듬이 열심히 많은 수들을 계산하고 있을 가능성이 높다.

그런데 극장에 도착해 주차 미터에 요금을 지불하려고 할 때, 기계가 거스름돈을 거슬러주지 않을 가능성이 높다. 마침 가진 동전이 많아서 정확한 액수를 최대한 빨리 지불하려 한다고 하자. 많은 사람들이 직관적으로 떠올릴 한 가지 탐욕 알고리듬은 동전을 순차적으로 집어 넣는 방법인데, 매번 남은 지불 금액보다는 적으면서 가치가 가장 높은 동전을 넣는다.

영국, 오스트레일리아, 뉴질랜드, 남아프리카공화국, 유럽을 포함해 대부분의 통화는 1-2-5 구조로 이루어졌는데, 동전이나 지폐의 액면가에 이 패턴이 반복적으로 나타난다. 예를 들어 영국 화폐에는 1펜스, 2펜스, 5펜스 동전이 있다. 그다음에는 10펜스, 20펜스, 50펜스 동전이 있고, 1파운드 동전과 2파운드 동전, 5파운드 지폐가 있으며, 마지막으로 10파운드, 20파운드, 50파운드 지폐가 있다. 따라서 이 화폐 제도에서 탐욕 알고리듬을 이용해 58펜스를 지불하려면, 먼저 50펜스 동전을 선택한다. 그러면 남은 금액은 8펜스가 된다. 20펜스나 10펜스는 남은 금액을 초과하므로, 다음에는 5펜스를 넣고 그 뒤를 이어 2펜스와 1펜스를 넣으면 된다. 미국 화폐를 비롯해 1-2-5 구조로 이루어진 모든 통화는 위에 설명한 탐욕 알고리듬으로 최소한의 동전을 사용해 필요한 금액을 지불할 수 있다.

같은 알고리듬이 모든 통화에서 성립하는 것은 아니다. 만약 어떤 이유로 4펜스 동전도 있다면, 58펜스 중 마지막 8펜스는 5펜스와 2펜스와 1펜스 동전 대신에 간단히 4펜스 동전 2개를 사용하는 편이 더 낫다. 각각의 동전이나 지폐가 바로 앞 단계에 있는 동전이나 지폐보다 액면가가 최소한 2배 이상인 통화는 탐욕 알고리듬의 속성을 만족한다. 많은 화폐 제도가 1-2-5 구조를 채택한 이유는 이 때문이다. 액면가 사이의 비율인 2와 2.5는 단순한 십진법을 보존하면서 탐욕 알고리듬이 성립하도록 보장한다. 잔돈을 주고받는 것은 보편적인 절차이기 때문에, 세상의 거의 모든 통화는 탐욕 알고리듬의 속성을 만족시키는 방향으로 바뀌었다. 5, 10, 20, 25, 50디람 동전을 사용하는 타지키스탄은 유일하게 동전이 탐욕 알고리듬의 속성을 만족시키지 않는 나라이다. 40디람은 탐욕 알고리듬에 따라 25디람과 10디람과 5디람 동전을 사용하는 것보다 20디람 동전 2개로 더 빨리 만들 수 있다.

탐욕에 관한 이야기를 조금 더 해보자. 여러분은 맥도날드에서 치킨 너겟 43개를 주문한 적이 있는가? 아마도 그런 일은 없었겠지만, 이 닭고기 튀김 조각들은 흥미로운 수학을 낳았다. 영국에서 맥너겟은 원래 6개, 9개, 20개 단위의 상자에 포장되어 판매되었다. 수학자 헨리 피치오토Henry Picciotto는 아들과 함께 맥도날드에서 점심을 먹다가 세 가지 상자의 조합으로 주문할 수 없는 치킨 너겟의 수는 어떤 것들이 있을지 궁금한 생각이 들었다. 그가 작성한 목록에는 1, 2, 3, 4, 5, 7, 8, 10, 11, 13, 14, 16, 17, 19, 22, 23, 25, 28, 31, 34, 37, 43이 들어 있었다. 나머지 모든 수는 주문할 수 있으며, 그날부터 맥너겟 수로 알려지게 되었다. 주어진 수들의 배수를 사용해 만들 수 없는 가장 큰 수를 프로베니우스수Frobenius number라고 한다. 따라서 치킨 너겟의 프로베니우스수는 43이었다. 슬프게도, 맥도날드가 4개 단위의 치킨 너겟을 판매하기 시작하자 프로베니우스수는 11로 추락했다. 아이러니한 것은, 4개짜리 새 상자를 추가하고 나서도 치킨 너겟 43개를 담으려고 시도하면, 탐욕 알고리듬이 실패한다는 점이다(20개짜리 상자 2개에 40개를 넣을 수 있지만, 3개짜리 상자가 없다). 따라서 이제 치킨 너겟 43개를 주문하는 것은 가능하긴 하지만, 드라이브스루에서 주문하는 것은 여전히 어려운 문제일 수 있다.

진화는 완벽을 추구하는가

성공만 한다면, 탐욕 알고리듬은 문제를 푸는 데 아주 효율적인 방법이다. 그렇지만 실패할 때에는 아무 쓸모가 없는 것보다 더 나쁠 수가 있다. 밖으로 나가 주변에서 가장 높은 산에 올라가 자연과 교감을 나누려 했는데, 융통성 없는 탐욕 알고리듬을 따르다가 고작 뒷마당에 두더지가 쌓은 흙 두둑에 갇히는 신세가 된다면, 이것은 절대로 최적의 답이라고 할 수 없다. 다행히도 자연 자체에서 영감을 얻은 여러 가지 알고리듬이 두더지 흙 두둑에서 벗어나게 해준다.

개미 군집 최적화ant colony optimization라고 부르는 절차는 컴퓨터로 만든 개미 군대를 보내 현실 세계의 문제를 모방한 가상 환경을 탐사하게 한다. 예를 들어 순회 외판원 문제에 맞닥뜨렸을 때, 개미들은 국지적 환경만 지각하는 진짜 개미의 능력을 반영해 근처의 목적지들 사이를 왔다 갔다 한다. 만약 개미들이 모든 지점들 주변을 돌아다니는 짧은 경로를 발견하면, 그 경로에 페로몬을 뿌려 다른 개미들을 안내한다. 더 인기 있고 더 짧은 경로는 강화되면서 더 많은 개미들의 통행을 끌어들인다. 뿌려놓은 페로몬은 현실 세계에서처럼 증발하기 때문에, 목적지가 변하면 개미들이 가장 빠른 경로를 재설정하는 유연성을 발휘할 수 있다. 개미 군집 최적화는 차량 경로 문제나 단순한 1차원 아미노산 사슬로부터 단백질이 3차원 구조로 접히는 방식을 이해하는 것을 포함해 생물학에서 가장 어려운 일부 질문에 대한 답을 구하는 것처럼 NP 문제를 효율적으로 푸는 방법을 찾는 데 사용된다.

개미 군집 최적화는 자연에서 영감을 얻어 만든 도구인 집단 지능 알고리듬swarm intelligence algorithm 중 하나에 불과하다. 찌르레기 떼나 물고기 떼는 소수의 이웃과 국지적 의사소통만 나누는데도 불구하고, 그 방향 변화는 엄청나게 빠르면서도 일관성 있게 일어난다. 예를 들어 물고기 떼의 한쪽 가장자리에서 입수된 포식 동물에 대한 정보는 금방 무리의 반대편까지 전파된다. 이 국지적 상호 작용 규칙을 차용함으로써 알고리듬 설계자는 서로 잘 연결된 인공 첩보원 무리를 대규모로 파견해 특정 환경을 탐사하게 할 수 있다. 무리 차원에서 빠르게 일어나는 의사소통 능력 덕분에 이들은 최적의 환경을 찾는 과정에서 다른 개체들이 발견한 것을 금방 공유할 수 있다.

자연에서 가장 유명한 알고리듬은 단연코 진화이다. 아주 단순하게 바라보면, 진화는 부모의 형질을 결합해 자식을 만드는 방식으로 작용한다. 환경에서 살아남고 번식하는 데 유리한 자식은 자신의 형질을 다음 세대의 더 많은 자식에게 물려준다. 때로는 세대 사이에 돌연변이가 나타나 새로운 형질이 추가될 수 있는데, 새로운 형질은 개체군 내에 존재하는 기존의 형질보다 더 나을 수도 있고 더 나쁠 수도 있다. 단세 가지 간단한 규칙—선택과 결합과 돌연변이—만으로도 지구의 가장 어려운 문제들 중 일부를 해결할 수 있는 생물 다양성을 만들어내기에 충분하다.

이 찬사에 혹해 생물학적 진화를 만병통치약으로 여기기 전에, 진화의 해결책이 좋은 경우가 많긴 하지만 완벽한 경우(그런 게 있다면)는 드물다는 사실을 기억할 필요가 있다. 야생 동물 다큐멘터리나 자연계를 다룬 기사에서 동물들이 자신의 환경에 '완벽하게' 적응했다는 이야기를 자주 듣는다. 사막에서 살면서 평생 동안 물을 마시지 않고도 필요한 수분을 먹이에서 얻도록 진화한 캥거루쥐부터 영하의 바다에서도 살아남도록 '얼지 않는' 단백질을 발달시킨 남극암치에 이르기까지, 진화는 혹독한 환경에 놀랍도록 잘 적응한 동물들을 만들어냈다.

그러나 완벽함을 찾는 과정을 진화의 맹목적인 가능성 탐구와 혼동해서는 안 된다. 진화는 보편적으로 주어진 환경에서 이전의 해결책보다 더 나은 해결책을 찾으려고 하지만, 항상 최선의 해결책을 찾는 것은 아니다.

영국의 청서(청설모) 개체군이 대표적인 사례이다. 날카로운 발톱과 유연한 뒷발, 균형을 잡는 데 필수적인 긴 꼬리를 가진 청서는 먹이를 구하기 위해 나무를 잘 오르내리도록 적응했다. 이빨은 평생 동안 계속 자라기 때문에 딱딱한 견과 껍데기를 손쉽게 부술 수 있으며 닳을까 봐 염려하지 않아도 된다. 청서는 자신의 환경에 완벽하게 적응한 것처럼 보였지만, 그때 적응력이 훨씬 뛰어난 친척이 나타났다. 몸집이 청서보다 상당히 큰 회색다람쥐는 더 많은 먹이를 찾아내 먹을 뿐만 아니라, 먹이를 더 효율적으로 소화하고 저장한다. 회색다람쥐는 청서와 싸우거나 청서를 죽이진 않았지만, 뛰어난 적응 능력으로 경쟁에서 청서를 밀어내고 생태학적 우위를 차지함으로써 잉글랜드와 웨일스의 활엽수림을 지배하게 되었다. 우리는 많은 종이 모범적인 적응 능력을 갖추었다고 생각하지만, 진화가 정말로 최적의 해결책을 찾아내서 그런 것이 아니라, 정말로 '완벽한' 해결책이 어떤 것인지 상상하는 우리의 능력이 부족해서 그렇게 생각할 뿐이다.

가능한 최선의 해결책을 진화가 반드시 찾아내는 것이 아닌데도, 잘 알려진 자연의 이 문제 해결 알고리듬의 핵심 내용을 컴퓨터과학자들이 아주 많이 표절했는데, 특히 '유전' 알고리듬에서 그런 일이 많이 벌어졌다. 이 도구들은 스케줄링 문제(주요 스포츠 리그의 경기 일정 설계를 포함하는)를 풀거나 '배낭 문제'처럼 어려운 NP 문제에 최선은 아니더라도 훌륭한 답을 제공하는 데 쓰인다.

배낭 문제는 장사꾼이 시장에 가져갈 물건을 배낭에 넣는 상황에서 생긴다. 물건은 많은데 배낭의 공간은 한정돼 있다. 모든 물건을 다 가져갈 수는 없기 때문에, 어떤 것을 가져갈지 선택해야 한다. 물건마다 크기와 팔아서 얻는 이윤이 제각각 다르다. 좋은 해결책은 배낭 안에 넣을 수 있으면서 이윤을 최대한 가져다줄 물건들을 선택하는 것이다. 반죽에서 원하는 모양을 잘라내거나 크리스마스 때 포장지를 절약하려고 하는 경우를 비롯해 온갖 곳에서 변형된 배낭 문제가 튀어나온다. 화물선이나 트럭에 화물을 실을 때에도 나타난다. 인터넷 다운로드 매니저가 어떤 데이터 덩어리를 다운로드하고, 한정된 인터넷 대역폭을 어떤 순서로 최대화할지 결정할 때에도 배낭 문제를 풀려고 노력한다.

유전 알고리듬은 문제에 대해 일정 수의 잠재적 해결책을 만드는 것으로 시작한다. 이 해결책들은 '부모' 세대이다. 배낭 문제에서 부모 세대는 배낭에 넣을 수 있는 물건들의 목록들로 이루어져 있다. 알고리듬은 문제를 잘 푸는 능력으로 해결책들의 순위를 매긴다. 배낭 문제의 경우, 순위는 물건들의 목록이 만들어내는 잠재적 이득을 바탕으로 매겨진다. 그리고 나서 최선의 해결책(가장 큰 이득을 만들어내는 목록) 두 가지를 '선택'한다. 한 훌륭한 해결책의 물건들 중 일부를 꺼낸 뒤, 나머지를 다른 훌륭한 해결책의 물건들 중 일부와 '결합'한다. 여기서 '돌연변이'가 일어날 가능성도 있다. 즉, 배낭에서 무작위로 선택된 물건이 나오고 대신에 다른 것이 들어갈 수 있다. 새로운 세대에서 첫 번째 '자식' 해결책이 나오면, '부모' 해결책 중 성적이 가장 좋은 둘을 더 선택해 생식을 시킨다. 이런 식으로 부모 세대에서 더 나은 해결책들은 자신의 형질을 다음 세대의 더 많은 자식 해결책에 전달한다. 부모 세대의 원래 해결책을 전부 다 대체할 만큼 충분히 많은 자식이 생길 때까지 이러한 결합 과정을 반복한다. 자기 역할을 다한 부모 해결책들은 죽어서 사라지고, 새로운 자식 해결책들이 부모의 지위로 올라가 선택, 결합, 돌연변이 주기를 처음부터 다시 시작한다.

자식 해결책이 만들어지는 방식에 내재하는 무작위성 때문에 이 알고리듬은 자신이 만들어내는 '모든' 자식이 반드시 부모보다 낫다고 보장하지 못한다. 사실, 많은 자식은 부모보다 못할 수도 있다. 그러나 자식들 중에서 누구에게 생식을 허용할지 까다롭게 선별함으로써 이 알고리듬은 허접한 해결책을 제거하고 가장 나은 해결책들만 다음 세대에 자신의 특성을 전달하게 한다. 다른 최적화 알고리듬과 마찬가지로 아직은 최선의 해결책에 이르지 못했지만, 해결책이 거기서 조금만 변해도 적합도가 감소하는 국지적 최대치에 이를 수 있다. 다행히 결합과 돌연변이의 무작위적 과정은 이러한 국지적 봉우리에서 벗어나 더 나은 해결책을 향해 나아가게 해준다.

유전 알고리듬의 아주 중요한 특징인 무작위성은 우리의 일상생활에서도 중요한 역할을 한다. 똑같은 밴드의 똑같은 노래를 계속 반복해서 듣는 자신을 발견했을 때, 우리는 셔플shuffle 버튼을 누를 수 있다. 가장 순수한 형태의 셔플은 우리를 위해 단순히 무작위로 노래를 골라준다. 이것은 선택과 결합 단계를 건너뛰지만 돌연변이 수준이 꽤 높은 유전 알고리듬과 같다. 이것은 마음에 드는 새로운 밴드를 찾는 한 가지 방법일 수 있지만, 거기에 이를 때까지 저스틴 비버Justin Bieber나 원디렉션One Direction의 노래를 많이 들어야 할 수도 있다.

많은 음악 스트리밍 서비스는 이제 훨씬 정교한 알고리듬 방식을 사용해 우리가 들을 음악을 섞는다. 만약 최근에 비틀스나 밥 딜런Bob Dylan의 노래를 들었다면, 유전 알고리듬은 둘의 특징을 결합한 밴드—예컨대 트래블링 윌버리스Traveling Wilburys(밥 딜런과 조지 해리슨George Harrison 슈퍼그룹)—를 들어보라고 추천할 수 있다. 노래들을 건너뛰거나 끝까지 들음으로써 우리는 그 노래들의 적합도를 평가한 신호를 보내고, 알고리듬은 미래에 어떤 '해결책'으로 접근해야 할지를 안다.

이전에 우리가 선호한 작품을 바탕으로 우리를 위해 무작위로 영화나 시리즈물을 선택하는 넷플릭스 플러그인도 있다. 이와 비슷하게 음

6. 도무지 끝나지 않는 최적화

식을 고르는 우리의 피로를 덜어주기 위해 무작위로 선택한 식품들을 보내주는 회사들이 최근에 많이 생겨났다. 치즈와 와인부터 과일과 채소에 이르기까지 우리는 있는 줄도 몰랐던 맛들을 탐구하면서 미식가의 경험을 최적화하는 노력을 시작할 수 있고, 식품 공급업체는 우리의 피드백을 바탕으로 다음에는 무엇을 보내야 할지 알 수 있다. 패션부터 픽션까지 광범위한 영역에서 회사들은 소비자의 경험에 새로운 활기를 불어넣기 위해 진화 알고리듬 창고에서 나온 도구들을 사용한다.

식당을 고를 때 실패율을 낮추는 법

앞에서 다룬 일부 최적화 알고리듬은 수학적 기반이 아주 복잡하여, 상업적 이익을 추구하면서 그것을 방대한 규모로 이용할 수 있는 거대 첨단 기술 회사들의 전유물처럼 보인다. 그러나 우리의 일상생활에서 작지만 중요한 개선을 이룰 수 있는 훨씬 단순한(비록 복잡한 수학을 기반으로 하지만) 알고리듬도 일부 있다. 그중 한 집단은 '최적 정지 전략optimal stopping strategy'이라 부르는데, 의사 결정 과정의 결과를 최적화하기 위해 필요한 행동을 취하는 데 가장 좋은 시간을 선택하는 방법을 제공한다.

예를 들어 파트너와 함께 저녁 식사를 할 장소를 물색한다고 하자. 둘 다 몹시 배가 고프지만, 좀 근사한 곳으로 가고 싶다. 그냥 맨 처음 눈에 들어오는 곳으로 무작정 들어가고 싶진 않다. 여러분은 자신이 훌륭한 평가자라고 여기기 때문에, 각 식당의 상대적 질을 서로 비교하여 순위를 매길 수 있다. 그래서 파트너가 이리저리 돌아다니는 데 짜증을 내기 전에 열 곳만 차례로 둘러보면서 평가하려고 한다. 그리고 파트너에게 우유부단하게 보일까 봐 한번 지나친 식당으로는 절대로 돌아가지 않기로 마음먹는다.

이런 종류의 문제에서 최선의 전략은 앞으로 어떤 식당들이 남아 있는지 감을 얻기 위해 일부 식당을 쓱 둘러보기만 하고 퇴짜를 놓는 것이다. 맨 처음 마주친 식당을 선택할 수도 있지만, 나머지 식당들에 대한 정보가 전혀 없는 상황에서는 무작위로 선택한 식당이 최선의 식당일 확률은 $\frac{1}{10}$밖에 안 된다. 따라서 먼저 여러 식당을 평가한 뒤에 그때까지 본 식당보다 더 나은 식당이 처음 나올 때 그곳을 선택하는 편이 더 낫다. 〈그림 21〉이 이 전략을 보여준다. 처음 세 식당은 그 질만 평가하고 지나친다. 일곱 번째 식당은 지금까지 본 식당들보다 나으므로 이곳에서 식사를 하기로 결정한다. 그런데 평가만 하고 퇴짜를 놓는 식

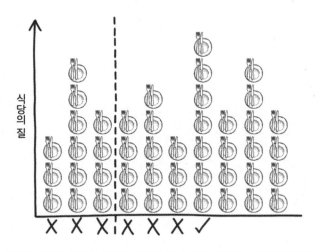

그림21 최적의 전략은 정해진 컷오프 지점(점선으로 표시된)까지는 모든 선택지를 평가만 하고 배제한 뒤, 그때까지 본 것보다 더 나은 곳이 처음 나오는 순간 그곳을 선택하는 것이다.

6. 도무지 끝나지 않는 최적화

당은 세 곳만으로 충분할까? 최적 정지 문제는 앞으로 어떤 식당들이 남아 있는지 감을 얻기 위해 둘러보기만 하고 퇴짜를 놓는 식당의 수를 몇 개로 정해야 하느냐고 묻는다. 충분히 많은 식당을 둘러보지 않으면, 어떤 식당들이 남아 있는지 제대로 감을 얻을 수 없다. 하지만 결심을 하기 전에 너무 많은 식당을 둘러보기만 하고 배제한다면, 남아 있는 선택지가 적을 수 있다.

이 문제 뒤에 숨어 있는 수학은 복잡하지만, 전체 식당 중 처음에 들른 약 37%(만약 식당이 열 곳만 있다면, 소수점 이하를 버린 세 곳)를 평가만 하고 배제한 뒤, 그다음에 지금까지 본 것보다 더 나은 식당을 처음 만날 때 그 식당을 선택하는 것이 최선이다. 더 정확하게 말하면, 전체 선택지에서 $\frac{1}{e}$에 해당하는 비율을 배제하는데, 여기서 e는 오일러수 Euler's number를 나타내는 수학 기호이다.[105] 오일러수는 대략 2.718이

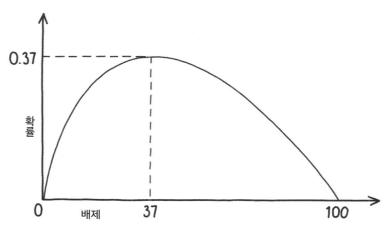

그림 22 최선의 식당을 선택할 확률은 처음 37%를 평가만 하고 배제한 뒤, 그때까지 보았던 것보다 더 나은 식당이 처음 나타나는 순간 그곳을 선택할 때 최대가 된다. 이 시나리오에서 최선의 식당을 선택할 확률은 0.37, 즉 37%이다.

므로, $\frac{1}{e}$은 약 0.368이고, 백분율로 나타내면 약 37%가 된다. 〈그림 22〉는 처음에 무조건 배제하는 식당의 수가 변함에 따라 100곳의 식당 중에서 최선의 식당을 선택할 확률이 어떻게 변하는지 보여준다. 당연한 일이지만, 성급하게 너무 일찍 결정을 내리면, 사실상 맹목적으로 선택하는 것이나 다름없어 그 확률은 아주 낮다. 마찬가지로 너무 오래 기다리면 최선의 선택을 지나칠 가능성이 높다. 최선의 식당을 선택할 확률은 처음 37곳의 식당을 배제했을 때 최대가 된다.

그러나 만약 최선의 식당이 처음 37% 안에 있다면 어떻게 될까? 이 경우에 여러분은 실패하고 만다. 37% 규칙이 매번 성립하는 것은 아니다. 이것은 확률론적 규칙일 뿐이다. 실제로 이 알고리듬이 보장하는 성공 확률은 37%이다. 하지만 이것이 주어진 상황에서 우리가 선택할 수 있는 최선이다. 그래도 10곳의 식당 중에서 무작위로 하나를 고를 때 성공할 확률 10%보다 훨씬 높고, 100곳의 식당 중에서 무작위로 하나를 고를 때 성공할 확률 1%보다는 월등히 높다. 선택지가 많을수록 상대적 성공률은 더 높아진다.

최적 정지 규칙은 식당에만 적용되는 것이 아니다. 사실, 최적 정지 문제 중에서 맨 처음 수학자들의 관심을 끈 것은 '채용 문제'였다.[106] 일자리를 구하려고 지원한 사람들을 한 명씩 차례로 면접시험을 봐야 하는 상황을 생각해보라. 면접이 끝날 때마다 지원자에게 당락 여부를 알려줘야 한다면, 37% 규칙을 사용해보라. 지원자들 중 37%를 면접하고 나서 이들을 기준으로 삼는다. 그런 다음, 이들보다 더 나은 사람이 처음 나타날 때, 당장 그 사람을 채용하고 나머지는 모두 탈락시키면 된다.

슈퍼마켓에서 계산대로 향할 때, 나는 처음 37%(11개 중 4개)를 그냥 지나치면서 각각의 줄이 얼마나 긴지 대충 파악한 뒤, 그다음에 내가 본 것보다 더 짧은 줄이 맨 처음 나타나면 그 줄에 선다. 친구들과 밤늦게까지 논 뒤에 마지막 열차를 타려고 달려가면서 우리가 다 같이 앉을 수 있도록 빈 좌석이 많은 칸을 타고 싶을 때에도 37% 규칙을 사용한다. 객차가 여덟 칸이라면, 처음 세 칸은 그냥 보내면서 각각의 칸에 빈 좌석이 얼마나 있는지 파악한 뒤, 처음 세 칸보다 빈 좌석이 많은 칸을 처음 만날 때 그 칸을 선택하면 된다.

비록 현실에 기반을 두긴 했지만, 위에서 소개한 시나리오 중 일부는 억지로 꾸며낸 것이다. 그렇지만 이 시나리오들을 좀 더 현실에 가까운 것으로 만들 수 있다. 만약 살펴본 식당들 중 절반에 빈자리가 없다면 어떻게 될까? 그때에는 식당을 배제하는 데 시간을 덜 써야 한다. 처음 37%를 살펴보는 대신에 25%만 살펴보고 나서 그것들보다 더 나은 첫 번째 식당을 선택하면 된다.

만약 시간이 충분히 있어 이미 지나친 객차로 돌아갈 수 있지만, 그동안에 그 객차의 빈 좌석이 채워졌을 확률이 50%라면 어떻게 될까? 뒤로 돌아갈 수 있으면 선택지가 넓어지기 때문에, 객차들을 조금 더 오래 살펴볼 수 있다. 처음 61%의 객차를 배제한 뒤에 그것들보다 빈 좌석이 많은 객차를 처음 만날 때 그것을 선택하면 된다. 그렇지만 너무 우물쭈물하다가 열차를 놓치는 실수를 저지르진 말도록.

집을 언제 팔아야 할지, 그리고 주차 공간을 확보하면서 걷는 거리를 최소화하려면 극장에서 얼마나 멀리 떨어진 곳에 주차해야 할지 알려주는 최적 정지 알고리듬도 있다. 하지만 상황이 현실에 가까운 것이

될수록 수학은 훨씬 더 어려워지고, 쉬운 백분율 규칙을 도출하기가 어렵다.

심지어 결혼하기로 결정하기 전에 얼마나 많은 사람을 사귀는 게 좋은지 알려주는 최적 정지 알고리듬도 있다. 먼저, 결혼할 때까지 얼마나 많은 사람을 사귈지 결정할 필요가 있다. 어쩌면 18번째 생일부터 35번째 생일까지 해마다 한 명씩 사귀기를 원할 수도 있다. 그렇다면 선택할 수 있는 잠재적 파트너가 모두 17명인 셈이다. 최적 정지 알고리듬은 앞으로 만날 사람들을 가늠하는 기준으로 삼기 위해 6~7년 동안(17년 중 약 37%)은 마음 편하게 상대를 사귀라고 제안한다. 그 후에는 그때까지 사귄 사람들보다 조금이라도 나은 사람이 나타나면, 그 사람을 붙잡아야 한다.

그러나 미리 정해놓은 규칙에 따라 연애를 하는 것에 불편을 느끼는 사람이 많다. 만약 처음 37% 안에서 정말로 마음에 드는 사람을 만난다면 어떻게 해야 할까? 여러분이라면 알고리듬이 지시하는 사랑의 행로를 따르기 위해 냉정하게 그 사람과 헤어지겠는가? 만약 나는 규칙을 철저하게 따라 자신에게 최선인 사람을 선택한다 하더라도, 상대방이 나를 최선의 파트너로 생각하지 않는다면 어쩔 것인가? 만약 도중에 자신의 이상형이 변한다면 어떻게 해야 할까? 다행히 한층 명백한 수학적 최적화 문제들과 마찬가지로 사랑 문제에서도 우리는 항상 최선의 해결책—완벽한 이상형인 단 한 사람—만을 추구해야 할 필요가 없다. 훌륭한 짝이 되어 우리와 행복하게 살아갈 수 있는 사람은 많이 존재할 가능성이 높다. 최적 정지 알고리듬이 인생의 모든 문제에 답을 내놓지는 않는다.

알고리듬은 일상생활의 많은 측면에 도움을 줄 잠재력이 아주 크지만, 모든 문제에 최선의 해결책을 제시하지는 않는다. 알고리듬은 단조로운 일을 간단하고 빨리 할 수 있게 해주지만, 사용할 때 위험이 따르는 경우가 많다. 세 부분—입력과 규칙과 출력—으로 이루어진 속성 때문에 일이 잘못될 수 있는 영역도 세 가지가 있다. 설사 절차의 규칙이 필요조건을 완전히 충족시킨다고 자신하더라도, 온라인 판매업자 마이클 파울러Michael Fowler가 막심한 손해를 겪고서 깨달은 것처럼 부주의한 입력과 제대로 제어되지 않은 출력 때문에 파국적인 결과를 맞이할 수 있다. 이 미국인이 훌륭한 알고리듬을 바탕으로 세운 소매 기본계획은 한때 잘나가다가 2013년에 급작스럽게 붕괴하고 말았는데, 그 뿌리는 제2차 세계 대전이 시작될 무렵의 영국으로 거슬러 올라간다.

"평정심을 유지하고 알고리듬을 확인하라"

1939년 7월 말에 이르러 영국 전역이 불길한 전쟁의 구름으로 캄캄하게 뒤덮였다. 대규모 공습이나 독가스 공격, 심지어 독일군의 본토 침공 가능성이 커졌다. 국민의 사기 저하를 염려한 영국 정부는 국내외 뉴스 보도에 영향을 주기 위해 제1차 세계 대전 마지막 해에 처음 만들었던 비밀 조직을 부활시켰다. 그 부서 이름은 정보부Ministry for Information 였다. 오웰보다 앞서 그의 소설에 나오는 진리부와 평화부를 합쳐놓은 듯한 정보부는 전쟁 동안 선전과 검열 업무를 맡기로 했다.

1939년 8월, 정보부는 세 가지 포스터를 제작했다. 첫 번째 포스터는 튜더 왕조 왕관 아래에 "자유가 위험에 빠졌다. 온 힘을 다해 자유를 사수하자."라는 문구가 적혀 있었다. 두 번째 포스터에 적힌 문구는 "여러분의 용기와 쾌활함과 결의가 우리에게 승리를 가져다줄 것이다."였다. 8월 하순까지 이 두 가지 포스터를 수십만 장 인쇄했고, 전쟁이 일어나면 즉각 배포할 준비를 마쳤다. 이 포스터들은 전쟁이 일어난 이후 처음 몇 달 동안 일반 대중에게 광범위하게 배포되었는데, 사람들은 대체로 이에 무관심한 반응을 보이거나 훈계를 듣는 듯한 느낌을 받았다.

같은 시기에 인쇄한 세 번째 포스터는 심한 공습으로 국민의 사기가 크게 떨어졌을 때를 대비해 배포를 보류했다. 그러나 전쟁이 시작되고 나서 1년이 지난 후인 1940년 9월에 독일 공군의 대공습이 시작되었을 때, 종이 부족 사태와 함께 처음 두 포스터가 거들먹거리는 듯한 논조 탓에 좋은 반응을 얻지 못했기 때문에, 세 포스터를 모두 폐기하여 펄프로 만들기로 결정했다. 세 번째 포스터는 정보부 밖에서는 본 사람이 거의 없었다.

2000년, 조용한 시장 도시 안윅에서 중고 서적상 메리 맨리Mary Manley와 스튜어트 맨리Stuart Manley는 얼마 전에 경매에서 구입한 중고 책들을 한 상자 운반했다. 상자를 비우자 상자 바닥에 구겨진 빨간색 종이가 있었다. 펼쳐보니 '잃어버린' 정보부 포스터의 다섯 단어가 적혀 있었다. "평정심을 유지하고 하던 일을 계속하라Keep calm and carry on."

포스터가 마음에 쏙 든 맨리 부부는 그것을 액자에 넣어 가게 벽에 걸어놓았고, 고객들도 그 포스터에 큰 관심을 보였다. 2005년 무렵에 그들은 일주일에 책을 약 3000권씩 팔았다. 그런데 이 밈이 전 세계 사

6. 도무지 끝나지 않는 최적화

람들의 의식 속에 폭발적으로 침투한 것은 2008년이었다. 온 세계가 경기 침체에 허덕이던 그 당시 많은 사람들은 영국인에게 어려운 시기를 버텨내게 했던 불굴의 정신을 환기하기를 원했다. "평정심을 유지하고 하던 일을 계속하라."는 구호가 바로 그 목적에 딱 들어맞았다. 이 메시지는 머그, 마우스 패드, 열쇠고리를 비롯해 상상할 수 있는 물건이라면 어디에나 들어갔다. 심지어 화장지에까지 들어갔다. 이 메시지는 변형된 형태로 인도 음식 식당("Keep calm and curry on"—평정심을 유지하고 카레를 드세요)과 콘돔("Keep calm and carry one"—평정심을 유지하고 하나를 갖고 다니세요)을 비롯해 아주 다양한 제품의 광고 캠페인에 사용되었다. "Keep calm and [동사] [명사]" 구조의 메시지는 어떤 조합으로 만들더라도 큰 공명을 일으키는 듯이 보였다. 하지만 전부 다 그런 것은 아니었다.

　온라인 판매상 마이클 파울러는 이 단순한 아이디어를 마케팅에 활용하기로 했다. 2010년, 파울러의 회사 솔리드 골드 밤은 약 1000가지 디자인이 미리 프린트된 티셔츠를 판매했는데, 그때 파울러는 작업 흐름의 효율을 크게 높일 수 있는 아이디어를 떠올렸다. 프린트된 티셔츠를 대량 보관하는 대신에 소비자의 요구가 있을 때 프린트하기로 한 것이다. 그러자 더 많은 디자인을 광고할 수 있었고, 각각의 디자인은 주문이 있을 때에만 프린트했다. 프린트 과정을 간소화한 뒤, 파울러는 디자인을 자동으로 만들어내는 컴퓨터 프로그램을 짜는 데 착수했다. 거의 하룻밤 사이에 솔리드 골드 밤이 제시하는 디자인은 1000가지에서 1000만 가지 이상으로 급등했다. 그런 알고리듬 중 하나는 2012년에 만들어졌는데, 동사 목록과 명사 목록에서 동사와 명사를 하나씩 선택해 "Keep calm and 〔동사 목록에서 가져온 단어〕〔명사 목록에서 가져온 단어〕" 공식에 따라 조합했다. 그렇게 만들어진 문구를 자동으로 문법적 오류 확인 검사를 거쳐 티셔츠 이미지에 중첩시킨 뒤, 아마존에 한 벌당 약 20달러의 가격표를 붙여 판매 상품으로 게시했다. 솔리드 골드 밤의 매출액이 정점에 이르렀을 때, 파울러는 "Keep calm and kick ass(평정심을 유지하고 엉덩이를 걷어차라)"라든가 "Keep calm and laugh a lot(평정심을 유지하고 많이 웃어라)"와 같은 문구가 새겨진 티셔츠를 하루에 400벌이나 팔았다. 문제는 세계 최대의 온라인 쇼핑몰에 "Keep calm and kick her(평정심을 유지하고 그 여자를 걷어차라)"라든가 "Keep calm and rape a lot(평정심을 유지하고 마구 강간하라)"와 같은 문구가 새겨진 티셔츠까지 자동으로 올라갔다는 점이었다.

놀랍게도 이 문구는 일 년이 지나도록 거의 누구의 눈에도 띄지 않았다. 그러다가 2013년 3월 어느 날, 파울러의 페이스북 페이지에 갑자기 살해 위협과 여성 혐오를 비난하는 주장이 넘쳐나기 시작했다. 문제가 된 디자인을 재빨리 내렸지만, 그 피해는 이미 회복할 수 없는 지경에 이르렀다. 아마존은 솔리드 골드 밤의 페이지를 중단시켰고, 매출은 0에 가깝게 급감했다. 파울러의 회사는 석 달 동안 휘청거리며 버텼지만 끝내 파산하고 말았다. 파울러가 만든 알고리듬은 처음에는 아주 좋은 아이디어처럼 보였지만, 결국에는 자신과 직원들의 생계를 잃게 했다.

아마존도 이 사건 때문에 피해가 전혀 없었던 것은 아니다. 솔리드 골드 밤이 공식 사과문을 발표하고 난 다음 날에도 아마존은 "Keep calm and grope a lot(평정심을 유지하고 많이 더듬어라)" "Keep calm and knife her(평정심을 유지하고 그 여자를 칼로 찔러라)" 같은 문구가 새겨진 티셔츠를 여전히 게시했다. 이 거대 온라인 쇼핑 업체를 불매하자는 운동이 조직적으로 일어났으며, 심지어 영국 부총리를 지낸 프레스콧Prescott 경까지 "우선 아마존은 영국에 세금 납부를 회피한다. 이제 그들은 가정 폭력으로 돈을 벌고 있다."라는 트윗을 올리면서 가세하고 나섰다. 이 사건은 컴퓨터 자동화 절차에 크게 의존하는 세계 최대의 온라인 판매업체가 알고리듬 활동 감시를 소홀히 했다가 맞이한 많은 위험 중 하나에 지나지 않는다.

* * *

2011년에 이미 아마존은 자동화 가격 책정 전략 때문에 알고리듬 논란을 야기했다. 그해 4월 8일, 버클리의 계산생물학자 마이클 아이젠Michael Eisen은 한 연구자에게 진화발달생물학 분야의 고전이지만 이제는 절판된 『초파리 만들기The Making of a Fly』를 한 권 구해오라고 시켰다. 아마존에 들어간 그 연구자는 판매 중인 책이 두 권 있는 것을 발견하고 기뻐했다. 그런데 조금 더 자세히 살펴보니, *profnath*가 올린 한 권은 판매가가 1,730,045.91달러로 매겨져 있었다. 그리고 *bordeebook*이 올린 다른 한 권에는 200만 달러가 넘는 가격이 매겨져 있었다. 그 책이 아무리 필요하다고 해도, 아이젠은 그 가격이 납득이 가지 않았다. 그래서 혹시라도 가격이 내려가는지 조금 더 지켜보기로 했다. 이튿날, 아마존에 들어가 확인해보니 상황이 더 나빠져 있었다. 두 권 다 이제 무려 280만 달러에 이르는 가격이 붙어 있었다. 그다음 날에는 350만 달러를 훌쩍 뛰어넘었다.

아이젠은 이렇게 미친 듯한 가격이 붙을 수 있는 방법을 금방 생각해냈다. *profnath*는 매일 *bordeebook*이 제시한 가격의 0.9983배에 맞춰 자신의 가격을 정했다. 그러면 *bordeebook*은 그날 늦게 *profnath*의 가격을 살펴보고 자신의 가격을 그것의 약 1.27배로 정했다. *bordeebook*이 책정한 가격은 날이 갈수록 현재 가격에 비례해 기하급수적으로 올랐고, *profnath*가 제시한 가격은 그것보다 약간 낮게 형성되었다. 만약 사람이 판매가를 관리하고 있었더라면, 합리적인 수준을 넘어섰을 때 금방 문제를 알아차렸을 것이다. 불행하게도 이 동역학적 가격 책정 방식은 사람이 관리하지 않고, 아마존 판매자들에게 제공된 많은 가격 책정 알고리듬 중 하나가 관리했다. 이 알고리듬에 가격 상한 조건을 포함시키려고 생각한 사람이 아무도 없었거나, 설사 있었다 하더라도 판매자들이 그것을 사용하지 않기로 결정한 것으로 보였다.

그래도 *profnath*가 가격을 약간 낮춰 제시하는 전략은 일리가 있었다. 자신이 판매하는 책의 가격을 가장 낮게 책정함으로써 수익률을 너무 낮추지 않고도 검색 목록에서 그 상품을 맨 위에 노출시킬 수 있었다. 그런데 왜 *bordeebook*은 계속 터무니없이 비싼 가격을 매겨 해당 상품이 판매되지 않고 창고에서 자리만 차지하게 만드는 알고리듬을 선택했을까? 이것은 도무지 이해가 가지 않는 행동이다. 만약 *bordeebook*이 처음부터 그 책을 갖고 있지 않았다면 이해가 간다. 아이젠은 *bordeebook*이 사용자들이 높은 평점을 통해 보여준 신뢰를 바탕으로 거래했을 거라고 추측한다. 만약 누가 *bordeebook*에서 책을 사기로 결정한다면, 그들은 곧장 *profnath*에서 그 책을 구입해 구매자에게 보내준다.

*bordeebook*은 가격 차이 덕분에 우송료를 빼고도 이익을 남길 수 있다.

아이젠이 터무니없는 가격을 처음 본 날부터 열흘이 지나자, 두 곳의 가격은 소용돌이를 그리며 점점 치솟아 무려 2300만 달러에 이르렀다. 애석하게도 4월 19일에 *profnath*가 출간된 지 20년이 지난 책에 터무니없는 가격을 매긴 걸 누군가가 발견하고서 가격을 106.23달러로 낮춤으로써 아이젠의 즐거움을 앗아갔다. 이튿날, *bordeebook*의 가격은 *profnath*의 약 1.27배인 134.97달러로 책정되었고, 또다시 가격 상승 사이클이 시작되었다. 가격은 2011년 8월에 다시 최고점을 찍었는데, 다만 이번에는 50만 달러에서 멈추었다. 이 가격은 아무도 눈치채지 못한 채 석 달 동안 유지되었다. 여전히 현실과 거리가 멀긴 하지만 아마도 누가 문제를 알아채고는 가격 상한선을 도입한 것 같았다. 이 글을 쓰고 있는 현재 그 책은 훨씬 합리적인 가격인 약 7달러 선에서 40여 권이 게시돼 있다.

터무니없이 높은 가격에도 불구하고, 『초파리 만들기』가 아마존에서 게시되거나 판매된 상품 중 가장 비싼 것은 아니다. 2010년 1월, 공학자 브라이언 클러그Brian Klug는 아마존에서 '셀스Cells'라는 윈도 98 CD-ROM에 무려 30억 달러(거기에다가 배송과 포장 요금 3.99달러 추가)라는 가격이 매겨진 것을 발견했다. 이 높은 가격 또한 가격 소용돌이의 결과로 매겨진 것 같았는데, 똑같은 CD-ROM을 다른 판매자가 상대적으로 저렴한 25만 달러에 올려놓았기 때문이다. 클러그는 신용 카드 정보를 입력하고 그것을 구입하는 절차를 진행했다. 며칠 뒤에 아마존은 주문을 처리할 수 없다고 사과하는 이메일을 보내왔다. 클러그는 실망하는 동시에 다른 한편으로는 안도하면서, 자신의 아마존 신용 카드를 사용해 구입한 상품에 1%를 할인해주겠다는 아마존의 제안에 답장을 보냈다.

주식 시장을 속인 알고리듬

아마존에서 일어난 것과 같은 알고리듬을 통한 가격 소용돌이가 항상 위쪽으로만 치솟는 것은 아니다. 주식이나 주식 연계 상품에 투자해본 사람이라면 "당신이 투자한 상품의 가치는 올라갈 수도 있지만 내려갈 수도 있습니다."라는 말을 들어보았을 것이다. 주식 시장의 매매에서 '알고리듬 트레이딩algorithmic trading'이 차지하는 비중이 점점 커지고 있다. 컴퓨터는 사람보다 훨씬 짧은 시간에 시장의 변화를 감지하고 반응할 수 있다. 만약 특정 금융 상품의 대량 매도 주문이 전광판에 뜨면, 그것은 그 상품의 가격이 떨어지리라는 신호일 수 있기 때문에, 트레이더들은 가격이 더 떨어지기 전에 좋은 가격에 자산을 처분하려고 한다. 사람이 그 메시지를 간파하고서 자산을 매도하려고 단추를 누르는 사이에 고빈도 알고리듬 트레이더는 벌써 자신의 자산을 다 매도하여 가격이 크게 떨어져 있다. 사람은 경쟁이 되지 않는다. 오늘날 월스트리트의 전체 거래량 중 70%가 바로 이 블랙박스 기계들을 통해 일어나는 것으로 추정된다. 대도시 증권 회사들과 은행들이 증권 중개인보다 수학과 물리학을 전공한 사람들에게 점점 더 많이 의존하는 이유는 이 때문인데, 이러한 알고리듬 트레이더를 만들고, 더 중요하게는 그것을 이해하는 전문가가 필요하다.

6. 도무지 끝나지 않는 최적화

2010년 5월 6일, 개인 투자자 나빈더 사라오Navinder Sarao는 하락세를 이어간 오전 장을 보낸 뒤, 런던의 자기 침실에서 얼마 전에 자신이 변경한 알고리듬을 켰다. 그 알고리듬은 시장을 속임으로써 (실제로 존재하지 않는 추세를 만들어내 다른 트레이더들이 그것을 믿고 행동하게 만듦으로써) 순식간에 많은 돈을 벌게끔 설계돼 있었다. 그의 프로그램은 E-mini 선물 계약이라는 금융 상품을 매도하는 주문을 아주 빨리 냈다가 누가 그것을 사기 전에 주문을 취소할 수 있었다.

자신의 계약을 현재의 매도 호가보다 조금 더 높은 가격에 내놓음으로써 어느 누구도, 심지어 아주 빨리 행동하는 알고리듬도, 자신이 매도 주문을 취소하기 전에 그 계약을 매수하지 못하게 했다. 이 프로그램을 돌리자 마법 같은 효과가 나타났다. 고빈도 알고리듬 트레이더들은 막대한 양의 매도 주문이 들어오는 것을 알아채고는 가격이 내리기 전에(만약 시장에 매도 물량이 넘치면 필연적으로 일어날 일) 자신의 E-mini 선물 계약을 매도하기로 결정했다. 선물 가격이 만족할 만한 수준까지 하락하자, 사라오는 프로그램을 끄고는 싼 가격에 계약들을 매수했다. 매도 물량이 많지 않다는 것을 알아챈 알고리듬 트레이더들이 재빨리 자신감을 회복하고는 선물 계약들을 매수하기 시작하자 가격이 회복되었다. 사라오는 큰돈을 벌었다.

사라오는 이 속임수를 통해 약 4000만 달러를 번 것으로 추정된다. 그의 알고리듬은 매우 성공적이었다. 어쩌면 너무 성공적이었는지 모른다. 고빈도 트레이딩 알고리듬들은 선물 시장의 막대한 매도 물량에 반응했다. 이 알고리듬들은 불과 14초 만에 E-mini 선물 계약을 2만 7000개 이상 거래했는데, 이것은 그날 하루 전체 거래량의 절반에 해당하는 양이었다. 그러고 나서는 추가 손실을 줄이기 위해 다른 종류의 선물 계약들을 매도하기 시작했다. 투매 양상은 일반 주식으로 번져갔고, 그다음에는 더 넓은 시장으로 퍼져갔다. 14시 42분부터 14시 47분까지 5분 사이에 다우존스 지수는 거의 700포인트나 급락했고, 그날 최저점에서는 거의 1000포인트나 하락하여 주식 시장에서 1조 달러가 사라졌다. 고빈도 트레이딩 알고리듬들이 이러한 대폭락을 초래한 직접적 원인은 아니었지만, 전혀 감시받지 않는 상황에서 빠르게 매매를 하는 그 속성은 분명히 상황을 악화시켰다. 그러나 일단 시장이 바닥을 치자, 알고리듬들은 자신감을 되찾고 대부분의 주가를 시초가 부근으로 재빨리 되돌려놓았다.

미국 금융 규제 당국이 플래시 크래시flash crash (주가 급락)의 원인을 다른 데서 찾는 동안 사라오는 거의 5년이나 사법 당국의 눈을 피했다. 하지만 2015년, 사라오는 2010년 플래시 크래시를 초래한 혐의로 체포되어 미국으로 인도되었다. 그는 불법적인 방법으로 시장을 조작했다는 혐의를 인정했고, 불법 거래를 통해 번 돈을 도로 내놓아야 했으며, 최대 30년 징역형을 받았다. 범죄는, 설사 알고리듬에 도움을 받는 범죄라 하더라도, 결코 이익을 가져다주지 않는다.

페이스북은 왜 트렌딩 플랫폼을 없앴나

사라오가 침실에서 시장을 조작한 사건은 알고리듬을 나쁜 목적으로 사용하기가 얼마나 쉬운지 잘 보여준다. 우리는 흔히 알고리듬을 감정

6. 도무지 끝나지 않는 최적화

에 치우치지 않고 냉정하게 따를 수 있는 공평무사한 지시라고 생각한다. 모든 알고리듬은 어떤 이유 때문에 개발되었다는 사실을 잊어버리고서 말이다. 규칙 자체가 사전에 미리 정해지고 냉정하게 실행할 수 있다고 해서 그 규칙을 사용하는 목적이 반드시 공평무사하다고 말할 수는 없다―설사 공평무사함이 설계자가 원래 의도했던 것이라고 하더라도.

소셜 미디어 플랫폼 중에서 투명성의 보루라고 자주 거론되는 트위터는 비교적 단순한 알고리듬을 사용해 관심을 끄는 주제가 무엇인지 결정한다. 이 알고리듬은 순전히 사용량을 바탕으로 주제의 순위를 정하는 대신에 해시태그 사용 빈도가 급등한 주제를 살핀다. 이것은 일리가 있다. 사용량 대신에 가속도에 초점을 맞추면, 잠깐 동안이지만 중요한 사건, 예컨대 2015년에 파리에서 테러 공격이 일어난 뒤 헌혈자를 구하는 요청(#dondusang - 헌혈)이나 밤에 잠잘 곳 제공(#porteouverte - 열린 문) 같은 주제가 금방 눈길을 끌게 된다. 만약 사용량이 트렌드를 결정하는 유일한 기준이라면, 우리는 해리 스타일스Harry Styles(#harrystyles)와 왕좌의 게임Game of Thrones(#GoT) 외에는 아무것도 듣지 못할 것이다.

안타깝게도, 이 동일한 규칙들 때문에 천천히 쌓이는 주제들은 눈길을 끌어야 마땅한데도 그러지 못하는 경우가 많다. 2011년 9월과 10월에 점거 운동Occupy Movement이 일어나는 동안 #occupywallstreet는 트위터에서 가장 인기 있는 해시태그였는데도 불구하고, 이 운동의 본거지인 뉴욕시에서 트렌드로 크게 뜬 적이 없다. 비록 전체적인 사용량이 적긴 했지만, 그 기간에 더 일시적인 이야기들, 예컨대 스티브 잡스

Steve Jobs의 죽음(#ThankYouSteve)이나 킴 카다시안Kim Kardashian의 결혼 (#KimKWedding)이 관심을 더 자극해 트위터의 트렌드 순위에서 윗자리를 차지했다. 완전히 실용적인 알고리듬조차 그 내부에 좀처럼 변하지 않는 편향이 숨어 있어 세계 무대에 비추는 스포트라이트의 방향에 영향을 미칠 수 있다는 사실을 기억할 필요가 있다.

더욱 우려스러운 것은 겉으로는 독립적으로 보이는 알고리듬의 결과에 인간이 개입할 여지가 있는 상황이다. 2016년 5월, 테크놀로지 뉴스 웹사이트 기즈모도Gizmodo에 게시된 폭로 기사는 페이스북의 '트렌딩' 뉴스 섹션이 반보수적 편향이 강하다고 비난했다. 기즈모도는 전직 페이스북 뉴스 큐레이터의 증언을 소개했는데, 이 큐레이터는 많은 사람 중에서도 밋 롬니와 랜드 폴Rand Paul 같은 미국 정치인이 인간의 개입 때문에 페이스북의 트렌딩 주제 목록에서 배제된다는 우파의 주장을 펼쳤다. 우파의 이야기가 페이스북에서 조직적으로 인기를 끌고 있을 때에도 트렌딩 목록에 올라가지 않는다는 주장도 나왔다. 또 그럴 만한 인기가 없는데도 트렌딩 리스트에 인위적으로 '끼워넣은' 이야기가 있다는 주장도 나왔다.

정치적 편향 비난에 대응해 페이스북은 트렌딩 편집 팀을 전원 해고하고 "그 결과물을 더 자동적으로 만들기로" 결정했다. 페이스북은 알고리듬에 더 많은 권한을 부여하고 인간의 통제 수준을 낮춤으로써 알고리듬의 객관성을 잘 활용할 수 있으리라고 기대했다. 이 결정을 내리고 나서 불과 몇 시간 뒤에 트렌딩 주제 섹션에는 우파가 퍼뜨린 가짜 뉴스가 떴는데, 폭스 뉴스의 앵커이자 '정체를 숨긴 민주당원'인 메긴 켈리Megyn Kelly가 힐러리 클린턴Hillary Clinton을 지지했다는 이유로 해고

6. 도무지 끝나지 않는 최적화

당했다는 보도였다. 이것은 그다음 2년 동안 페이스북의 트렌딩 섹션에 넘쳐난, 우파 쪽으로 압도적으로 기울어진 가짜 뉴스 중 첫 번째에 지나지 않았다. 이 가짜 뉴스들에 비하면 처음에 제기된 반보수적 편향 주장은 아주 밋밋한 수준에 불과했다. 신뢰성 문제 때문에 결국 페이스북은 2018년 6월에 트렌딩 플랫폼 자체를 아예 없애버렸다.

*   *   *

공정하다고 알려진 알고리듬을 우리가 신뢰하는 이유는 일관성이 없고 개인적 성향이 강하게 드러나는 인간의 약점을 경계하기 때문이다. 그러나 비록 컴퓨터가 사전에 정해진 규칙을 따르면서 알고리듬을 객관적인 방식으로 실행할지는 몰라도, 그 규칙 자체는 사람이 만든 것이다. 프로그래머가 의식적으로건 무의식적으로건 자신의 편향을 알고리듬 자체에 직접 집어넣을 수 있는데, 컴퓨터 코드로 번역된 편견은 알아채기가 어렵다. 세계적인 첨단 기술 회사인 페이스북이 자신의 알고리듬에 권한을 이양했기 때문에 트렌딩 뉴스 이야기의 중립성을 우리가 믿을 수 있다는 주장은 전혀 타당하지 않다.

솔리드 골드 밤의 불쾌한 티셔츠와 아마존의 소용돌이 가격과 마찬가지로 페이스북이 겪은 낭패는 인간의 감시를 더 줄일 게 아니라 더 늘려야 할 필요성을 강조한다. 알고리듬이 점점 더 복잡해짐에 따라 그 출력도 그에 상응해 예측 불가능해질 수 있으므로 더 철저히 감시할 필요가 있다. 그러나 이러한 감시 활동은 거대 첨단 기술 회사만의 책임이 아니다. 최적화 알고리듬이 일상생활의 점점 더 많은 측면에 스며듦에 따라 우리에게 제공되는 출력의 진실성을 보장하기 위해 (그러한 편의를 현실에서 직접 누리는) 우리도 일부 책임을 떠맡을 필요가 있다. 우리는 자신이 읽는 뉴스 스토리의 출처를 신뢰하는가? 내비게이션이 추천하는 경로는 타당한가? 우리에게 지불하라고 제시된 자동 책정 가격은 정말로 합당한 가치가 있는가? 비록 알고리듬은 우리에게 중요한 결정을 내리는 데 도움이 되는 정보를 제공하긴 하지만, 우리 자신의 미묘하고 편향되고 비합리적이고 불가해하지만 매우 인간적인 판단을 대체할 수는 없다.

다음 장에서 감염병과 맞서 싸우는 최전선에서 쓰이는 도구들을 살펴볼 때에도 동일한 논지에 맞닥뜨릴 것이다. 즉, 현대 의학 분야에서 일어난 발전은 감염병 확산을 저지하는 데 큰 도움을 주었지만, 수학은 우리가 개인적으로 취하는 간단한 행동과 선택이 유행병을 억제하는 가장 효과적인 방법임을 보여준다.

7장

팬데믹 시대, 수학은 어떻게 무기가 되는가

S-I-R 모형에서 집단 면역까지, 수리역학의 분투

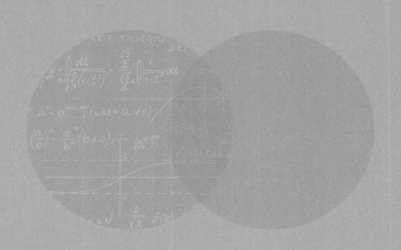

2014년 연말을 향해가던 크리스마스 휴가 기간에 '지구에서 가장 행복한 장소'는 많은 가족에게 비참한 고통의 장소가 되었다. 휴가 기간에 수십만 명의 부모와 어린이가 평생 잊지 못할 마법 같은 추억을 만들길 기대하면서 캘리포니아주의 디즈니랜드를 방문했다. 일부 가족은 추억 대신에 전혀 예상치 못한 기념품을 갖고 돌아갔는데, 바로 전염성이 매우 높은 감염병이었다.

방문자 중에 생후 4개월의 모비우스 루프Mobius Loop도 있었다. 어머니 에어리얼Ariel과 아버지 크리스Chris는 스스로 인정하는 디즈니랜드 광팬이었는데, 2013년에 그곳에서 결혼식을 올릴 만큼 열정이 대단했다. 간호사로 훈련받은 에어리얼은 조산아로 태어난 아들의 면역계가 아직 발달하는 단계에서 감염병에 노출되면 얼마나 위험한지 잘 알고 있었다. 그래서 신생아인 아들을 거의 집 안에만 두었다. 생후 2개월경에 첫 번째 백신 접종을 하기 전에 모비우스를 보러 오겠다는 사람이 있으면, 반드시 독감과 파상풍, 디프테리아, 백일해 백신 주사를 맞고 오게 했다.

2015년 1월 중순에 모비우스가 첫 번째 백신 접종을 다 받고 나자, 에어리얼과 크리스는 주머니에서 잠자고 있는 연간 회원권이 아까운 생각이 들었다. 그래서 모비우스를 함께 데려가 디즈니랜드의 '마법을 경험'하게 해주기로 결정했다. 퍼레이드를 구경하고 엄청나게 큰 만화 캐릭터들을 만나면서 하루를 보낸 뒤, 루프 부부는 모비우스가 디즈니랜드에서 보낸 첫 번째 모험을 매우 즐거워한 것에 기뻐하며 집으로 돌아왔다.

2주일 뒤, 아들을 잠재우느라 힘든 밤을 보낸 에어리얼은 아침에 모비우스의 가슴과 머리 뒤쪽에서 붉은 반점들을 발견했다. 체온을 재보니 39°C나 되었다. 아무리 애써도 체온이 내려가지 않아 주치의에게 전화를 걸었더니 당장 응급실로 데려가라고 했다. 병원에 도착하자 전신을 보호복으로 감싼 감염 관리 팀이 병원 밖으로 나와서 그들을 맞았다. 에어리얼과 크리스도 마스크와 가운을 착용했고, 뒷문을 통해 음압 격리실로 안내되었다. 모비우스를 자세히 살펴본 의사들은 확실한 검사를 위해 피를 뽑아야 하니 에어리얼에게 아이를 움직이지 않게 하라고 했다. 응급실 의사들은 이전에 그 병에 걸린 사람을 실제로 본 적이 없었지만, 그 병이 홍역이라는 데 모두 의견이 일치했다.

1960년대에 시작된 백신 접종 계획이 큰 효과가 있어서 서구 국가에서는 많은 의료 전문가까지 포함해 일반 시민 중에서 홍역의 증상이 얼마나 심한지 직접 본 사람이 거의 없었다. 그렇지만 홍역 환자가 연간 수만 명씩 발생하는 나이지리아 같은 개발 도상국을 가보면, 이 질병이 어떤 것인지 훨씬 잘 이해할 수 있다. 홍역은 합병증으로 폐렴, 뇌염, 실명 등이 나타날 수 있으며, 심하면 목숨을 잃을 수 있다.

2000년, 당국은 미국에서 홍역이 박멸되었다고 공식으로 선언했다.[107] 박멸되었다는 것은 미국 내에서는 홍역이 더 이상 돌아다니지 않으며, 새로 발병하는 사례는 해외에서 들어온 사람들에 의해 전파된다는 뜻이다. 2000년부터 2008년까지 9년 동안 미국에서 홍역 환자가 확인된 사례는 557건에 불과했다. 그런데 2014년 한 해에만 667건이 발생했다. 2015년이 다가올 무렵, 디즈니랜드에서 발생하여 루프 가족을 비롯해 수십 가족을 감염시킨 홍역은 나라 전체로 빠르게 퍼져갔다. 그 기세가 가라앉을 때까지 21개 주에서 170명 이상이 홍역에 감염되었다. 디즈니랜드에서 급작스럽게 일어난 홍역 발병은 점점 더 혼하게 일어나는 대규모 돌발 발병 사례 중 하나이다. 홍역은 미국과 유럽에서 다시 증가하면서 취약한 사람들을 위험에 빠뜨리고 있다.

*　*　*

우리가 침팬지와 보노보 계통과 갈라선 이래 질병은 늘 우리를 괴롭혀왔다. 우리의 역사 중 상당 부분은 전염병과 관련된 부차적 이야기가 차지하는데, 이 이야기들은 기록에서 누락된 경우가 많다. 예를 들면, 5000여 년 전에 고대 이집트의 전체 인구 중 상당수가 말라리아와 결핵에 걸렸다는 증거가 최근에 발견되었다. 541년부터 542년까지 '유스티니아누스 페스트the Plague of Justinian' 범유행병으로 약 2억 명에 이르던 세계 인구 중 15~25%가 죽은 것으로 추정된다. 코르테스Cortés가 멕시코를 정복한 뒤, 1519년에 약 3000만 명이던 원주민 수가 50년 뒤에는 불과 300만 명으로 줄어들었다. 아즈텍족 의사들은 서양인 정복자들이 가져온, 이전에 본 적이 없는 질병에 대처할 방법이 전혀 없었다. 이런 질병의 명단은 계속 불어났다.

심지어 오늘날에도 질병을 일으키는 병원체가 아주 복잡하여, 현대의학조차 우리의 일상생활에서 병원체를 완전히 박멸하지 못한다. 대부분의 사람들은 거의 해마다 감기에 걸린다. 여러분 자신은 독감에 걸린 적이 없더라도, 독감에 걸린 사람을 여럿 보았을 것이다. 선진국에서는 콜레라나 결핵에 걸리는 사람이 적지만, 이 범유행병은 아프리카와 아시아의 많은 지역에서 흔하게 발생한다. 그런데 흥미롭게도 질병발병률이 높은 지역 사회에서도 누구나 다 병에 걸리는 것은 아니다. 질병의 음울한 매력 중 하나는 무작위적 감염인데, 같은 지역 사회 안에서도 어떤 사람들은 말할 수 없는 공포를 경험하는 반면, 어떤 사람들은 아무 영향도 받지 않는다.

그런데 뒤에서 묵묵히 일하면서 감염병의 수수께끼를 풀려고 노력해 큰 성공을 거둔 과학 분야가 있다. 수리역학은 HIV의 확산을 막는 예방 조처들을 제시하고, 에볼라 위기를 가라앉히는 등 대규모 감염에 대항하는 싸움에서 아주 중요한 역할을 한다. 점점 커져가는 백신 반대 운동 때문에 우리에게 닥칠 위험을 강조하는 것부터 전 세계적인 범유행병에 맞서 싸우는 것에 이르기까지, 지구에서 질병을 박멸하기 위한 중요한 노력의 중심에는 수학이 있다.

천연두 사망률을 낮춘 개입

18세기 중엽에 천연두는 전 세계의 풍토병이었다. 유럽에서만 해마다 약 40만 명―유럽 대륙 전체 사망자 중 최대 20%에 이르는―이 죽은 것으로 추정된다. 천연두에 걸렸다가 살아남은 사람들 중 절반은 눈이 멀거나 얼굴이 흉하게 변했다. 글로스터셔주 농촌에서 의사로 일하던 에드워드 제너Edward Jenner는 주민들 사이에 떠도는 소문을 들었는데, 소젖 짜는 일을 하는 여성은 천연두에 걸리지 않는다는 것이었다. 제너는 천연두보다 약한 질병인 우두(소젖을 짜는 여성 대부분이 걸리던 병)에 걸리면 천연두에 면역이 생기는 것이 아닐까 하고 추측했다.

1796년, 제너는 자신의 가설을 검증하기 위해 오늘날이라면 매우 비윤리적인 것으로 간주될 획기적인 질병 예방 실험을 했다.[108] 소젖 짜는 여성의 팔에 생긴 병터에서 고름을 짜내 여덟 살 소년 제임스 핍스James Phipps의 팔에 상처를 내고 그것을 문질렀다. 핍스는 금방 병터가 생기고 열이 났지만, 열흘 안에 이전과 다름없이 건강을 완전히 되찾았다. 그것만으로는 성에 차지 않았는지 제너는 두 달 뒤에 또 한 번 핍스에게 접종했는데, 이번에는 훨씬 위험한 천연두 환자의 고름을 상처에 문질렀다. 며칠 뒤, 핍스에게 천연두 증상이 나타나지 않는다는 사실을 확인한 제너는 핍스에게 천연두에 대한 면역이 생겼다고 결론 내렸다. 제너는 자신이 개발한 이 과정을 '백신 접종vaccination'이라고 이름 붙였는데, 암소를 뜻하는 라틴어 '바카vacca'에서 딴 이름이었다. 1801년, 제너는 이 발견에 대한 자신의 기대를 다음과 같이 기록했다. "……인류의 가장 끔찍한 재앙인 천연두를 박멸하는 것이 이 과정의 최종 결과가 될 것이다." 그리고 세계보건기구가 혼신의 힘을 다해 백신 접종 노력을 기울인 끝에 200여 년 뒤인 1977년에 그의 꿈은 드디어 실현되었다.

제너의 백신 개발 이야기는 천연두와 현대 질병 예방의 역사 사이에 존재하는 불가분의 관계를 생생하게 보여준다. 수리역학도 천연두를 막으려는 노력에서 그 뿌리를 찾을 수 있지만, 이 분야의 기원은 그보다 훨씬 더 이전으로 거슬러 올라간다.

＊　　＊　　＊

제너가 백신 접종이라는 개념을 발전시키기 훨씬 전에 인도와 중국 사람들은 절박한 상황에서 인두법人痘法을 시도했다. 인두법은 백신 접종과 대조적으로 해당 질병과 직접적 관련이 있는 물질을 몸속에 집어넣는다. 천연두의 경우, 천연두 환자의 고름 딱지를 가루로 만들어 코로 들이마시거나 팔에 낸 상처에 고름을 문질렀다. 그 목적은 약한 형태의 천연두에 걸리는 것이었는데, 이 방법은 비록 역겹긴 했지만 진짜 천연두에 노출되는 것보다 덜 위험했으며, 환자에게 평생 동안 천연두에 걸리지 않는 면역력을 제공했다. 이 방법은 금방 중동으로 전파되었고, 중동을 거쳐 18세기 전반에 천연두가 창궐하던 유럽으로 전해졌다.

인두법은 효과가 있어 보였지만, 비판하는 사람들도 있었다. 나중에 면역력이 떨어지면 천연두의 두 번째 공격에서 환자를 보호하지 못하는 경우가 가끔 있었다. 하지만 그보다 인두법의 명성에 훨씬 큰 흠집을 낸 것은 접종을 받은 사람들 중 2% 정도가 사망한다는 사실이었다.

영국 왕 조지 3세George III의 네 살 아들 옥타비우스Octavius도 그렇게 해서 죽었는데, 세간의 이목을 끈 이 사건은 인두법에 대한 일반 대중의 인식에 부정적 영향을 끼쳤다. 2%의 사망률은 자연적 확산을 통해 천연두에 걸린 사람들의 사망률 20~30%보다는 훨씬 낮았지만, 비판자들은 인두법으로 접종을 받은 사람들 중 상당수가 자연적으로는 천연두에 노출되지 않을 사람들이며, 광범위한 접종은 불필요한 위험을 감수하는 짓이라고 주장했다. 인두법으로 접종을 받은 환자들이 자연적으로 감염된 천연두 환자만큼이나 효과적으로 천연두를 옮긴다는 주장도 제기되었다. 그러나 의학적 대조 시험이 전혀 없는 상태에서는 인두법 접종의 효과를 계량화하여 이 방법에 대한 의심을 잠재우기가 쉽지 않았다.

업적에 비해 잘 알려지지 않았지만 18세기의 위대한 과학적 영웅인 스위스 수학자 다니엘 베르누이Daniel Bernoulli는 바로 이런 종류의 공중 보건 문제에 큰 호기심을 느꼈다. 베르누이의 많은 수학적 업적 중에는 유체역학 분야의 연구를 통해 날개가 비행기를 띄우는 양력을 어떻게 만들어내는지 설명하는 방정식도 있다. 그런데 베르누이는 고등 수학에 통달하기 전에 의학을 먼저 공부했다. 훗날 유체의 흐름을 의학 지식과 결합하여 연구하다가 혈압을 측정할 수 있는 절차를 최초로 발견했다. 속이 빈 튜브로 관의 벽에 구멍을 내고 꽂은 뒤, 관 속을 흐르는 유체가 튜브로 얼마나 높이 솟아오르는지 관찰함으로써 관 속을 흐르는 유체의 압력을 알 수 있었다. 이 발견으로 개발된 혈압 측정 방법은 불편하게도 유리관을 직접 환자의 동맥 속으로 집어넣었다. 이 방법은 170여 년이 지난 뒤에야 덜 침습적인 방법으로 대체되었다.[109] 베르누이는 또한 폭 넓은 배경 지식을 바탕으로 인두법의 효능을 판단하기 위해 수학적 접근법을 적용했는데, 그 당시 전통적인 의료 종사자들은 이 질문에 대한 답을 그저 추측만 하는 수준에 머물러 있었다.

베르누이는 천연두에 한 번도 걸린 적이 없어서 앞으로 감염될 가능성이 있는 특정 연령대 사람들의 비율을 나타내는 방정식을 제시했다.[110] 그리고 에드먼드 핼리Edmund Halley(혜성 발견으로 유명한 천문학자)가 수집 분석한 생명표(태어난 뒤 주어진 나이까지 살아남는 사람들의 비율을 나타낸다—옮긴이)로 방정식을 보정했다. 그렇게 해서 천연두에 걸렸다가 회복한 사람들과 천연두에 걸려 죽은 사람들의 비율을 계산할 수 있었다. 그리고 모든 사람에게 인두법으로 접종을 했을 때 구할 수 있는 사람들의 수를 두 번째 방정식을 사용해 알아낼 수 있었다. 베르누이는 인두법으로 보편적 접종을 할 경우, 태어나는 아이들 중 약 50%가 25세까지 살아남는다는 결론을 얻었다. 이것은 오늘날의 기준으로는 매우 절망적인 것이지만, 천연두가 자유롭게 퍼지도록 손놓고 있을 때의 생존율 43%에 비하면 아주 양호한 결과였다. 게다가 베르누이는 이 한 번의 간단한 의학적 개입으로 평균 기대 수명이 3년 이상 늘어난다는 것을 보여주었다. 베르누이에게는 국가의 의학적 개입을 옹호해야 할 이유가 명백했다. 논문의 결론 부분에서 베르누이는 "나는 단지 인류의 안녕과 밀접한 관계가 있는 문제에서, 약간의 분석과 계산이 제공할 수 있는 지식을 참고하지 않고서 어떤 결정을 내리지 않기를 바란다."라고 썼다.

오늘날 수리역학이 추구하는 목적도 베르누이가 본래 목표로 삼았던 것에서 크게 벗어나지 않았다. 기본 수학 모형을 가지고 질병의 진행을 예측하고 잠재적 개입이 질병의 확산에 미치는 효과를 이해할 수 있다. 더 복잡한 모형을 사용하면, 한정된 자원의 효율적 배분과 이와 관련된 질문들에 대한 답을 얻거나 공중 보건 개입이 낳을 예상치 못한 결과를 알 수 있다.

감염 대상군, 감염군, 제거군

19세기 말에 영국 식민지이던 인도에서는 열악한 위생과 혼잡한 생활 환경 때문에 콜레라와 이질, 말라리아를 포함해 치명적인 유행병이 전국적으로 발생하여 수백만 명이 죽었다.[111] 그리고 그 이름만으로도 수백 년 동안 사람들을 공포에 떨게 한 네 번째 질병이 발병하여 역학의 역사에서 가장 중요한 발전 중 하나를 낳았다.

이 질병이 1896년 8월에 봄베이(오늘날의 뭄바이)에 어떻게 도착했는지 정확하게 아는 사람은 아무도 없지만, 이 질병이 초래한 엄청난 피해는 아주 잘 알려져 있다.[112] 가장 그럴듯한 설명은 영국 식민지이던 홍콩에서 출발한 어느 상선에 반갑지 않은 밀항자가 여럿 타고 왔다는 것이다. 이 배는 2주일 뒤 봄베이의 트러스트 항구에 정박했다. 30°C의 무더위 속에서 하역 인부들이 땀을 뻘뻘 흘리며 화물을 내리는 동안 밀항자 중 여럿이 눈에 띄지 않게 배에서 내려 빈민가 쪽으로 달아났다. 그런데 이 밀항자들의 몸에는 또 다른 불청객이 붙어 있었는데, 처음에 봄베이를, 그다음에는 인도 전역을 대혼란 속으로 몰아넣은 주인공이 바로 이들이었다. 밀항자들은 바로 쥐였고, 이들의 몸에 붙어 있던 불청객은 페스트균을 옮기는 벼룩이었다.

봄베이 주민 사이에서 최초의 페스트 발병 사례는 항구를 둘러싼 만드비 지역에서 나타났다. 그다음에는 거침없이 도시 전역으로 퍼져나갔고, 1896년 말에 이르자 한 달에 약 8000명이 페스트로 죽어갔다. 1897년 초에는 인근 도시인 푸나(지금의 푸네)로 퍼졌으며, 곧 인도 전역으로 퍼져갔다. 1897년 5월경에는 엄격한 봉쇄 조처로 페스트가 사라진 것처럼 보였다. 하지만 그 후 30년 동안 인도에서 페스트는 주기적으로 창궐하여 1200만 명 이상의 목숨을 앗아갔다.

* * *

이렇게 페스트가 창궐하고 있던 1901년에 스코틀랜드 출신의 젊은 군의관 앤더슨 매켄드릭이 인도에 도착했다. 그는 거의 20년 동안 인도에 머물면서(1장에서 세균이 로지스틱 성장 모형에 따라 수용 능력까지 증가한다는 사실을 최초로 보여준 과학자로 나온 것이 기억나는가?) 연구와 공중 보건 일을 하고, 인수 공통 전염병人獸共通傳染病(돼지인플루엔자처럼 동물과 사람 사이에 옮을 수 있는 전염병)을 더 깊이 이해하려고 노력했다. 연구와 현장 양쪽에서 뛰어난 실력을 보여준 매켄드릭은 결국 카사울리에 있던 파스퇴르연구소의 책임자가 되었다. 아이러니하게도 매켄드릭은 카사울리에서 브루셀라증에 걸렸는데, 브루셀라증은 살균 처리를 하지 않은 우유를 마셨을 때 생기는 병이다(우유를 저온 살균 처리하는 것을 이 방법을 발견한 파스퇴르의 이름을 따 pasteurization이라 하는데, 파스퇴르연구소장이 이 병에 걸렸으니 아이러니라 한 것이다—옮긴이). 이 때문에 매켄드릭은 여러

차례 병가를 얻어 고향인 스코틀랜드로 돌아갔다.

그보다 앞서 인도의료서비스Indian Medical Service에서 일하던 동료 의사이자 노벨상 수상자인 로널드 로스Ronald Ross와 만나 큰 자극을 받은 매켄드릭은 고향에서 휴가를 보내던 어느 시기에 본격적으로 수학을 공부하기로 결심했다. 인도에서 보낸 마지막 몇 년은 수학 공부와 연구에 몰두하다가 1920년에 열대창자병에 걸리고 나서 영구 귀국했다.

스코틀랜드로 돌아온 매켄드릭은 에든버러왕립의학대학원 산하 연구소 책임자로 임명되었다. 이곳에서 젊고 재능 있는 생화학자 윌리엄 커맥William Kermack을 만났다. 커맥은 매켄드릭을 만나고 나서 얼마 지나지 않아 큰 폭발 사고를 당해 영영 시력을 잃었다. 이런 역경에도 불구하고, 커맥과 매켄드릭의 협력 연구는 잘 진행되었다. 매켄드릭이 인도에 머물 때 수집한 봄베이의 페스트 발병 데이터에서 영감을 얻어 두 사람은 수리역학 역사에서 단일 연구로는 가장 큰 영향력을 떨친 연구를 진행했다.[113]

그 결과로 질병 확산에 관한 수학 모형을 만들었는데, 이것은 아주 중요한 최초의 수학 모형 중 하나였다. 그들은 모형을 제대로 만들기 위해 개인의 질병 상태에 따라 인구 집단을 세 가지 기본 범주로 나누었다. 아직 질병에 걸리지 않은 사람들에게는 다소 불길한 '감염 대상군susceptibles'이라는 이름을 붙였다. 모든 사람은 감염 대상군으로 태어나 감염될 가능성이 있다. 질병에 감염되어 감염 대상군에게 질병을 옮길 수 있는 사람들은 '감염군infectives'으로 분류했다. 세 번째 범주는 다소 완곡하게 '제거군removed'이라고 일컬었다. 병에 걸렸다가 회복되어 면역력을 얻었거나 질병을 이기지 못하고 죽은 사람들이 이 범주에 속했다. 제거군은 질병 전파에 더 이상 아무 역할도 하지 않는다. 질병 확산을 수학적으로 나타낸 이 모범적 모형은 S-I-R 모형이라 불리게 되었다.

커맥과 매켄드릭은 논문에서 1905년의 봄베이 페스트 돌발 발병 때 환자 수의 증가와 감소를 정확하게 재현할 수 있음을 보여줌으로써 S-I-R 모형의 효용성을 입증했다. 도입된 지 90년이 지나는 동안 S-I-R 모형(그리고 그 변형들)은 온갖 종류의 질병을 기술하는 데 큰 성공을 거두었다. 라틴아메리카의 뎅기열부터 네덜란드의 돼지열병과 벨기에의 노로바이러스에 이르기까지 S-I-R 모형은 질병 예방에 중요한 교훈을 제공할 수 있다.

전염병 확산 패턴을 읽어내는 수학 모형

최근에 0시간 계약zero-hour contract(미리 정해진 노동 시간 없이 사용자의 필요에 따라 호출에 응해 노동을 제공하고 그 시간만큼의 임금을 받는 계약—옮긴이)과 임시직 증가—급성장하는 '기그' 경제gig economy(산업 현장에서 필요에 따라 사람을 구해 계약직 또는 임시직 형태로 고용하는 경제 방식—옮긴이)의 특징—로 인해 몸이 아파도 출근하는 사람의 수가 늘었다. 잦은 결근 absenteeism은 광범위한 연구 주제가 된 반면, '프리젠티즘presenteeism'(아프거나 컨디션이 나쁜데도 억지로 출근하여 노동 생산성이 떨어지는 현상—옮긴이)은 최근에 와서야 관심을 끌기 시작했다. 수학 모형과 출근율 데이터를 결합한 연구에서 놀라운 결론이 나왔다. 유급 병가 감축을 포함해 결근율을 줄이기 위한 조처들 때문에 건강이 아무리 나빠도 출근하는 사람들이 크게 늘어났으며, 그 때문에 의도치 않게 직원의 건강이 더 나빠지고 전반적으로 작업 능률이 떨어지는 결과가 나타났다.

프리젠티즘의 문제는 특히 보건과 교육 부문에서 많이 나타난다. 아이러니하게도 간호사와 의사와 교사는 자신이 돌보는 많은 사람들에게 강한 의무감을 느끼기 때문에 몸 상태가 좋지 않아도 위험을 무릅쓰고 출근하는 경우가 많다. 그러나 프리젠티즘 문제가 가장 심각한 곳은 서비스업 부문이다. 한 연구에 따르면, 2009년부터 2012년까지 4년 동안 미국에서 일어난 노로바이러스 발병 사례 중 1000건 이상이 오염된 음식과 관련이 있는 것으로 드러났다.[114] 그 때문에 2만 1000명 이상이 식중독에 걸렸는데, 발병 사례 중 70%는 건강이 좋지 못한 음식 서비스 부문 종사자와 관련이 있었다.

이 연구가 있고 나서 5년 뒤, 치포틀레 멕시칸 그릴이 프리젠티즘의 큰 피해자가 되어 세간의 이목을 끄는 사건이 일어났다. 2013년부터 2015년까지 치포틀레는 미국에서 으뜸가는 멕시코 식당 브랜드로 평가받았다. 회사 규정에 유급 병가 조항이 엄연히 있지만, 미국 전역의 많은 치포틀레 지점에서 일하던 노동자들은 몸이 아파도 매니저가 출근을 요구하면 일자리를 잃을까 봐 어쩔 수 없이 출근한다고 했다.

2017년 7월 14일, 폴 코넬Paul Cornell은 부리토가 먹고 싶어 버지니아주 스털링에 있는 치포틀레를 방문했다. 그날 저녁, 익명의 직원이 위경련과 메스꺼움에 시달리면서도 일을 하러 나왔다. 24시간 뒤, 코넬은 격심한 위통과 메스꺼움, 설사, 구토 증상에 시달려 병원에 입원했다. 이것은 노로바이러스 감염이 심하게 진행됐을 때 나타나는 증상이었다. 코넬 외에도 같은 식당을 방문한 손님과 직원 135명이 이 바이러스에 감염되었다. 노로바이러스 발병이 일어난 뒤 닷새 동안 치포틀레의 주가는 곤두박질치면서 회사의 시장 가치가 10억 달러 이상 증발했는데, 이 때문에 주주들이 집단 소송을 제기했다. 2017년 말까지도 치포틀레는 미국에서 가장 인기 있는 멕시코 식당 체인 상위 5위 안에 진입하지 못했다.

S-I-R 모형은 몸이 아플 때에는 출근하지 않는 것이 얼마나 중요한지 보여준다. 완전히 회복할 때까지 집에 머묾으로써 자신을 감염군에서 곧장 제거군으로 보낼 수 있다. 이 모형은 이렇게 간단한 행동만으로도 질병이 감염 대상군에게 전파되는 기회를 줄임으로써 발병 규모를 줄일 수 있음을 입증한다. 그뿐 아니라, '고통 속에서 일하지' 않음으로써 자신도 더 빨리 회복할 기회를 얻는다. S-I-R 모형은 감염병에 걸린 사람들이 모두 이 절차를 따른다면, 식당과 학교, 병원의 폐쇄를 막을 수 있어 어떻게 모두에게 혜택이 돌아가는지 설명한다.

* * *

그런데 S-I-R 모형은 이러한 설명 능력보다 더 큰 장점이 있는데, 그것은 바로 뛰어난 예측 능력이다. 늘 과거의 유행병만 돌아보는 대신에 S-I-R 모형은 커맥과 매켄드릭에게 미래도 볼 수 있게 해주었다. 즉, 돌발 발병의 폭발적 동역학을 예측하고 가끔 불가사의해 보이는 질병의 진행 패턴을 이해하게 해주었다. 실제로 두 사람은 그 당시 역학 부문에서 뜨거운 논란이 되던 몇 가지 질문에 답을 얻기 위해 이 모형을 사용해보았다. 한 가지 질문은 "질병을 수그러들게 하는 원인은 무엇인가?"였다. 그저 인구 집단의 모든 사람이 그 질병에 감염되었기 때문일까? 즉, 한때 감염 대상군이었던 사람들이 없어지면, 질병은 더 이상 갈 데가 없어지는 것일까? 아니면, 시간이 지나면서 병원체의 위력이 약해져 건강한 사람이 더 이상 감염되지 않는 것일까?

큰 영향을 미친 논문에서 두 사람은 이 두 가지 가설이 꼭 옳지만은 않다는 것을 보여주었다. 시뮬레이션에서 돌발 발병이 끝날 무렵에 인구 집단의 상태를 살펴본 그들은 감염 대상군에 속한 사람들이 항상 몇몇은 남아 있다는 사실을 발견했다. 이것은 감염시킬 사람이 더는 남지 않아 질병이 사라진다고 설명하는 직관적 생각(영화와 언론의 공포 이야기가 조장한)에 반하는 결과이다. 실제로는 감염된 사람들이 회복하거나 사망함에 따라 남아 있는 감염자와 감염 대상자 사이의 접촉이 크게 줄어들어, 감염자가 다른 사람에게 질병을 옮기기 전에 면역력을 얻어 회복되거나 죽거나 하여 그 자신이 제거된다. S-I-R 모형은 결국에는 감염 대상자가 부족해서가 아니라 감염자가 부족해서 돌발 발병이 사라진다고 예측한다.[115]

1920년대에 역학 모형을 만드는 사람들 사이에서 커맥과 매켄드릭의 S-I-R 모형은 빛나는 업적이었다. 이 모형은 질병 진행 연구가 순전히 기술記述에 치중하던 이전의 연구 관행에서 벗어나 멀리 미래를 내다볼 수 있게 해주었다. 그러나 S-I-R 모형이 제공하는 통찰력의 창은 그 모형이 딛고 서 있는 기반이 허약하다는 사실 때문에 제약이 따랐다. 그 기반을 이루는 여러 가지 가정은 유용한 예측을 할 수 있는 상황을 제약했다. 그러한 가정들에는 사람 간의 질병 전파가 일정한 속도로 일

　　　　　　　7. 팬데믹 시대, 수학은 어떻게 무기가 되는가

어나고, 감염된 사람은 당장 다른 사람을 감염시킬 수 있는 사람이 되고, 각 집단의 수는 변하지 않는다는 것 등이 있었다. 이 가정들은 일부 질병을 기술하는 데에는 가끔 유용했지만, 대개는 맞지 않았다.

예를 들면, 커맥과 매켄드릭이 자신들의 모형이 옳음을 '입증'하기 위해 사용한 봄베이 페스트 데이터는 아이러니하게도 이러한 가정들 중 많은 것과 어긋난다. 먼저 봄베이 페스트는 주로 사람과 사람 사이에서 퍼진 것이 아니라, 페스트균을 가진 벼룩이 붙어 있던 쥐를 통해 퍼졌다. 그들의 모형은 또한 전염이 감염자와 감염 대상자 사이에서 일정한 속도로 일어난다고 가정했다. 사실은 (1장에서 이야기한 아이스 버킷 챌린지가 바이러스처럼 확산된 것과 마찬가지로) 봄베이에서 페스트가 발병한 데에는 계절적 요소가 강하게 작용했는데, 벼룩의 밀도와 세균의 번식이 1월부터 3월까지는 아주 높은 수준으로 증가해 전염 속도가 크게 빨라졌다.

하지만 후세대의 수학자들은 수학이 통찰력을 제공할 수 있게끔 제약 요인이 되는 가정들을 완화하고 질병의 범위를 확대함으로써 이 획기적인 S-I-R 모형을 개선했다.

＊　　＊　　＊

원래의 S-I-R 모형에 일어난 첫 번째 수정 중 하나는 환자에게 면역력을 전혀 제공하지 않는 질병을 나타내는 것이었다. 임질처럼 성적 접촉을 통해 전염되는 일부 질병에서 흔히 나타나는 것처럼 그런 질병의 진행에서는 인구 집단에서 '제거된' 사람이 전혀 생기지 않는다. 이 모형들은 일반적으로 S-I-S 모형이라고 하는데, 감염 대상자susceptible에서 감염자infective로 갔다가 다시 감염 대상자susceptible로 돌아가는 진행 패턴을 따서 붙인 이름이다. 감염 대상자 집단은 절대로 고갈되지 않고 사람들이 회복되면 다시 충원되기 때문에, S-I-S 모형은 새로 태어나는 사람과 죽는 사람이 없는 고립된 집단 내에서는 질병이 자기 지속적인 풍토병이 될 수 있다고 예측한다. 영국에서는 임질이 이러한 풍토병의 속성을 지녀 두 번째로 흔한 성병이 되었는데, 2017년에 보고된 환자만 4만 4000명이 넘는다.

사실, 임질 같은 성병을 제대로 나타내려면 기본 모형에 추가로 더 많은 수정이 일어나야 한다. 임질이 진행되는 패턴은 모든 사람이 나머지 모든 사람을 감염시킬 수 있는 감기처럼 단순하지 않다. 성병의 경우, 감염자는 대개 성적 지향이 일치하는 사람만 감염시킨다. 대부분의 성적 접촉은 이성 간에 일어나기 때문에, 당연히 수학 모형은 인구 집단을 남성과 여성으로 나누고, 모든 사람들 사이에서가 아니라 이 두 집단 사이에서만 감염이 일어나게 한다. 이성 간의 상호 작용을 고려한 이러한 모형은 성별과 성적 지향에 상관없이 모든 사람들 사이에 질병이 전파된다고 가정한 모형보다 질병의 확산이 더 느리게 일어나는 결과를 내놓는다. 그러나 이러한 성병 모형에는 많은 함정이 숨어 있다.

훌륭한 모형의 허약한 기반

나는 다섯 번째 생일이 아직도 생생하게 기억난다. 그때 40세이던 어머니가 자궁경부암 진단을 받았다. 어머니는 몹시 힘들고 심신을 손상시키는 화학 요법과 방사선 요법을 견뎌냈다. 힘겨운 과정 끝에 다행히도 어머니는 암이 완전히 없어졌다는 말을 들었다. 훗날 나는 자궁경부암이 주로 바이러스를 통해 생기는 극소수 암(대개 성관계를 통해 생기는 암) 중 하나라는 사실을 알고 크게 놀랐다. 나는 어머니에게 암을 생기게 한 바이러스를 아버지가 갖고 있었을지 모른다는 개념을 받아들이기가 참 힘들었다. 어머니에게 암이 재발했을 때, 아버지는 매우 헌신적으로 어머니를 돌봤다. 마흔다섯 번째 생일을 몇 주일 앞두고 어머니가 세상을 떠났을 때, 우리 가족은 오로지 아버지의 강한 의지력 덕분에 버틸 수 있었다. 설사 아무도 모르게 일어났다 하더라도, 어떻게 이런 아버지가 원인일 수 있단 말인가?

자궁경부암을 일으키는 사람 유두종 바이러스HPV 감염 사례 중 대다수는 성관계를 통해 옮는 것으로 드러났다. 전체 자궁경부암 발병 사례 중 60% 이상은 두 종류의 HPV가 원인이 되어 일어난다.[116] 사실, HPV는 세상에 가장 많이 퍼져 있는 성병 바이러스이다.[117] 남성은 무증상 보균자가 되어 성관계 상대에게 이 바이러스를 옮길 수 있는데, 이 때문에 자궁경부암은 여성에게서 네 번째로 많이 발생하는 암이 되었다. 자궁경부암 환자는 전 세계에서 매년 약 50만 명이 새로 발생하고, 이 암으로 약 25만 명이 죽는다.

2006년, 최초의 혁명적인 HPV 백신이 미국 FDA의 승인을 받았다. 높은 발병률 때문에 당연히 이 백신에 대한 기대가 컸다. 이 백신이 사용될 무렵에 영국에서 진행된 연구들은 가장 비용 효율적인 전략은 장래에 자궁경부암에 걸릴 가능성이 있는 12~13세의 여자 청소년에게 면역력을 제공하는 것이라고 시사했다.[118] 이성 간 성관계를 통한 질병 전파에 관한 수학 모형을 고려해 다른 나라들에서 진행된 관련 연구들도 여성에게 백신을 접종하는 것이 최선의 행동 방침이라고 확인했다.[119]

그러나 이 예비 연구들은 결국 모든 수학 모형은 그 기반을 이루는 가정과 그 매개변수가 되는 데이터가 훌륭해야만 성공할 수 있다는 것을 입증했다. 대부분의 분석들은 모형의 기반을 이루는 가정에 HPV의 중요한 특징을 포함시키지 않았다. 그것은 이 백신이 예방하려고 하는 종류의 HPV가 남녀 모두에게서 자궁경부암 이외의 다양한 질병을 일으킬 수 있다는 사실이었다.[120]

사마귀나 무사마귀가 생긴 적이 있는 사람은 다섯 종류의 HPV 중 적어도 하나를 갖고 있을 것이다. 영국인 중 80%는 살아가는 동안 언젠가 한 종류의 HPV에 감염된다. HPV 16형과 18형은 자궁경부암뿐만 아니라, 음경암 중 50%, 항문암 중 80%, 구강암 중 30%의 원인이다.[121] 배우 마이클 더글러스Michael Douglas는 인후암에 걸렸다가 회복하고 있을 때, 평생 동안 흡연과 음주를 한 것을 후회하느냐는 질문을 받았다. 그는 《가디언》 기자들에게 자신의 암은 구강성교를 통해 감염된 HPV 때문이라면서 후회하지 않는다고 솔직하게 대답했다. 미국과 영국에서 HPV가 원인이 되어 일어나는 암 중 대부분은 자궁경부암이 아니다.[122] 게다가 항문 성기 사마귀 10건 중 9건은 HPV 6형과 11형이 원인이 되어 일어난다.[123] 미국에서는 자궁경부암을 제외한 HPV 감염 치료에 투입되는 의료 비용 중 약 60%가 이러한 사마귀 치료에 쓰인다.[124] 자궁경부암은 HPV 이야기에서 중요한 부분을 차지하지만, 전부는 아니다.

이 백신이 처음 사용되기 시작한 무렵인 2008년, 독일의 바이러스 학자 하랄트 추어 하우젠Harald zur Hausen은 "자궁경부암을 일으키는 사람 유두종 바이러스를 발견한 공로"로 노벨 의학상을 받았다. 다른 암이나 질병과의 연관성은 노벨상위원회뿐만 아니라 전 세계의 나머지 사람들도 대체로 무시했다. 영국의 한 연구는 이 바이러스로 자궁경부암 이외의 암을 설명했지만 확실하게 그렇다고 주장하진 못했는데, 그 당시에는 질병의 부담과 질병 예방을 위한 백신 접종의 영향을 제대로 이해하지 못했기 때문이다. 대부분의 모형들은 충분히 높은 비율의 여성이 백신 접종을 받으면, 백신 접종을 받지 않은 남성들 사이에서도 HPV와 관련된 질병의 발병이 줄어들 것이라고 시사했다. HPV와 자궁경부암(감염병처럼 확산되면서 흔하게 나타나는 암)의 연관성만 알고 있던 일반 대중은 여성에게만 백신 접종을 해야 한다는 결정을 의심 없이 받아들였다. 남성은 HPV가 유발하는 주요 암에 걸리지도 않는데 굳이 백신 접종을 받아야 할 이유가 있겠는가?

그러나 만약 AIDS를 일으키는 사람 면역 결핍 바이러스HIV를 물리치는 백신이 개발되었는데, 남성은 여성의 면역을 통해 보호받을 수 있으니 오직 여성에게만 무료로 접종하게 한다면, 얼마나 큰 소동이 벌어질지 상상해보라. 백신 접종 대상 범위와 백신의 비효율성 문제들은 제쳐놓더라도, 비판자들은 아마도 남성 동성애자의 보호를 첫 번째 문제로 제기할 것이다. 이들을 치명적인 바이러스 앞에 무방비 상태로 내버려두어야 하는가? HPV의 경우에도 같은 논리를 적용할 수 있다. 초기 연구들은 수학 모형에서 동성애 관계를 무시함으로써 동성 커플의 효과를 무시했다. 동성애 관계가 포함된 성적 네트워크를 바탕으로 만든 모형들은 이성애 관계만 고려한 모형들보다 질병 전파율이 훨씬 높게 나타난다.[125] 동성과 섹스를 하는 남성들 사이에서 HPV 발병률은 일반 인구 집단에 비해 상당히 높다.[126] 미국에서 이 집단의 항문암 발병률은 15배 이상 높다. 그 비율은 10만 명당 35명으로, 자궁경부암 선별 검사가 도입되기 '이전'에 여성 사이에서 발생한 자궁경부암 발병률과 비슷하며, 현재의 미국 내 자궁경부암 발병률보다는 현저히 높다.[127] 동성애 관계, 자궁경부암 이외의 암들을 막기 위한 보호 조치에 관한 새로운 지식, 백신 접종이 제공하는 보호 기간에 관한 최신 정보를 고려해 모형들을 수정하자, 여성뿐만 아니라 남성도 백신 접종을 하는 것이 비용 효율적으로 나은 선택으로 드러났다.

2018년 4월, 영국 국가보건서비스는 드디어 15세부터 45세 사이의 남성 동성애자에게도 HPV 백신 접종을 제공하기로 결정했다. 같은 해 7월, 비용 효율에 관한 새로운 연구를 바탕으로 나온 권고는 영국의 모든 남자 청소년도 여자 청소년과 같은 나이에 HPV 백신 접종을 받게 하라고 했다.[128] 다행히도 내 딸과 아들은 할머니의 목숨을 앗아간 바이러스에 감염되어 그것을 전파할 위험에 대해 동등한 보호를 제공받을 것이다. 이것은 가장 정교한 수학 모형에서 나온 결론이라 하더라도, 그 모형의 기반으로 삼은 가정이 약하면 그만큼 취약하다는 것을 보여준다.

다음번의 팬데믹은

HPV 감염에서 또 하나의 교란 인자는 무증상 보균자이다. 이런 사람은 몸에 바이러스가 있는데도 증상이 전혀 나타나지 않으면서 다른 사람을 감염시킬 수 있다. 이런 이유 때문에 질병을 현실에 더 가깝게 나타내기 위해 기본 S-I-R 모형에 흔히 추가하는 또 하나의 수정 사항이 있는데, 감염된 뒤에 증상이 나타나지 않으면서 다른 사람에게 질병을 옮기는 사람들의 집단을 포함하는 것이다. 이 '보균자carrier' 집단은 S-I-R 모형을 S-C-I-R 모형으로 바꾸는데, 이 모형은 오늘날의 매우 치명적인 몇 가지 질병을 포함해 많은 질병의 전파를 표현하는 데 아주 중요하다.

일부 환자는 HIV에 감염되고 나서 몇 주일 뒤에 잠깐 동안 독감 비슷한 증상이 나타난다. 증상의 수준은 아주 다양한데, 일부 보균자는 아무 이상도 느끼지 못한다. 겉으로 명백한 증상이 전혀 나타나지 않는데도 불구하고, 바이러스는 환자의 면역계를 서서히 손상시켜 결핵이나 암 같은 기회 감염에 취약하게 만든다. HIV 감염 후기 단계에 이른 환자는 후천성 면역 결핍 증후군AIDS에 걸렸다고 이야기한다. HIV/AIDS가 범유행병, 즉 전 세계로 확산되었고 지금도 확산되고 있는 질병이 된 주요 이유 중 하나는 바로 이 긴 잠복기(감염되고 나서 증상이 나타나기 전까지의 시간)에 있다. 자신에게 그 바이러스가 있다는 사실을 모르는 보균자는 자신이 HIV 양성이라는 사실을 아는 사람보다 이 질병을 더 급속하게 퍼뜨린다. 지난 30여 년 동안 HIV는 매년 전 세계에서 주요 감염병 사망 원인 중 하나였다.

HIV는 20세기 초에 중앙아프리카의 영장류에게서 처음 나타난 것으로 추정된다. 아마도 감염된 영장류를 사냥해 고기를 손질하던 사람에게 돌연변이가 일어난 원숭이 면역 결핍 바이러스SIV가 종을 뛰어넘어 전파되었고, 체액을 통해 사람들 사이에 퍼져나갔을 것이다. 원조 계통의 HIV처럼 종을 뛰어넘어 전파되는 인수 공통 전염병은 공중 보건에 아주 큰 잠재적 위협이다.

2018년, 영국의 국가 의료 부책임자 조너선 반-탐Jonathan Van-Tam 교수는 그런 질병 중 하나를 일으키는 H7N9 바이러스(새로운 계통의 조류독감)를 다음번의 세계적 범유행병 후보로 지목했다. 이 바이러스는 현재 중국 조류 개체군들 사이에서 크게 번지고 있고, 감염된 사람도 1500명이 넘는다. 20세기의 가장 치명적인 범유행병이었던 스페인독감은 전 세계에서 감염된 사람이 약 5억 명이나 되었다. 그러나 스페인독감의 치명률은 겨우 10%에 불과했다. 이에 견주어 H7N9에 감염된 사람은 약 40%가 사망한다. 아직까지는 다행히도 H7N9이 사람 간에 전파되는 능력을 얻지 못했다. 만약 사람 사이에 전파된다면, 스페인독감과 비슷한 규모로 크게 확산할 것이다. 비록 동물 실험 결과는 그렇게 되기까지 불과 세 번의 돌연변이만 남아 있다고 시사하지만, 어쩌면 그보다 앞서 나타난 같은 조류독감 계통인 H5N1처럼 사람 간 전파 능력을 결코 얻지 못할 수도 있다. 다음번의 세계적 범유행병은 새로 출현한 질병에서 나타나는 것이 아니라, 이전에 많이 보았던 질병에서 나타날 가능성도 충분히 있다.

에볼라 0번 환자

2013년 말의 어느 날 오후, 기니의 외딴 마을 멜리안두에서 만 두 살의 에밀 우아무노 Emile Ouamouno는 다른 아이들과 함께 놀고 있었다. 아이들이 좋아한 장소 중 하나는 마을 외곽에 있는 거대한 콜라나무였는데, 속이 비어서 들어가 숨기에 안성맞춤이었다. 깊고 어두운 그 구멍은 곤충을 잡아먹는 자유꼬리박쥐 개체군에게도 이상적인 보금자리였다. 박쥐가 들끓는 나무 속에서 놀던 에밀은 박쥐의 똥을 만졌고, 어쩌면 박쥐와 얼굴이 닿았는지도 모른다.

12월 2일, 어머니는 평소에 활기가 넘치던 에밀이 피로와 무기력 상태에 빠진 것을 알아차렸다. 이마에 손을 대보니 열이 아주 높아 에밀을 침대로 데려가 눕혔다. 그런데 얼마 지나지 않아 에밀은 구토를 하고 검은색 설사를 하기 시작했다. 그러고는 나흘 뒤에 죽었다.

아들을 극진히 간호하던 어머니도 그 병에 걸려 일주일 뒤에 죽었다. 그다음에는 에밀의 누나 필로멘 Philomène이 죽었고, 새해 첫날에는 할머니까지 죽었다. 이들 가족이 아플 때 보살펴줬던 마을의 산파는 자기도 모르게 그 병을 이웃 마을들로, 그다음에는 치료를 위해 찾아간 인근 도시 게케두의 병원으로 옮겼다. 그리고 병원에서 산파를 치료한 의료 종사자가 이 질병의 많은 전파 경로 중 하나가 되었다. 그녀는 동쪽으로 약 80km 떨어진 마센타의 병원으로 바이러스를 전파했는데, 그곳에서 자신을 돌본 의사를 감염시켰다. 그리고 의사는 북서쪽으로 130km 떨어진 도시 키시두구에 살던 형제를 감염시켰고, 그런 식으로 질병은 계속 퍼져갔다.

3월 18일, 발병 건수와 범위가 아주 심각한 수준에 이르렀다. 보건 당국은 정체를 알 수 없지만 "번개처럼 공격하는" 출혈열이 돌발 발병했다고 공식적으로 발표했다. 2주일 뒤, 국경없는의사회는 이 질병을 확인하고서 그 확산 속도가 "유례없는" 것이라고 말했다. 이 일이 아니었더라면 지극히 평범한 아이였을 에밀 우아무노는 그때부터 온 세상 사람들이 결코 잊지 못할 존재가 되었다. 슬프게도 에밀은 '0번 환자'라는 불명예스러운 이름으로 불렸다. 0번 환자는 어떤 질병의 첫 감염자를 가리키는데, 동물로부터 사람에게 감염된 이 질병의 첫 번째 환자였던 에밀은 모든 시대를 통틀어 가장 규모가 크고 가장 통제하기 힘든 에볼라 돌발 발병을 낳았다.

이 질병의 진행 상태를 우리가 알게 된 것은 질병의 확산 경로에 직접 뛰어들어 조사한 과학자들과 보건 전문가들이 이 유행병을 아주 자세히 분석했기 때문이다. 전문가들은 '접촉자 추적contact tracing'이라는 방법을 통해 감염된 사람들을 차례로 역추적하여 최초의 감염자—0번 환자—를 찾아낸다. 그래서 에밀에게 이 별명이 붙은 것이다. 감염자들에게서 잠복기와 그 후에 접촉한 사람들을 모두 알아냄으로써 과학자들은 접촉자 네트워크 그림을 완성할 수 있다. 이 네트워크에 있는 개인들을 대상으로 이 과정을 많이 반복하면, 질병의 전파 경로가 한 사람에게로 집중되는 경우가 많다. 접촉자 추적은 복잡한 질병 확산 패턴을 알려줌으로써 미래의 돌발 발병을 예방하는 방법을 알아내는 데 도움을 줄 뿐만 아니라, 질병 확산을 억제하는 조처를 실시간으로 취할 수 있게 해준다. 또한 초기 단계에서 질병을 억제하는 데 효과적인 전략을 알려줄 수도 있다. 잠복기에 감염된 사람과 직접 접촉한 사람은 모두 완전히 나았거나 감염되었다는 것이 드러날 때까지 격리 상태에 들어가야 한다. 만약 감염되었다면, 다른 사람에게 질병을 옮길 가능성이 없어질 때까지 계속 격리 상태에서 치료를 받아야 한다.

　　　　　＊　　＊　　＊

　　그러나 현실에서는 접촉자 네트워크가 불완전한 경우가 많으며, 당국에 알려지지 않은 보균자도 많이 존재한다. 실제로 잠복기 때문에 자신이 질병에 걸렸다는 사실조차 모르는 사람이 많다. 에볼라는 잠복기가 최대 21일까지 길 수도 있지만, 평균적으로는 약 12일이다. 2014년 10월, 서아프리카의 유행병이 전 세계적 규모로 확대될 잠재력이 있다는 사실이 분명해졌다. 영국 정부는 자국 국민을 보호하기 위해 주요 국제공항 다섯 곳과 런던의 유로스타 터미널을 통해 고위험 국가들에서 영국으로 입국하는 모든 사람들에게 에볼라 선별 검사를 하겠다고 발표했다.

　　2004년에 사스SARS(중증 급성 호흡기 증후군) 유행병이 확산하던 무렵에 캐나다도 비슷한 조처를 통해 약 50만 명의 여행객을 선별 검사했지만, 그중에서 사스를 의심할 만큼 고열이 난 사람은 한 명도 없었다. 캐나다 정부는 그 비용으로 1500만 달러를 썼다. 돌이켜보면 사스 선별 검사는 쓸데없는 조처였는데, 캐나다 국민에게 안전하다는 믿음을 주는 데에는 약간 효과가 있었을지 몰라도 개입 전략으로는 전혀 효과적이지 않았다.

　　런던위생열대의학대학원의 한 수학자 팀은 쓸데없이 과민한 반응을 보인 그 조처와 비용을 감안하고 잠복기까지 포함시켜 간단한 수학 모형을 개발했다.[129] 이들은 평균 12일이라는 에볼라의 잠복기와 시에라리온의 프리타운에서 런던까지 6시간 30분의 비행시간을 고려하면, 에볼라 바이러스를 몸에 지닌 사람들 중에서 값비싼 이 조처를 통해 발견되는 비율은 겨우 7%에 불과할 것이라고 계산했다. 그러면서 차라리 그 돈을 서아프리카에서 일어나고 있는 인도주의의 위기에 쓰는 편이 더 낫다고 제안했는데, 이렇게 문제의 근원을 공격함으로써 질병이 영국으로 전파될 위험을 낮출 수 있을 것이라고 했다. 이것은 수학적 개입이 아주 적절하게 일어난 예이다—단순하고 결정적이면서 증거를 바탕으로. 선별 검사가 얼마나 효과적일지 주먹구구로 추측하는 대신에 상황을 잘 정리해서 보여주는 단순한 수학적 표현은 강력한 통찰력을 제공하고 정책의 방향을 인도할 수 있다.

질병 전파의 온갖 정보를 숫자 하나로

에밀 우아무노를 에볼라의 0번 환자로 확인하는 데 사용된 전파 경로는 유일무이한 것이 아니다. 에볼라는 멜리안두의 진앙에서 다수의 경로를 통해 사방으로 뻗어나갔다. 사실, 초기 단계에서 에볼라는 1장에서 설명한 밈이나 바이럴 마케팅 캠페인과 아주 흡사하게 여러 독립적 경로를 통해 기하급수적 양상으로 복제되었다. 한 사람이 세 사람을 감염시키면, 그 세 사람은 또 다른 사람들을 감염시키고, 새로 감염된 사람들이 다시 다른 사람들을 감염시키는 식으로 번져나갔고, 그렇게 해서 돌발 발병이 폭발한 것이다. 돌발 발병이 폭발하여 악명을 떨칠지 아니면 수그러들어 사라질지는 그 돌발 발병에 특유한 수가 결정하는데, 이 수를 '기초 감염 재생산 지수basic reproduction number'라고 한다.

16세기에 에스파냐인 정복자가 오기 전에 메소아메리카에 살았던 원주민처럼 특정 질병에 아주 취약한 인구 집단을 생각해보라. 이전에 그 질병에 노출된 적이 전혀 없다가 새로 온 단 한 사람의 보균자를 통해 감염되는 사람들의 평균적인 수를 기초 감염 재생산 지수라고 하며, R_0('아르 노트R-nought' 또는 '아르 제로R-zero'로 읽는다)로 표시한다. 만약 어떤 질병의 R_0가 1보다 작으면, 감염자가 질병을 옮기는 사람의 수가 평균적으로 한 명 미만이기 때문에 그 질병은 금방 수그러든다. 이런 상황에서는 돌발 발병의 확산이 지속되지 않는다. 그렇지만 R_0가 1보다 크면, 돌발 발병은 기하급수적으로 증가한다.

예를 들어 기초 감염 재생산 지수가 2인 사스 같은 질병을 살펴보자. 이 병에 맨 처음 감염된 사람이 0번 환자이다. 0번 환자는 두 사람에게 질병을 옮기고, 두 사람은 다시 각각 두 사람에게 질병을 옮기며, 새로 감염된 사람들도 각각 두 사람에게 질병을 옮긴다. 1장에서 보았듯이, 〈그림 23〉은 감염의 초기 단계 특징인 기하급수적 증가를 보여준다. 만약 확산이 이런 식으로 꾸준히 지속된다면, 진행 사슬에서 10세대가 지났을 때에는 1000명 이상이 감염된다. 거기에서 다시 10세대가 지나면, 감염된 사람은 100만 명을 넘어선다.

바이럴 개념의 확산이나 다단계 사업의 팽창, 세균 개체군의 증가, 인구 집단의 증가와 마찬가지로 기초 감염 재생산 지수가 예측하는 기하급수적 증가가 몇 세대 이상 지속되는 경우는 현실에서 드물다. 돌발 발병은 결국 정점에 이른 뒤 감염자와 감염 대상자의 접촉 빈도가 감소함에 따라 수그러든다. 감염자가 한 명도 남지 않고 돌발 발병이 공식적으로 끝나더라도, 감염 대상자가 일부 남아 있다. 1920년대에 커맥과 매켄드릭은 기초 감염 재생산 지수를 사용해 돌발 발병이 끝난 뒤에

세대

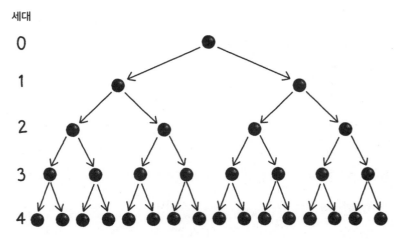

0

1

2

3

4

그림23 기초 감염 재생산 지수 R_0가 2인 질병의 기하급수적 확산. 맨 처음 감염된 사람이 0 세대에 있다고 가정한다. 4세대에 이르렀을 때 새로 감염된 사람의 수는 16명이 된다.

아무 영향을 받지 않은 감염 대상자가 얼마나 많이 남는지 예측하는 공식을 만들었다. R_0를 추정치인 약 1.5라고 보고 아무런 개입도 하지 않았을 때, 커맥과 매켄드릭의 공식은 2013~2016년의 에볼라 돌발 발병으로 전체 인구의 58%가 감염되었을 것이라고 예측한다. 이와는 대조적으로 소아마비 돌발 발병의 경우에는 R_0가 약 6으로 드러났는데, 커맥과 매켄드릭의 예측에 따르면, 아무런 개입이 없을 때 아무 영향도 받지 않고 살아남는 사람들은 전체 인구의 0.25%에 불과하다.

기초 감염 재생산 지수는 온갖 상황에서 돌발 발병을 기술하는 데 아주 유용한데, 질병 전파의 모든 세부 사항을 단 하나의 수로 요약하기 때문이다. 몸에서 감염이 진행되는 방식부터 전파 양상에 이르기까지, 그리고 심지어 질병이 확산하는 사회의 구조까지, 돌발 발병의 핵심 특징을 잘 표현하여 우리가 적절히 대응할 수 있게 해준다. R_0는 보

7. 팬데믹 시대, 수학은 어떻게 무기가 되는가

통 세 가지 요소로 나눌 수 있는데, 그 세 가지는 인구 집단의 크기, 감염 대상군이 감염되는 속도(흔히 감염력이라고 한다), 질병에서 회복하거나 사망하는 속도이다. 처음 두 요소가 클수록, R_0도 커지는 반면, 회복 비율이 클수록 R_0는 작아진다. 인구 집단의 크기가 클수록, 그리고 개인들 사이에서 질병이 빨리 전파될수록 돌발 발병이 일어날 가능성이 더 높다. 개인들이 질병에서 빨리 회복할수록 다른 사람에게 질병을 옮길 시간이 줄어들고, 따라서 돌발 발병이 일어날 가능성이 낮아진다. 사람이 걸리는 많은 질병의 경우, 우리가 통제할 수 있는 것은 처음 두 가지 요소뿐이다. 항생제나 항바이러스제가 일부 질병의 진행을 막을 수는 있지만, 회복이나 사망 속도는 병원체 자체의 고유한 속성인 경우가 많다. R_0와 밀접한 관련이 있는 또 하나의 양은 유효 재생산 지수 effective reproduction number(흔히 R_e로 나타낸다)인데, 돌발 발병의 진행 중 '특정 시점'에서 한 감염자를 통해 일어난 2차 감염자의 평균적인 수를 말한다. 만약 개입을 통해 R_e를 1 미만으로 낮출 수 있다면, 그 질병은 사라질 것이다.

 R_0는 질병 통제를 위해 중요하긴 하지만, 그 질병이 얼마나 심각한 것인지는 감염자에게 말해주지 않는다. 예컨대 R_0가 12~18인 홍역처럼 전염성이 매우 높은 질병은 R_0가 약 1.5인 에볼라 같은 질병보다 환자 개개인에게는 덜 심각한 것으로 간주된다. 홍역은 빨리 퍼지지만, 증례 치명률은 에볼라 환자의 50~70%보다 낮은 편이다.

 놀랍게 들릴지 모르겠지만, 증례 치명률이 높은 질병은 감염력이 낮은 경향이 있다. 만약 어떤 질병이 환자를 너무 빨리 많이 죽이면, 다른 사람에게 전파될 기회가 줄어든다. 감염자를 대부분 죽이면서 빠르게 전파되는 질병은 아주 드물며, 대개는 재난 영화에만 등장한다. 높은 증례 치명률은 돌발 발병에 따른 공포를 크게 높이지만, R_0가 높으면서 증례 치명률이 낮은 질병이 오히려 많은 환자를 양산해 결국에는 더 많은 사망자를 낳을 수 있다.

수학에 따르면, 우리가 일단 어떤 질병을 통제할 필요가 있다고 판단했을 때, 증례 치명률은 확산 속도를 줄이는 방법에 대해 유용한 정보를 제공하지 않는다. 그러나 R_0를 이루는 세 가지 요소는 치명적인 질병이 아무 방해도 받지 않고 창궐하기 전에 중요한 개입을 통해 돌발 발병을 멈출 수 있다고 시사한다.

얼마 동안 격리시켜야 할까?

질병 확산을 저지하는 효과적인 방법 중 하나는 백신 접종이다. 백신 접종은 사람들을 감염 대상군에서 감염군 상태를 건너뛰고 곧장 제거군으로 옮김으로써 사실상 감염 대상군의 크기를 줄인다. 그렇지만 백신 접종은 일반적으로 돌발 발병 확률을 줄이기 위해 시도하는 예방 수단이다. 일단 돌발 발병이 걷잡을 수 없이 진행되면, 필요한 시간 안에 효과적인 백신을 개발하고 시험하기가 현실적으로 어려울 때가 많다.

동물의 질병에 주로 사용되고, 유효 재생산 지수 R_e를 감소시키는 데 동일한 효과가 있는 대안은 살처분이다. 2001년에 영국이 구제역 위기에 맞닥뜨렸을 때 내린 결정이 바로 살처분이었다. 감염된 개체들을 살처분함으로써 감염 기간을 최대 3주일에서 불과 며칠로 줄여 유효 재생산 지수를 극적으로 끌어내렸다. 그런데 구제역의 경우에는 감염된 동물만 살처분하는 것으로는 질병을 완전히 통제할 수 없었다. 일부 감염 동물이 그물을 빠져나가 근처의 다른 동물을 감염시켰다. 그래서 영국 정부는 구제역이 발생한 농장에서 반지름 3km 이내에 있는 동물을 모두(감염되었거나 감염되지 않았거나) 죽이는 살처분 전략을 실행에 옮겼다. 감염되지 않은 동물을 죽이는 것은 얼핏 무의미한 짓처럼 보인다. 그러나 살처분은 그 지역에서 감염 대상군의 크기(재생산 지수에 기여하는 한 가지 요인)를 줄이기 때문에, 질병의 확산을 늦추는 데 도움이 된다.

백신 접종을 받지 않은 인구 집단에서 질병이 돌발 발병한 경우, 사람을 살처분하는 방법은 당연히 생각조차 할 수 없다. 하지만 검역과 격리는 전파율을, 따라서 그와 함께 유효 재생산 지수를 줄이는 데 아주 효과적인 방법이 될 수 있다. 감염자를 격리하면 확산 속도를 줄일 수 있고, 건강한 사람을 격리하면 유효 감염 대상군을 줄일 수 있다. 두가지 조치는 유효 재생산 지수를 줄이는 데 도움이 된다. 유럽에서 맨 마지막으로 천연두가 돌발 발병한 사건은 1972년에 유고슬라비아에서 일어났는데, 극단적인 격리 조치를 통해 빠르게 통제할 수 있었다. 새로운 발병 사례가 나타나지 않을 때까지 최대 1만 명의 잠재적 감염자를 그 목적을 위해 징발한 호텔에 머물게 했으며, 무장 경비병을 배치해 출입을 철저하게 통제했다.

덜 극단적인 경우에는 단순히 수학 모형을 적용함으로써 감염자의 격리 기간을 얼마로 하는 게 가장 효과적인지 알아낼 수 있다.[130] 또 건강한 개인들을 격리하는 데 드는 경제적 비용과 돌발 발병의 위험을 비교해 감염되지 않은 인구 집단 중 일부를 격리하는 게 좋은지 아닌지도 결정할 수 있다. 이런 종류의 수학 모형은 현장 조사를 통해 질병의 진행 과정을 파악하기가 현실적으로 어려운 상황에서 진가를 발휘한다. 예를 들면, 어떤 질병이 돌발 발병했을 때, 연구 목적을 위해 일부 사람들에게서 생명을 구할 수도 있는 의학적 개입 기회를 박탈하는 것은 비인간적이다. 마찬가지로 실제 세계에서 꽤 많은 사람들을 장기간 격리하는 것은 비현실적이다. 수학 모형을 돌릴 때에는 이런 문제로 고민할 필요가 없다. 강제 격리의 경제적 영향과 그것이 질병의 진행에 미치는 효과를 비교하기 위해 모든 사람을 격리하거나 아무도 격리하지 않거나 또는 일부를 격리한 모형을 얼마든지 시험할 수 있다.

수리역학의 진정한 아름다움은 바로 여기에 있는데, 실제 세계에서 실행할 수 없는 시나리오들을 시험하는 능력을 마음껏 발휘하면서 때로는 놀라우면서도 직관에 반하는 결과를 내놓는다. 예를 들어 수학은 수두 같은 질병에는 검역과 격리가 잘못된 전략이 될 수 있음을 보여주었다. 수두에 걸렸건 걸리지 않았건 무조건 어린이들을 격리하는 것은 그 증상이 비교적 가볍다고 널리 인정되는 이 질병 때문에 장기간 학교를 빠지고 공부를 못 하게 하는 결과를 낳는다. 그런데 이보다 더 중요한 사실이 있다. 수학 모형은 건강한 어린이를 격리하면 그 병에 걸리는 시기를 늦추게 되며, 그래서 나중에 나이가 들어 수두에 걸렸을 때 합병증으로 더 심각한 상태에 빠질 수 있다는 것을 보여준다. 수학적 개입이 없었더라면, 격리처럼 얼핏 합리적으로 보이는 전략이 이렇게 직관에 반하는 결과를 낳을 수 있다는 사실을 우리는 결코 몰랐을 것이다.

만약 검역과 격리가 일부 질병에 예상치 못한 결과를 낳는다면, 다

7. 팬데믹 시대, 수학은 어떻게 무기가 되는가

른 질병에도 효과가 없을 것이다. 질병 확산에 관한 수학 모형은 격리 전략의 성공 정도가 감염성이 정점에 이른 '시기'에 달려 있음을 보여주었다.[131] 만약 환자들이 무증상인 초기 단계에 질병의 감염성이 특별히 높다면, 이들은 격리되기 전에 많은 사람들에게 질병을 전파할 수 있다. 다행히도 많은 잠재적 통제 수단이 차단된 에볼라의 경우에는 대부분의 전파가 환자들에게 증상이 나타난 뒤에 일어나기 때문에, 그전에 환자들을 격리할 수 있다.

에볼라의 감염기는 환자가 죽은 뒤까지 극단적으로 뻗어 있어서 환자의 바이러스 하중이 높게 유지된다. 죽은 사람도 자신의 시체와 접촉한 사람을 감염시킬 수 있다. 실제로 시에라리온에서는 한 전통 의술 치유사의 장례식이 돌발 발병 초기에 에볼라를 확산시킨 주요 발화점 중 하나가 되었다. 기니 전역에서 에볼라가 급속하게 퍼지자, 사람들은 점점 더 절박한 처지에 놓이게 되었다. 이 유명한 치유사의 명성을 알고 있던 기니의 에볼라 환자들은 자신의 병을 낫게 해주리라는 기대를 품고서 그녀를 만나려고 국경을 넘어 시에라리온으로 갔다. 당연한 일이지만, 치유사 자신이 금방 병에 걸려 죽고 말았다. 치유사의 장례식에는 며칠 동안 수백 명의 조문객이 몰렸는데, 이들은 모두 시체를 씻고 만지는 것을 포함해 전통적인 장례 의식을 준수했다. 이 단일 사건은 에볼라 사망자가 350명 이상 발생하는 직접적 원인이 되었고, 시에라리온에서 에볼라가 창궐하는 계기가 되었다.

에볼라 돌발 발병이 정점에 이른 2014년, 한 수학 연구는 새로운 에볼라 발병 사례 중 약 22%는 사망한 에볼라 환자가 원인이 되어 발생했다고 결론 내렸다.[132] 이 연구는 장례식을 포함해 전통적인 관행을 제한하면 기초 감염 재생산 지수를 돌발 발병이 지속될 수 없는 수준으로 낮출 수 있을 것이라고 주장했다. 서아프리카 정부들과 그 지역에서 활동하던 인도주의 기구들이 실행에 옮긴 중요한 개입 중 하나는 전통 장례 절차를 막고, 모든 에볼라 희생자를 안전하고 품위 있게 매장하도록 한 것이다. 안전하지 못한 전통적 방식을 대체할 방법을 제공하는 교육 캠페인과 더불어 건강해 보이는 사람들에게도 여행을 제한함으로써 마침내 에볼라의 기세를 꺾을 수 있었다. 에밀 우아무노가 감염되고 나서 거의 2년 반이 지난 2016년 6월 9일, 서아프리카의 에볼라 발병은 종식되었다고 선언되었다.

집단 면역의 문턱값

유행병의 수학 모형은 감염병에 대처하는 데 적극적으로 도움을 줄 뿐만 아니라, 서로 다른 질병의 특이한 속성을 이해하는 데에도 도움을 준다. 예를 들면 볼거리와 풍진 같은 아동 질환에 대해 흥미로운 질문이 여러 가지 제기되었다. 이 질병들은 왜 주기적으로 나타나고, 그것도 어린이에게만 나타날까? 이 질병들은 알려지지 않은 어린이의 어떤 속성을 특별히 좋아하는가? 이 질병들은 왜 그토록 오랫동안 우리 사회에서 사라지지 않고 지속돼왔을까? 우리의 방비가 허술해지기를 노리고 주요 돌발 발병 시기들 사이에서 시간을 기다리며 몇 년 동안 잠복 상태로 있는 것일까?

아동 질환에서 이러한 주기적 발병 패턴이 나타나는 이유는 감염 대

7. 팬데믹 시대, 수학은 어떻게 무기가 되는가

상군에서 유효 재생산 지수가 시간에 따라 변하기 때문이다. 성홍열 같은 질병은 대규모 돌발 발병으로 무방비 상태의 어린이 집단 중 상당수를 감염시킨 뒤에 그냥 사라지지 않는다. 집단 내에 계속 남아 있지만, 유효 재생산 지수가 1 언저리에 머문다. 즉, 그 집단 내에서 간신히 명맥을 유지해나간다. 시간이 지나면 이 집단은 나이가 들고, 무방비 상태의 아이들이 새로 태어난다. 이 집단 내에서 무방비 상태인 사람의 비율이 높아지면, 유효 재생산 지수가 점점 커져 새로운 돌발 발병이 일어날 가능성도 점점 커진다. 마침내 돌발 발병이 일어나면, 질병에 걸리는 사람들은 대개 인구 집단에서 어린 쪽 끝부분에 위치하는데, 나이가 많은 사람들은 대부분 과거에 감염을 통해 면역력을 얻었기 때문이다. 어린 시절에 그 질병에 걸리지 않는 사람들은 감염자가 많이 발생한 연령 집단과 어울리지 않는다는 점 때문에 약간의 보호를 받는다.

인구 집단 내에 면역력을 지닌 사람들의 비율이 높으면 질병의 확산을 늦추거나 막을 수 있다는 개념을 '집단 면역herd immunity'이라고 한다. 집단 면역에는 놀라운 사실이 있는데, 전체 인구 집단을 보호하기 위해 반드시 모든 사람이 면역력을 지녀야 하는 것은 아니라는 점이다. 유효 재생산 지수를 1 아래로 낮추면, 전파의 사슬이 끊어져 질병 전파가 멈추게 된다. 게다가 노인과 신생아, 임산부, HIV 환자처럼 백신 접종을 견뎌낼 수 없을 만큼 면역계가 너무 약한 사람들도 전체 인구 집단의 백신 접종에서 혜택을 받을 수 있다는 사실이 중요하다. 감염 대상군을 보호하는 데 필요한 인구 집단의 면역 비율 문턱값은 질병의 감염력이 얼마나 높은가에 따라 달라진다. 그 비율이 얼마인지 좌우하는 열쇠는 기초 감염 재생산 지수 R_0에 있다.

예를 들어 어떤 사람이 전염성이 강한 독감에 감염되었다고 하자. 만약 그 사람이 감염력이 높은 1주일 동안 감염 대상자 20명을 만나 그 중 4명이 감염되었다면, 기초 감염 재생산 지수 R_0는 4이다. 이 경우, 각각의 감염 대상자가 독감에 감염될 확률은 $\frac{1}{5}$이다. 이것은 기초 감염 재생산 지수가 어떻게 감염 대상군의 크기에 따라 좌우되는지 보여준다. 만약 독감 환자가 감염기에 감염 대상자를 10명만 만났다면(〈그림 24〉 가운데 부분), 전파 확률이 똑같다고 가정할 때 평균적으로 그중 2명만 감염시켜 유효 재생산 지수 R_e는 4에서 2로 줄어든다.

감염 대상군의 크기를 가장 효과적으로 줄이는 방법은 백신 접종이

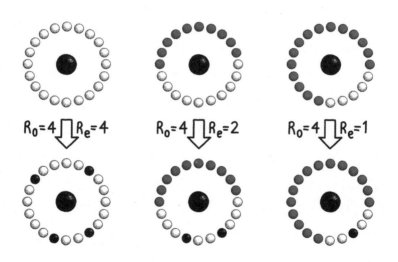

그림24 1명의 감염자(검은색)가 1주일 동안의 감염기에 감염 대상자(흰색)와 백신 접종을 받은 사람(회색) 20명을 만난다. 백신 접종을 받은 사람이 1명도 없을 때(왼쪽), 1명의 감염자는 4명을 감염시킨다. 따라서 기초 감염 재생산 지수 R_0는 4이다. 전체 인구 집단 중 절반이 백신 접종을 받았다면(가운데), 감염 대상자 중 2명만 감염된다. 유효 재생산 지수 R_e는 2로 줄어든다. 마지막으로 전체 인구 집단 중 3/4이 백신 접종을 받았다면(오른쪽), 평균적으로 감염 대상자 중 1명만 감염된다. 유효 재생산 지수 R_e는 임계값인 1로 줄어든다.

7. 팬데믹 시대, 수학은 어떻게 무기가 되는가

다. 집단 면역이 성공하려면 얼마나 많은 사람이 백신 접종을 받을 필요가 있는가라는 질문에 대한 답은 유효 재생산 지수를 1 미만으로 줄이는 것이다. 만약 전체 인구 집단의 $\frac{3}{4}$이 백신 접종을 받는다면(〈그림 24〉에서 오른쪽 부분), 1주일 동안 독감 환자가 접촉한 20명 중에서 $\frac{1}{4}$(즉, 5명)만이 감염 대상군으로 남아 있을 것이다. 그리고 평균적으로 그중 한 명만 감염될 것이다. 기초 감염 재생산 지수가 4인 질병에 대해 집단 면역을 이루는 데 필요한 임계 백신 접종 문턱값(전체 인구 집단 중 백신 접종을 받아야 할 필요가 있는 비율)이 $\frac{3}{4}$ $(=1-\frac{1}{4})$인 것은 절대로 우연의 일치가 아니다. 일반적으로 집단 면역의 문턱값에 이르려면, 전체 인구 집단 중 $\frac{1}{R_0}$은 백신 접종을 받지 않은 상태로 내버려두고 나머지 사람들(전체 인구 집단 중 $1-\frac{1}{R_0}$)을 백신으로 보호해야 한다. 기초 감염 재생산 지수가 약 4인 천연두의 경우, 전체 인구 집단 중 $\frac{1}{4}$(즉, 25%)은 백신 접종을 하지 않고 내버려두어도 된다. 감염 대상군 중 80%(여유를 주기 위해 75%보다 5%를 더 높여)가 백신 접종을 받는 것만으로도 1977년에 인류 역사상 가장 위대한 업적 중 하나—지구에서 치명적인 질병을 박멸하는 것—를 이루기에 충분했다. 이 훌륭한 업적은 그 뒤로는 다시 반복되지 않았다.

천연두는 감염이 초래하는 치명적인 결과만으로도 주요 박멸 표적이었다. 또한 집단 면역 문턱값이 낮다는 특성 때문에 표적으로 삼기가 상대적으로 쉬웠다. 많은 질병은 더 쉽게 전파되기 때문에 예방하기가 더 어렵다. R_0 값이 약 10으로 추정되는 수두는 전체 인구 집단 중 $\frac{9}{10}$가 면역력을 갖춰야만 나머지 사람들을 보호하고 수두를 퇴치할 수 있다. 사람 간에 전파되는 질병 중 가장 감염력이 높은 홍역은 R_0 값이

12~18로 추정되는데, 전체 인구 집단 중 92~95%가 백신 접종을 받아야 나머지 사람들까지 보호할 수 있다. 모형을 사용해 2015년 디즈니랜드 홍역 발병—모비우스 루프를 감염시켰던—의 확산을 분석한 연구는 이 질병에 노출된 사람들이 백신 접종을 받은 비율은 50% 정도로 낮을지 모른다고 주장했는데, 이것은 집단 면역에 필요한 문턱값보다 훨씬 낮은 값이다.[133]

백신 접종은 수학적 최선

1988년에 처음 도입된 이래 홍역measles과 볼거리mumps와 풍진rubella (MMR) 복합 백신 주사를 통해 홍역 예방 백신을 접종받는 영국 시민의 비율은 꾸준히 증가해왔다. 1996년, 백신 접종 비율은 91.8%로 역대 최고치에 이르러 홍역 박멸을 위한 임계 면역 문턱값에 가까워졌다. 그런데 1998년에 백신 접종 과정을 몇 년 동안 궤도에서 이탈하게 한 일이 벌어졌다.

이 공중 보건 재난은 질병에 걸린 동물이나 나쁜 위생, 정부 정책 실패 때문이 아니라, 명성 높은 의학 학술지 《란싯Lancet》에 실린 우울한 5쪽짜리 보고서가 원인이 되어 일어났다.[134] 논문 주저자인 앤드루 웨이크필드Andrew Wakefield는 MMR 백신과 자폐 스펙트럼 장애 사이에 연관 관계가 있다고 주장했다. 웨이크필드는 이 '발견'에 뒤이어 개인적으로 MMR 백신 반대 운동을 펼쳤는데, 기자 회견에서 "이 문제가 해결될 때까지 이 세 가지 백신을 결합해서 계속 사용하는 것을 지지할

수 없다."라고 말했다. 대부분의 주류 언론 매체는 이 미끼를 거부할
수 없었다.

　이 이야기를 다룬《데일리 메일》의 헤드라인 중에는 "MMR가 내 딸
을 죽였다" "MMR 공포를 지지하는 사람들이 늘어나다" "MMR는 안
전한가? 허튼소리. 점점 악화해가는 스캔들" 따위가 있었다. 웨이크필
드의 논문이 나오고 나서 몇 년 동안 이 이야기는 눈덩이처럼 크게 불
어나 2002년에는 영국의 과학 이야기 중 가장 화제가 된 이야기로 꼽
혔다. 언론 매체에서 이 이야기를 다룬 기사들은 초조해하는 많은 부
모의 두려움을 부추기면서 웨이크필드의 연구가 유의미한 결론을 얻기
에는 너무 작은 코호트인 겨우 12명의 어린이를 대상으로 실시되었다
는 사실은 언급하지 않았다. 경계심을 품고 이 연구를 다룬 기사는 대부
분의 언론 매체가 쏟아낸 경고 사이렌에 묻히고 말았다. 그 결과로 부모
들은 자녀의 백신 접종을 승인한다고 한 결정을 철회하기 시작했다. 악
명 높은 그 논문이《란싯》에 발표되고 나서 10년 동안 MMR 백신 접종
비율은 90% 이상에서 80% 아래로 떨어졌다. 확인된 홍역 발병 건수
는 1998년에 56건이던 것이 10년 뒤에는 1300건 이상으로 증가했다.
1990년대 내내 꾸준히 줄어들던 볼거리 발병 건수도 갑자기 크게 치솟
았다.

　2004년, 홍역과 볼거리와 풍진 발병 건수가 계속 증가하자, 탐사 보
도 기자 브라이언 디어Brian Deer는 웨이크필드의 연구가 사기라는 사실
을 폭로하려고 시도했다. 디어는 웨이크필드가 논문을 제출하기 전에
백신을 제조하는 제약 회사들을 공격할 증거를 찾던 변호사들에게서
40만 파운드가 넘는 돈을 받았다고 보도했다. 디어는 또한 웨이크필드

가 MMR의 경쟁 백신에 대해 특허를 신청했음을 보여주는 문서를 공개했다. 무엇보다도 디어는 자폐증과 연관 관계가 있다는 거짓 인상을 심어주기 위해 웨이크필드가 논문에서 데이터를 조작했다는 증거가 있다고 주장했다. 웨이크필드의 과학적 사기극을 뒷받침하는 디어의 증거와 이해관계의 극심한 충돌에 골머리를 앓던 《란싯》 편집진은 마침내 그 논문의 게재를 취소했다. 2010년, 영국 일반의료위원회는 회원 명부에서 웨이크필드를 삭제했다. 웨이크필드가 《란싯》에 논문을 발표하고 나서 20년 동안 전 세계에서 수십만 명의 어린이를 대상으로 한 포괄적 연구가 적어도 14건 진행되었는데, MMR와 자폐증 사이의 연관성을 뒷받침하는 증거는 전혀 발견되지 않았다. 그러나 안타깝게도 웨이크필드의 영향력은 지금까지도 살아 있다.

*　　*　　*

영국에서 MMR 백신 접종은 공포를 조장하던 시절 이전 수준으로 회복됐지만, 선진국들의 백신 접종 비율은 전체적으로 줄어들고, 홍역 발병 건수는 늘어나고 있다. 유럽에서는 2018년에 홍역이 6만 건 이상 발병했고, 72명(전해보다 두 배나 늘어난 수치)이 사망했다. 이런 결과를 낳은 주원인은 점점 목소리가 커져가는 백신 반대 운동이다. 세계보건기구는 '백신 기피'를 2019년에 전 세계 사람들의 건강을 위협하는 10대 요인 중 하나로 꼽았다. 여러 언론 매체 중에서도 《워싱턴 포스트》는 '백신 반대자'들의 부상이 웨이크필드와 직접적 관련이 있다고 지적하면서 그를 "현대 백신 반대 운동의 창시자"로 묘사했다. 그러나 이 운동의 신념은 지금은 틀렸다는 사실이 밝혀진 웨이크필드의 발견을 뛰어넘어 훨씬 확장되었다. 그것은 백신에 독성 화학 물질이 위험한 수준으로 들어 있다는 주장부터 백신이 사실은 어린이에게 예방하려고 하는 그 질병을 감염시킨다는 주장에 이르기까지 아주 다양하다. 사실, 포름알데히드 같은 독성 화학 물질은 백신에 들어 있는 극소량보다 더 많은 양이 우리의 대사 과정에서 만들어진다. 그리고 어떤 질병을 예방하도록 설계된 백신이 오히려 백신 접종자를 그 질병에 걸리게 하는 경우는 아주 드물다.

그들의 주장을 논박하는 합리적인 근거가 많은데도 불구하고, '백신 반대자'들의 주장은 짐 캐리Jim Carrey, 찰리 신Charlie Sheen, 도널드 트럼프 같은 유명 인사들의 지지 때문에 주목을 받았다. 그리고 도저히 일어날 법하지 않은 반전에 가까운 일이 일어났는데, 2018년에 웨이크필드는 자신이 전직 슈퍼모델 엘 맥퍼슨Elle Macpherson과 사귀면서 유명 인사 반열에 올랐다고 확인해주었다.

유명 인사 운동가의 부상과 함께 소셜 미디어가 각광을 받으면서 이런 사람들이 자신의 견해를 팬들에게 직접 전달할 수 있게 되었다. 주류 언론 매체에 대한 신뢰가 하락하면서 사람들은 자신의 구미에 맞는 이런 소셜 미디어에 점점 더 빠져들어 자신이 좋아하는 주장에 귀를 기울인다. 이러한 대체 플랫폼의 부상은 증거를 바탕으로 한 과학에 아무런 도전과 위협도 받지 않은 채 백신 반대 운동이 성장할 공간을 제공했다. 웨이크필드 자신은 심지어 소셜 미디어의 출현에 대해 그것이 "아름답게 진화했다."라고 표현했다—아마도 자신의 목적을 위해.

* * *

우리 모두는 이국적인 나라에서 휴가를 보낼지 말지, 아이들을 어떤 사람들과 함께 놀게 할지 말지, 혼잡한 대중교통을 이용할지 말지처럼 자신이 감염병에 걸릴 가능성에 영향을 끼치는 선택을 할 수 있다. 친구들과 만나 회포를 풀기로 한 약속을 취소할지 말지, 아이들을 학교에 보내지 않고 집에 있게 할지 말지, 기침할 때 입을 막을지 말지처럼 우리가 아플 때 내리는 선택은 다른 사람에게 질병을 옮길 가능성에 영향을 끼친다. 자신과 아이들이 백신 접종을 받느냐 마느냐 하는 중요한 결정은 사전에 미리 내려야 한다. 그것은 우리 자신이 병에 걸릴 가능성뿐만 아니라 다른 사람에게 병을 옮길 가능성에도 영향을 끼친다.

이런 결정 중 어떤 것은 비용이 많이 들지 않아 받아들이기가 쉽다. 화장지나 손수건에 대고 재채기를 하는 것은 비용이 전혀 들지 않는다. 손을 자주 잘 씻는 행동은 독감 같은 호흡기 질환의 유효 재생산 지수를 최대 $\frac{3}{4}$이나 감소시킨다는 사실이 밝혀졌다. 일부 질병의 경우, 이것만으로도 우리를 R_0의 문턱값 아래로, 즉 감염병이 발병할 수 없는 수준으로 끌어내리기에 충분하다.

어떤 결정들은 딜레마를 제기한다. 학교에 가면 감염성 접촉이 증가해 유행병 발생 가능성이 커진다는 사실을 아는데도, 우리는 아이들을 학교에 보내고 싶은 유혹을 느낀다. 모든 선택의 중심에는 그 위험과 결과에 대한 이해가 있어야 한다.

수리역학은 이러한 결정을 평가하고 이해하는 방법을 제공한다. 수리역학은 아플 때 일터나 학교에 가지 않는 것이 왜 모두에게 좋은 선택인지 설명한다. 손을 씻는 행동이 감염력을 줄임으로써 질병의 돌발 발병을 막는 데 어떻게 그리고 왜 도움이 되는지도 알려준다. 때로는 직관과 반대로 가장 큰 공포를 유발하는 질병이 반드시 우리가 가장 염려해야 할 질병이 아닐 수 있음을 보여준다.

더 넓은 범위에서는 수리역학이 질병의 돌발 발병에 대처하는 전략과 그것을 피할 수 있는 예방 조치를 제시한다. 수리역학은 신뢰할 수 있는 과학적 증거와 손을 잡고 백신 접종이 쉬운 결정임을 입증한다. 백신 접종은 우리 자신을 보호할 뿐만 아니라, 가족과 친구와 이웃과 동료까지 보호한다. 세계보건기구가 발표하는 수치는 백신이 해마다 수백만 명의 목숨을 구하며, 만약 전 세계에서 백신 접종을 받는 사람의 수를 늘리면 수백만 명을 더 구할 수 있다는 것을 보여준다.[135] 백신은 치명적인 질병의 발병을 막을 수 있는 최선의 방법이자 그 파괴적인 효과를 영원히 끝낼 유일한 기회이다. 수리역학은 미래를 위한 희망의 불꽃이자 이 엄청난 과제를 해결할 비법을 열어줄 열쇠이다.

수학이 선사하는 자유

수학은 진화의 숫자 게임에서 승리를 거둔 조상들과 우리 종을 걸러낸 질병들을 통해 우리의 역사를 빚어왔다. 우리의 생물학적 특징에는 변하지 않고 늘 일정한 수학의 규칙들이 반영돼 있다. 그와 동시에 우리의 수학적 미학은 우리 자신의 생리학을 반영하도록 변했으며, 우리의 수학적 이해는 우리와 함께 수백만 년 이상 공진화하면서 현재 상태에 이르렀다.

현대 사회에서 수학은 우리가 하는 거의 모든 것의 기반을 이루고 있다. 수학은 우리가 서로 의사소통하는 방식과 한 장소에서 다른 곳으로 가기 위해 사용하는 방법에 꼭 필요하다. 수학은 물건을 사고파는 방식을 완전히 바꿔놓았고, 일하는 방식과 쉬는 방식에 혁명을 가져왔다. 그 영향력은 거의 모든 법정과 병원, 사무실, 가정에서 느낄 수 있다.

수학은 전에는 상상할 수 없었던 과제들을 해결하는 데 매일 쓰이고 있다. 정교한 수학적 알고리듬은 거의 어떤 문제에도 즉각 답을 찾게 해준다. 전 세계 사람들은 인터넷의 수학적 능력을 통해 즉각 연결된다. 법의 수호자들은 법의고고학을 통해 범죄자를 찾아낼 때 수학을 정의를 실현하는 힘으로 사용한다.

그러나 수학의 힘은 그것을 사용하는 사람에 따라 좋게도 나쁘게도 쓰일 수 있다는 점을 명심해야 한다. 판 메이헤런이 미술 작품을 위조했음을 밝혀낸 바로 그 수학이 우리에게 원자 폭탄도 가져다주었다. 따라서 우리는 너무나도 자주 의존하는 수학적 도구들의 영향력을 제대로 이해하려고 노력해야 한다. 친구 추천과 개인 맞춤형 광고로 시작했던 것이 가짜 뉴스와 프라이버시 침해로 끝날 수 있다.

수학이 우리의 일상생활에서 차지하는 비중이 점점 커져감에 따라 예상치 못한 재난이 발생할 기회도 증가한다. 우리는 여태껏 생각하기 힘들었던 묘기를 보여준 수학의 놀라운 능력에 자주 감탄하지만, 수학의 실수로 일어난 재난도 그에 못지않게 자주 보았다. 세밀한 수학은 사람을 달에 보냈지만, 부주의한 수학은 수백만 달러가 들어간 화성기후궤도선을 파괴했다. 수학은 적절히 사용하기만 한다면 범죄 분석을 위한 강력한 도구가 될 수 있지만, 부도덕한 사기꾼이 남용하면 무고한 사람의 자유를 빼앗을 수 있다. 수학은 최선의 경우에는 생명을 구하는 최첨단 의학 기술이지만, 최악의 경우에는 투여량을 잘못 계산하여 오히려 생명을 앗아갈 수 있다. 미래에 다시 같은 실수를 저지르지 않도록, 혹은 더 낫게는 다시는 같은 실수가 절대로 반복되지 않게 하기 위해 수학의 실수에서 교훈을 배우는 것은 우리에게 주어진 의무이다.

수학 모형은 우리에게 미래의 모습을 엿보게 해준다. 수학 모형은 세계를 있는 그대로 묘사하지 않지만 약간의 통찰력을 제공한다. 수리역학은 늘 뒤따라가면서 반응하는 게임을 하는 대신에, 질병 진행의 미래를 들여다보고 선제적 예방 조치를 취할 수 있게 해준다. 최적 정지

수학으로 생각하는 힘

는 우리 앞에 있는 선택지를 모두 다 볼 수 없는 상황에서 최선의 선택을 할 수 있는 최선의 기회를 제공할 수 있다. 개인 유전체 분석은 미래에 질병에 걸릴 위험을 이해하는 데 혁명을 가져올 수 있지만, 결과를 해석하는 수학을 표준화할 때에만 그럴 수 있다.

수학은 우리 일상의 표면 아래로 지금까지 거의 보이지 않게 흘러왔고, 지금도 흘러가고 있으며, 미래에도 계속 흘러갈 물결이다. 그러나 우리는 그 흐름에 지나치게 휩쓸린 나머지 적정 영역을 벗어난 곳에까지 수학을 적용하려고 시도하지는 않는지 조심해야 한다. 어떤 일에는 수학이 완전히 잘못된 도구가 되는 경우가 있다. 사람의 감독이 꼭 필요한 활동들이 그런 영역이다. 설사 가장 복잡한 정신적 과제들을 알고리듬에 맡길 수 있다 하더라도, 마음의 문제는 결코 단순한 규칙들로 분해할 수 없다. 어떤 코드나 방정식도 인간 조건의 복잡성을 절대로 모방할 수 없다.

그렇긴 하지만, 갈수록 계량화돼가는 우리 사회에서 수학 지식이 약간 있으면 우리 자신을 위해 수의 힘을 이용하는 데 도움을 받을 수 있다. 간단한 규칙들은 최선의 선택을 도와주고 최악의 실수를 피하게 해준다. 빠르게 진화하는 환경에 대해 우리가 생각하는 방식을 조금만 바꾸면, 빠르게 진행되는 변화 앞에서 '냉정을 유지하는' 데, 그리고 갈수록 자동화가 심해지는 현실에 적응하는 데 도움을 얻을 수 있다. 우리의 행동과 반응과 상호 작용에 관한 기본 모형은 미래가 닥치기 전에 그것에 대비하게 해준다. 나는 다른 사람들의 경험을 들려주는 이야기는 가장 단순하면서도 강력한 모형이라고 생각한다. 그런 이야기는 앞사람의 실수에서 배우게 함으로써 우리가 수에 관한 탐사를 떠나기 전에 모두가 동일한 언어를 말하고, 시계의 시간을 똑같게 맞추고, 연료통에 연료를 충분히 채웠음을 확인하게 해준다.

수학에 힘을 실어주기 위한 싸움 중 절반은 그 무기를 휘두르는 사람들의 권위에 용감하게 의문을 제기하는 것이다 ― 확실성의 착각을 깨뜨리면서. 절대 위험도와 상대 위험도, 비율 편향, 잘못된 틀 짓기, 표본추출 편향을 제대로 이해하면, 신문 헤드라인이 제시하는 통계 수치나 광고들이 내세우는 '연구 결과', 정치인의 입에서 나오는 반쪽 진실을 의심하는 힘을 얻게 된다. 생태학적 오류와 종속 사건을 이해하면, 혼동을 야기하는 연막을 흩뜨리는 데 도움을 줌으로써 법정에서건 교실에서건 병원에서건 수학적 논증으로 우리를 속이기가 더 힘들어진다.

가장 충격적인 통계 자료를 가진 사람이 늘 논쟁에서 이기는 법이 없도록 통계 수치 뒤에 숨어 있는 수학을 설명해달라고 요구해야 한다. 의료 사기꾼들이 내세우는 대체 요법이 그저 평균으로의 회귀에 불과한 것이라면, 그들의 주장에 혹해 생명을 구할 잠재력이 있는 치료를 받지 못하는 일이 있어서는 안 된다. 백신이 생명을 구하고 치명적인 질병을 박멸할 수 있음을 수학이 명백하게 증명하는데도, 백신 반대자들의 주장에 넘어가 백신의 효능을 의심해서는 안 된다.

이제 그 권력을 우리 손으로 다시 가져올 때가 되었다. 가끔 수학은 정말로 생사가 달린 문제가 되기 때문이다.

수학으로 생각하는 힘

감사의 말

수학이 우리의 일상생활에서 보이지 않게 영향을 끼치는 곳들을 다룬
이 책의 제목과 이 책을 써야겠다는 주 원동력은 내 에이전트인 크리스
웰비러브를 펍에서 처음 만나 술에 약간 취해 나눈 대화에서 나왔다.
크리스는 내가 보낸 제안서와 모든 장의 초고를 전부 읽었고, 그 밖에
도 많은 일을 했다. 운에 맡기고 나에게 도박을 건 뒤, 내가 첫 번째 책
을 쓰는 과정을 성공적으로 마치게끔 잘 이끌어준 크리스에게 나는 큰
빚을 졌다.

커커스 출판사와 계약한 바로 그날부터 담당 편집자 케이티 폴레인
Katy Follain은 나를 든든하게 뒷받침했다. 케이티는 초고를 수 차례 보았
고 원고의 질을 크게 개선하는 제안을 했다. 미국 측 편집자인 세라 골
드버그Sarah Goldberg도 책이 나아갈 방향에 큰 영향을 주었다. 케이티와
세라가 어렵사리 시간을 내 서로 머리를 맞대고 일관성 있는 피드백을
제공해준 것에 크게 감사드린다. 더불어 이 책의 출간에 관여한 커커
스 출판사와 스크리브너 출판사의 모든 사람에게 감사드린다.

친절하게도 이 책에 자신의 이야기를 쓸 수 있도록 허락해준 모든

사람들에게도 큰 빚을 졌다. 수학의 참사와 승리에 관한 이들의 이야기는 이 책의 뼈대가 되었다. 얼핏 부적절해 보이기까지 한 나의 긴 질문에 대답하기 위해 여러분이 내준 시간과 관대함이 없었더라면, 이 책은 나오지 못했을 것이다.

그곳에서 임시 파견 근무를 할 수 있게 배려해준 배스대학교의 수학 혁신연구소에 큰 감사를 드린다. 그 덕분에 내가 원하는 만큼 집중하면서 이 책을 쓸 수 있었다. 더 넓게는, 이 대학교의 많은 동료들이 내가 이 책을 쓴다는 이야기를 듣고서 격려와 지원을 아끼지 않았다. 내가 집을 떠날 필요가 있을 때, 나에게 일할 장소를 제공해준 내 모교 옥스퍼드대학교 서머빌 칼리지에도 고마운 마음을 전한다.

책을 쓰기 시작하면서 나는 비판해줄 사람들이 필요하다는 것을 깨닫고 이전의 박사 동료이자 가까운 친구인 개브리엘 로서Gabriel Rosser와 애런 스미스Aaron Smith를 찾았다. 무슨 일에 발을 들여놓는지도 정확히 모르면서, 그리고 둘 다 아기와 그 밖의 많은 할 일이 있는데도 불구하고, 초고를 훑어봐주기로 동의했다. 그들의 의견은 이 책의 질을 높이는 데 큰 도움이 되었고, 이에 대해 두 사람에게 깊이 감사드린다.

좋은 친구이자 동료인 크리스 가이버Chris Guiver는 이 책을 쓰는 동안 일 년 이상 일주일에 한 번씩 내가 자기 집에서 지내게 해주었다. 또한 밤늦게까지 내 책과 과학과 더 일반적으로는 인생에 대해 논의하고 토론하면서 내 아이디어에 훌륭한 공명판이 되어주었다.

부모님인 팀과 메리는 이 책이 나올 때까지 내내 가장 강력한 지지자가 되었다. 두 분은 이 책을 처음부터 끝까지 '두 번'이나 읽었다. 두 분은 나의 지적인 일반 청중이다. 그러나 두 분은 통찰력 높은 비평과

수학으로 생각하는 힘

철저한 교열 작업 외에도 내 교육과 가치를 완성하는 데 크게 기여했다. 내가 인생의 풍파를 거치면서 살아오는 동안 두 분은 늘 지원을 아끼지 않았다. 그 고마움은 말로는 도저히 다 표현할 수 없을 것이다.

누나 루시는 처음에 떠오른 아이디어들을 엮어서 일관성 있는 홍보물로 만드는 작업을 도와주었다. 내 글을 세심하게 비평하고 내가 올바른 길로 나아가도록 잡아주려고 루시가 쏟아부은 시간과 노력이 없었더라면 이 책은 나오지 못했으리라는 표현은 절대로 과장이 아니다.

나는 더 넓은 가족에게도 무형의 큰 빚을 졌는데, 이들은 내가 전날 밤에 책을 쓰느라 늦게까지 잠을 자지 못해 가족 모임 도중에 자리에서 일어나 자러 가도 전혀 불평하지 않았다. 그 휴식이 내게 얼마나 달콤하고 중요했는지는 두말할 필요가 없다.

마지막으로, 이 책 때문에 아마도 가장 많은 인내심을 보여준 내 가족에게 고마움을 표시하고 싶다. 아내 캐럴라인은 놀라운 지원을 아끼지 않았는데, 심지어 내 양해를 얻어 유전학을 다루는 부분의 내용을 손보기까지 했다. 캐럴라인은 막 발걸음을 뗀 저자를 지원했을 뿐만 아니라, 훌륭한 엄마이자 상근 CEO이기도 했다. 당신을 향한 존경심은 결코 흔들림이 없을 것이다. 마지막으로 엠과 윌에게. 나를 늘 현실로 돌아오게 해주어 고맙다. 집에 와 너희들을 보는 순간, 내 머릿속에서는 모든 근심이 싹 사라진단다. 너희 둘을 빼면 이 세상에는 아무것도 없단다. 설사 이 책이 단 한 권도 팔리지 않더라도, 너희에게는 달라질 것이 아무것도 없으리라고 약속할게.

참고 문헌

들어가며

1 호수에 사는 물고기 수의 추정치를 제공함으로써:

Pollock, K. H. (1991). Modeling capture, recapture, and removal statistics for estimation of demographic parameters for fish and wildlife populations: past, present, and future. *Journal of the American Statistical Association*, 86(413), 225. https://doi.org/10.2307/2289733

2 약물 중독자 수:

Doscher, M. L., & Woodward, J. A. (1983). Estimating the size of subpopulations of heroin users: applications of log-linear models to capture/recapture sampling. *The International Journal of the Addictions, 18*(2), 167-82.

Hartnoll, R., Mitcheson, M., Lewis, R., & Bryer, S. (1985). *Estimating the prevalence of opioid dependence.Lancet, 325*(8422), 203-5. https://doi.org/10.1016/S0140-6736(85)92036-7

Woodward, J. A., Retka, R. L., & Ng, L. (1984). Construct validity of heroin abuse estimators. *International Journal of the Addictions, 19*(1), 93-117. https://doi.org/10.3109/10826088409055819

3 코소보에서 전쟁으로 사망한 사람의 수:

Spagat, M. (2012). *Estimating the Human Costs of War: The Sample Survey Approach*. Oxford University Press. https://doi.org/10.1093/oxfordhb/9780195392777.013.0014

1장

4 엔테로코쿠스 파이칼리스는 우유를 상하게 하고 응고시키는 세균이지만, 세포가 딱 1개만 들어갔다면 별일 없지 않을까?:

Botina, S. G., Lysenko, A. M., & Sukhodolets, V. V. (2005). Elucidation of the taxonomic status of industrial strains of thermophilic lactic acid bacteria by sequencing of 16S rRNA genes. *Microbiology,*. *74*(4), 448-52. https://doi.org/10.1007/s11021-005-0087-7

5 이 세균이 우유 속에서 한 시간마다 딸세포 2개로 분열한다는 사실을 알면 조금 더 불안할 수도 있다:

Cárdenas, A. M., Andreacchio, K. A., & Edelstein, P. H. (2014). Prevalence and detection of mixed-population enterococcal bacteremia. *Journal of Clinical Microbiology*, 52(7), 2604-8. https://doi.org/10.1128/JCM.00802-14

Lam, M. M. C., Seemann, T., Tobias, N. J., Chen, H., Haring, V., Moore, R. J.,······ Stinear, T. P. (2013). Comparative analysis of the complete genome of an epidemic hospital sequence type 203 clone of vancomycinresistant Enterococcus faecium. *BMC Genomics*, *14*, 595. https://doi.org/10.1186/1471-2164-14-595

6 그는 《네이처》에 하나의 중성자가 촉발한 핵분열 반응이 일어날 때, 우라늄 동위 원소인 U-235 원자에서 고에너지 중성자가 평균 3.5개(나중에 2.5개로 정정했다) 방출된다는 증거를 발견했다고 발표했다:

Von Halban, H., Joliot, F., & Kowarski, L. (1939). Number of neutrons liberated in the nuclear fission of uranium. *Nature*, *143*(3625), 680. https://doi.org/10.1038/143680a0

7 천연 우라늄 중에서 약 99.3%를 차지하는 우라늄 동위 원소:

Webb, J. (2003). Are the laws of nature changing with time? *Physics World*, *16*(4), 33-8. https://doi.org/10.1088/2058-7058/16/4/38

8 U-235 1kg에서는 같은 양의 석탄을 태우는 것보다 약 300만 배나 많은 에너지가 나온다:

Bernstein, J. (2008). *Nuclear Weapons: What You Need to Know*. Cambridge University Press.

9 이 불은 히로시마 원폭 투하 때 방출된 것보다 수백 배나 많은 방사성 물질을 대기 중으로 내보내 유럽 전역에 광범위한 환경 오염을 초래했다:

International Atomic Energy Agency. (1996). Ten years after Chernobyl: *what do we really know? In Proceedings of the IAEA/WHO/EC International Conference*: One Decade after Chernobyl: Summing Up the Consequences. Vienna: International Atomic Energy Agency.

10 체내에서 배출되는 약물:

Greenblatt, D. J. (1985). Elimination half-life of drugs: value and limitations. *Annual Review of Medicine*, *36*(1), 421-7. https://doi.org/10.1146/annurev.me.36.020185.002225

Hastings, I. M., Watkins, W. M., & White, N. J. (2002). The evolution of drug-resistant malaria: the role of drug elimination half-life. *Philosophical Transactions of the Royal Society of London*. Series B: Biological Sciences, *357*(1420), 505-19. https://doi.org/10.1098/rstb.2001.1036

11 맥주잔에서 거품이 줄어드는 속도:

Leike, A. (2002). Demonstration of the exponential decay law using beer froth. *European Journal of Physics*, *23*(1), 21-6. https://doi.org/10.1088/0143-0807/23/1/304

Fisher, N. (2004). The physics of your pint: head of beer exhibits exponential decay. *Physics Education*, *39*(1), 34-5. https://doi.org/10.1088/0031-9120/39/1/F11

12 특히 방사성 물질에서 방출된 방사선 수준이 시간이 지남에 따라 감소하는 비율을 아주 잘 기술한다:

Rutherford, E., & Soddy, F. (1902). LXIV. The cause and nature of radioactivity. Part II. *The London, Edinburgh, and Dublin Philosophical Magazine and Journal of Science, 4*(23), 569-85. https://doi.org/10.1080/14786440209462881

Rutherford, E., & Soddy, F. (1902). XLI. The cause and nature of radioactivity. Part I. *The London, Edinburgh, and Dublin Philosophical Magazine and Journal of Science, 4*(21), 370-96. https://doi.org/10.1080/14786440209462856

13 사해 문서 같은 고대 유물의 나이를 측정하는 것:

Bonani, G., Ivy, S., Wölfli, W., Broshi, M., Carmi, I., & Strugnell, J. (1992). Radiocarbon dating of Fourteen Dead Sea Scrolls. *Radiocarbon, 34*(03), 843-9. https://doi.org/10.1017/S0033822200064158

Carmi, I. (2000). Radiocarbon dating of the Dead Sea Scrolls. In L. Schiffman, E. Tov, & J. VanderKam (eds.), *The Dead Sea Scrolls: Fifty Years After Their Discovery. 1947 - 1997* (p. 881).

Bonani, G., Broshi, M., & Carmi, I. (1991). 14 Radiocarbon dating of the Dead Sea scrolls. *'Atiqot*, Israel Antiquities Authority.

14 시조새가 1억 5000만 년 전에 살았다거나:

Starr, C., Taggart, R., Evers, C. A., & Starr, L. (2019). *Biology: The Unity and Diversity of Life*, Cengage Learning.

15 아이스맨 외치Ötzi가 5300년 전에 죽었다는:

Bonani, G., Ivy, S. D., Hajdas, I., Niklaus, T. R., & Suter, M. (1994). Ams 14C age determinations of tissue, bone and grass samples from the ötztal ice man. *Radiocarbon, 36*(02), 247-250. https://doi.org/10.1017/S0033822200040534

16 이로써 판 메이헤런이 위조한 작품은 17세기에 페르메이르가 직접 그린 것이 아니라는 사실이 확실히 입증되었다. 판 메이헤런이 페인트를 만드는 데 사용한 납은 17세기에는 아직 채굴되기 전이었기 때문이다:

Keisch, B., Feller, R. L., Levine, A. S., & Edwards, R. R. (1967). Dating and authenticating works of art by measurement of natural alpha emitters. *Science*, 155(3767), 1238-42. https://doi.org/10.1126/science.155.3767.1238

17 아이스 버킷 챌린지 동안에 들어온 후원금 덕분에 연구자들은 ALS를 일으키는 세 번째 유전자를 발견함으로써 바이럴 마케팅 캠페인의 큰 영향력을 입증했다:

Kenna, K. P., van Doormaal, P. T. C., Dekker, A. M., Ticozzi, N., Kenna, B. J., Diekstra, F. P.,······ Landers, J. E. (2016). NEK1 variants confer susceptibility to amyotrophic lateral sclerosis. *NatureGenetics, 48*(9), 1037.42. https://doi.org/10.1038/ng.3626

18 컴퓨터과학자 버너 빈지Vernor Vinge는 SF 소설과 에세이에서 그러한 개념들을 요약했는데:

Vinge, V. (1986). *Marooned in Realtime*. Bluejay Books/ St. Martin's Press.

Vinge, V. (1992). *A Fire Upon the Deep*. Tor Books.

Vinge, V. (1993). The coming technological singularity: how to survive in the post-human era. In *NASA. Lewis Research Center, Vision 21: Interdisciplinary Science and Engineering in the Era of Cyberspace* (pp. 11-22). Retrieved from https://ntrs.nasa.gov/search.jsp?R=19940022856

19 1999년, 자신의 저서 『영혼이 있는 기계의 시대The Age of Spiritual Machines』에서 커즈와일은 '수학 가속의 법칙'이라는 가설을 주장했다:

Kurzweil, R. (1999). *The Age of Spiritual Machines: When Computers Exceed Human Intelligence*. Viking.

20 심지어 거기서 더 나아가 빈지의 '기술적 특이점' — 커즈와일의 표현을 빌리면, "기술적 변화가 너무나도 빠르고 깊이 있게 일어나 인류 역사의 구조 자체가 찢어지는" 일이 일어나는 시점 — 을 2045년경으로 못박기까지 했다:

Kurzweil, R. (2004). The law of accelerating returns. In *Alan Turing: Life and Legacy of a Great Thinker* (pp. 381-416). Springer Berlin Heidelberg. https://doi.org/10.1007/978-3-662-05642-4_16

21 완전한 '생명의 책'은 계획보다 일찍, 그리고 책정된 10억 달러의 예산 한도 내에서 2003년에

나왔다:

Gregory, S. G., Barlow, K. F., McLay, K. E., Kaul, R., Swarbreck, D., Dunham, A., ······ Bentley, D. R. (2006). The DNA sequence and biological annotation of human chromosome 1. *Nature, 441*(7091), 315 – 21. https://doi.org/10.1038/nature04727

International Human Genome Sequencing Consortium. (2001). Initial sequencing and analysis of the human genome. *Nature, 409*(6822), 860–921. https://doi.org/10.1038/35057062

Pennisi, E. (2001). The human genome. *Science, 291*(5507), 1177–80. https://doi.org/10.1126/SCIENCE.291.5507.1177

22 가파른 인구 증가 추세를 지각한 영국 수학자 토머스 맬서스Thomas Malthus는 인구가 현재 규모에 비례하는 비율로 증가한다고 주장했다:

Malthus, T. R. (2008). *An Essay on the Principle of Population.* (Ed. R. Thomas and G. Gilbert) Oxford University Press.

23 세균 개체군에 로지스틱 성장이 일어난다는 것을 최초로 입증했다:

McKendrick, A. G., & Pai, M. K. (1912). The rate of multiplication of micro-organisms: a mathematical study. *Proceedings of the Royal Society of Edinburgh, 31,* 649–53. https://doi.org/10.1017/S0370164600025426

24 양:

Davidson, J. (1938). On the ecology of the growth of the sheep population in South Australia. *Trans. Roy. Soc. S. A., 62*(1), 11–148.

Davidson, J. (1938). On the growth of the sheep population in Tasmania. *Trans. Roy. Soc. S. A., 62*(2), 342–6.

25 물범:

Jeffries, S., Huber, H., Calambokidis, J., & Laake, J. (2003). Trends and status of harbor seals in Washington State: 1978-1999. *The Journal of Wildlife Management, 67*(1), 207. https://doi.org/10.2307/3803076

26 두루미:

Flynn, M. N., & Pereira, W. R. L. S. (2013). Ecotoxicology and environmental contamination. *Ecotoxicology and Environmental Contamination, 8*(1), 75–85.

27 저명한 사회생물학자 윌슨E. O. Wilson은 지구의 생물권이 부양할 수 있는 인구 크기에는 근원적으로 분명한 한계가 있다고 믿는다:

Wilson, E. O. (2002). *The Future of Life* (1st ed.). Alfred A. Knopf.

28 인구 성장률은 1960년대 후반에 연간 약 2%로 정점에 이르렀지만, 2023년께에는 연간 1% 아래로 떨어질 것으로 예상된다:

Raftery, A. E., Alkema, L., & Gerland, P. (2014). Bayesian Population Projections for the United Nations. *Statistical Science: A Review Journal of the Institute of Mathematical Statistics, 29*(1), 58-68. https://doi.org/10.1214/13-STS419

Raftery, A. E., Li, N., Ševčikova, H., Gerland, P., & Heilig, G. K. (2012). Bayesian probabilistic population projections for all countries. *Proceedings of the National Academy of Sciences of the United States of America, 109*(35), 13915-21. https://doi.org/10.1073/pnas.1211452109

United Nations Department of Economic and Social Affairs Population Division. (2017). World population prospects: the 2017 revision, key findings and advance tables, *ESA/P/WP/2*.

29 그러나 부모님의 그런 태도를 비아냥대서는 안 되는데, 나이를 먹을수록 지각된 시간은 정말로 더 빨리 흐르는 것처럼 보이고, 그래서 시간이 부족하다는 느낌을 더욱 부추기기 때문이다:

Block, R. A., Zakay, D., & Hancock, P. A. (1999). Developmental changes in human duration judgments: a meta-analytic review. *Developmental Review, 19*(1), 183-211. https://doi.org/10.1006/DREV.1998.0475

30 청년 집단은 평균적으로 실제 시간으로 3분 3초가 지나는 동안 3분을 헤아린 반면, 노인 집단은 평균적으로 3분 하고도 40초가 지날 때까지 멈추지 않았다:

Mangan, P., Bolinskey, P., & Rutherford, A. (1997). Underestimation of time during aging: the result of age-related dopaminergic changes. In *Annual Meeting of the Society for Neuroscience*.

31 이와 연관된 다른 실험들에서는 피험자에게 어떤 과제를 수행하는 동안 흐른 일정 시간의 길이를 추정하게 해보았다:

Craik, F. I. M., & Hay, J. F. (1999). Aging and judgments of duration: Effects of task complexity and method of estimation. *Perception & Psychophysics, 61*(3), 549-60. https://doi.org/10.3758/BF03211972

32 한 이론은 나이가 들수록 대사 속도가 느려지고 그와 함께 심장 박동과 호흡이 느려진다는 사실을 지적한다:

Church, R. M. (1984). Properties of the Internal Clock. *Annals of the New York Academy of Sciences, 423*(1), 566-82. https://doi.org/10.1111/j.1749-6632.1984.tb23459.x

Craik, F. I. M., & Hay, J. F. (1999). Aging and judgments of duration: effects of task complexity and method of estimation. *Perception &Psychophysics*, *61*(3), 549-60. https://doi. org/10.3758/BF03211972

Gibbon, J., Church, R. M., & Meck, W. H. (1984). Scalar timing in memory. *Annals of the New York Academy of Sciences*, *423*(1 Timing and Ti), 52 -77. https://doi.org/10.1111/j.1749-6632.1984.tb23417.x

33 또 다른 이론은 시간 경과를 느끼는 우리의 지각이 환경에서 받아들이는 새로운 지각 정보의 양에 좌우된다고 주장한다:

Pennisi, E. (2001). The human genome. *Science*, *291*(5507), 1177-80. https://doi. org/10.1126/SCIENCE.291.5507.1177

34 자유 낙하를 통해 낯선 감각을 경험한 피험자들을 대상으로 한 실험들은 실제로 그런 일이 일어난다는 것을 보여주었다:

Stetson, C., Fiesta, M. P., & Eagleman, D. M. (2007). Does time really slow down during a frightening event? *PLoS ONE*, *2*(12), e1295. https://doi.org/10.1371/journal. pone.0001295

2장

35 나는 23andMe가 사용한 것과 똑같은 방법을 사용하고, 내 유전자 분석 보고서와 그들이 인용한 논문의 데이터도 그대로 사용해 후기 발병 알츠하이머병에 걸릴 위험 확률을 계산한 결과가 그 보고서의 결과와 똑같은지 보려고 했다:

Farrer, L. A., Cupples, L. A., Haines, J. L., Hyman, B., Kukull, W. A., Mayeux, R., ······ Duijn, C. M. van. (1997). Effects of age, sex, and ethnicity on the association between apolipoprotein E genotype and Alzheimer disease. *JAMA*, *278*(16), 1349. https://doi. org/10.1001/jama.1997.03550160069041

Gaugler, J., James, B., Johnson, T., Scholz, K., & Weuve, J. (2016). 2016 Alzheimer's disease facts and figures. *Alzheimer's &Dementia*, *12*(4), 459-509. https://doi.org/10.1016/ J.JALZ.2016.03.001

Genin, E., Hannequin, D., Wallon, D., Sleegers, K., Hiltunen, M., Combarros, O., ······ Campion, D. (2011). APOE and Alzheimer disease: a major gene with semi-dominant inheritance. *Molecular Psychiatry*, *16*(9), 903-7. https://doi.org/10.1038/mp.2011.52

Jewell, N. P. (2004). *Statistics for Epidemiology*. Chapman & Hall/CRC.

Macpherson, M., Naughton, B., Hsu, A. and Mountain, J. (2007). *Estimating Genotype-Specific Incidence for One or Several Loci*, 23andMe.

Risch, N. (1990). Linkage strategies for genetically complex traits. I. Multilocus models. *American Journal of Human Genetics*, 46(2), 222–8.

36 2014년에 23andMe를 포함해 선도적인 개인 유전자 검사 회사 세 곳의 발병 위험 계산 방법을 조사한 한 연구 결과가 내 결론에 힘을 실어주었다:

Kalf, R. R. J., Mihaescu, R., Kundu, S., de Knijff, P., Green, R. C., & Janssens, A. C. J. W. (2014). Variations in predicted risks in personal genome testing for common complex diseases. *Genetics in Medicine*, 16(1), 85–91. https://doi.org/10.1038/gim.2013.80

37 사실, BMI는 1835년에 벨기에의 유명한 천문학자이자 통계학자, 사회학자, 수학자였지만 의사는 아니었던 아돌프 케틀레Adolphe Quetelet가 처음 고안했다:

Quetelet, L. A. J. (1994). A treatise on man and the development of his faculties. *Obesity Research*, 2(1), 72–85. https://doi.org/10.1002/j.1550-8528.1994.tb00047.x

38 미국 생리학자 앤설 키스Ancel Keys(훗날 포화 지방과 심장 혈관 질환 사이의 관계를 밝혀낸 사람)는 유례없는 수준의 비만 확산에 대응하여 과체중을 알려주는 최선의 지표를 찾는 연구를 진행했다:

Keys, A., Fidanza, F., Karvonen, M. J., Kimura, N., & Taylor, H. L. (1972). Indices of relative weight and obesity. *Journal of Chronic Diseases*, 25(6–7), 329–43. https://doi.org/10.1016/0021-9681(72)90027-6

39 만약 비만의 정의를 체지방 비율을 바탕으로 내린다면, BMI 수치상 비만이 아닌 남성 중 15~35%는 비만으로 분류될 것이다:

Tomiyama, A. J., Hunger, J. M., Nguyen-Cuu, J., & Wells, C. (2016). Misclassification of cardiometabolic health when using body mass index categories in NHANES 2005 – 2012. *International Journal of Obesity*, 40(5), 883–6. https://doi.org/10.1038/ijo.2016.17

40 이렇게 부정확한 분류는 인구 집단 수준에서 비만을 측정하고 기록하는 방식에 큰 영향을 끼친다. 하지만 더 염려스러운 것은 BMI를 기준으로 건강한 사람을 과체중이나 비만으로 분류하는 관행이 당사자의 정신 건강에 해로운 영향을 끼칠 수 있다는 점이다:

McCrea, R. L., Berger, Y. G., & King, M. B. (2012). Body mass index and common mental disorders: exploring the shape of the association and its moderation by age, gender and education. *International Journal of Obesity*, 36(3), 414–21. https://doi.org/10.1038/ijo.2011.65

41 그러나 중환자실에서 자동으로 울리는 경보 중 약 85%는 거짓 경보이다:

Sendelbach, S., & Funk, M. (2013). Alarm fatigue: a patient safety concern. *AACN Advanced Critical Care*, 24(4), 378–86; quiz 387-8. https://doi.org/10.1097/NCI.

Lawless, S. T. (1994). Crying wolf: false alarms in a pediatric intensive care unit. *Critical Care Medicine*, *22*(6), 981-85.

42 같은 이유에서 중앙값 필터링은 거짓 경보를 방지할 목적으로 중환자실 모니터에 사용되고 있다:

Makivirta, A., Koski, E., Kari, A., & Sukuvaara, T. (1991). The median filter as a preprocessor for a patient monitor limit alarm system in intensive care. *Computer Methods and Programs in Biomedicine*, *34*(2-3), 139-44. https://doi.org/10.1016/0169-2607(91)90039-V

43 중앙값 필터링은 중환자실 모니터에서 환자의 안전에 위험을 초래하지 않으면서 거짓 경보의 발생을 최대 60%까지 줄일 수 있다:

Imhoff, M., Kuhls, S., Gather, U., & Fried, R. (2009). Smart alarms from medical devices in the OR and ICU. *Best Practice & Research Clinical Anaesthesiology*, *23*(1), 39-50. https://doi.org/10.1016/J.BPA.2008.07.008

44 사실, 유방암에 걸린 사람들의 경우, 이 검사는 대략 열 중 아홉은 유방암을 정확하게 찾아낸다. 이 검사는 유방암에 걸리지 않은 사람들도 열 중 아홉은 정확하게 맞힌다:

Hofvind, S., Geller, B. M., Skelly, J., & Vacek, P. M. (2012). Sensitivity and specificity of mammographic screening as practised in Vermont and Norway. *The British Journal of Radiology*, *85*(1020), e1226-32. https://doi.org/10.1259/bjr/15168178

45 2007년, 부인과 전문의 160명에게 유방 촬영 검사의 정확성과 인구 집단의 유방암 발병률에 관한 다음 정보를 주었다:

Gigerenzer, G., Gaissmaier, W., Kurz-Milcke, E., Schwartz, L. M., & Woloshin, S. (2007). Helping doctors and patients make sense of health statistics. *Psychological Science in the Public Interest*, *8*(2), 53-96. https://doi.org/10.1111/j.1539-6053.2008.00033.x

46 영국 전국선별검사 책임자를 지낸 뮤어 그레이Muir Gray는 《영국 의학 저널British Medical Journal》에 쓴 글에서 "모든 선별 검사에는 해가 따른다. 어떤 선별 검사는 이익도 가져다주며, 그중에서 어떤 선별 검사는 합리적인 비용으로 해보다 이익이 더 많다."라고 인정했다:

Gray, J. A. M., Patnick, J., & Blanks, R. G. (2008). Maximising benefit and minimising harm of screening. *BMJ (Clinical Research Ed.)*, *336*(7642), 480-83. https://doi.org/10.1136/bmj.39470.643218.94

47 2006년, 독일에서 성인 1000명을 대상으로 일련의 검사들이 100% 확실한 결과를 보여준다고 생각하느냐고 물었다:

Gigerenzer, G., Gaissmaier, W., Kurz-Milcke, E., Schwartz, L. M., & Woloshin, S. (2007). Helping doctors and patients make sense of health statistics. *Psychological Science in the Public Interest*, 8(2), 53-96. https://doi.org/10.1111/j.1539-6053.2008.00033.x

48 그러나 마크가 검사를 받을 당시 ELISA 검사의 거짓 양성 비율은 약 0.3%로 보고되었다:

Cornett, J. K., & Kirn, T. J. (2013). Laboratory diagnosis of HIV in adults: a review of current methods. *Clinical Infectious Diseases*, 57(5), 712-18. https://doi.org/10.1093/cid/cit281

49 2016년 12월, 한 국제 연구팀이 크로이츠펠트-야코프병(JD)을 진단하는 혈액 검사법을 개발했다:

Bougard, D., Brandel, J.-P., Belondrade, M., Beringue, V., Segarra, C., Fleury, H., ······ Coste, J. (2016). Detection of prions in the plasma of presymptomatic and symptomatic patients with variant Creutzfeldt-Jakob disease. *Science Translational Medicine*, 8(370), 370ra182. https://doi.org/10.1126/scitranslmed.aag1257

50 만약 임신 사실을 알았더라면 절대로 받지 않았을 수술을 해도 된다는 의사의 말을 믿고 했다가 유산을 한 사례가 있다:

Sigel, C. S., & Grenache, D. G. (2007). Detection of unexpected isoforms of human chorionic gonadotropin by qualitative tests. *Clinical Chemistry*, 53(5), 989-90. https://doi.org/10.1373/clinchem.2007.085399

51 또 다른 여성은 소변 검사 결과가 자궁 외 임신을 놓치는 바람에 자궁관이 파열되어 생명을 위협하는 출혈이 일어났다:

Daniilidis, A., Pantelis, A., Makris, V., Balaouras, D., & Vrachnis, N. (2014). A unique case of ruptured ectopic pregnancy in a patient with negative pregnancy test—a case report and brief review of the literature. *Hippokratia*, 18(3), 282-84.

3장

52 베르티용은 그러한 유사성은 우연의 일치가 아니며, "의도적으로 신중하게 실행된 것이 분명하고, 어떤 목적이 있는 의도, 아마도 비밀 암호를 나타내는 것"이라고 주장했다:

Schneps, L., & Colmez, C. (2013). *Math on trial : how numbers get used and abused in the courtroom*. Basic Books (New York).

53 푸앵카레는 베르티용의 계산 오류를 분명히 보여주고 확률론을 이런 문제에 적용하려는 시도

는 옳지 않다고 주장함으로써 비정상적인 필적 분석이 잘못되었음을 입증했고, 그럼으로써 드레퓌스가 무죄임을 밝혔다:

Jean Mawhin. (2005). Henri Poincare. A life in the service of science. *Notices of the American Mathematical Society*, *52*(9), 1036-44.

54 예를 들어 일본의 형사 사법 체계는 기소율이 99.9%에 이르는데, 그중 대부분의 기소는 자백에 기초해 일어난다:

Ramseyer, J. M., & Rasmusen, E. B. (2001). Why is the Japanese conviction rate so high? *The Journal of Legal Studies*, *30*(1), 53-88. https://doi.org/10.1086/468111

55 1989년, 그 당시 영국에서 저명한 소아과 의사였던 메도는 『아동 학대의 ABC』라는 책을 편집했는데, 이 책에는 나중에 메도의 법칙으로 알려진 다음의 금언이 포함돼 있었다. "한 번의 영아 돌연사는 비극이고, 두 번은 의심스러우며, 세 번은 달리 입증되지 않는 한 살인이다.":

Meadow, R. (Ed.) (1989). *ABC of Child Abuse* (First edition). British Medical Journal Publishing Group.

56 영국에서 자폐증 발생 빈도는 100명당 1명:

Brugha, T., Cooper, S., McManus, S., Purdon, S., Smith, J., Scott, F., ······ Tyrer, F. (2012). *Estimating the Prevalence of Autism Spectrum Conditions in Adults — Extending the 2007 Adult Psychiatric Morbidity Survey — NHS Digital*.

57 자폐 스펙트럼 장애가 있는 사람들 중에서 여성은 5명당 1명에 불과하다:

Ehlers, S., & Gillberg, C. (1993). The Epidemiology of Asperger Syndrome. *Journal of Child Psychology and Psychiatry*, *34*(8), 1327-50. https://doi.org/10.1111/j.1469-7610.1993.tb02094.x

58 메도가 이 계산에 사용한 통계 수치는 자신이 서문을 썼던 영아 돌연사 증후군에 관한 (그 당시에는 미발표) 보고서였다:

Fleming, P. J., Blair, P. S. P., Bacon, C., & Berry, P. J. (2000). *Sudden unexpected deaths in infancy: the CESDI SUDI studies 1993-1996*. The Stationery Office.

Leach, C. E. A., Blair, P. S., Fleming, P. J., Smith, I. J., Platt, M. W., Berry, P. J., ······ Group, the C. S. R. (1999). Epidemiology of SIDS and explained sudden infant deaths. *Pediatrics*, *104*(4), e43.

59 2001년, 맨체스터대학교 연구자들은 면역계 조절에 관여하면서 영아 돌연사 증후군 위험을 증가시키는 유전자 표지자들을 확인했다:

Summers, A. M., Summers, C. W., Drucker, D. B., Hajeer, A. H., Barson, A., &

Hutchinson, I. V. (2000). Association of IL-10 genotype with sudden infant death syndrome. *Human Immunology*, *61*(12), 1270-73. https://doi.org/10.1016/S0198-8859(00)00183-X

60 그 후에 더 많은 유전적 위험 인자가 확인되었다:

Brownstein, C. A., Poduri, A., Goldstein, R. D., & Holm, I. A. (2018). The genetics of Sudden Infant Death Syndrome. In *SIDS: Sudden Infant and Early Childhood Death: The Past, the Present and the Future*.

Dashash, M., Pravica, V., Hutchinson, I. V., Barson, A. J., & Drucker, D. B. (2006). Association of Sudden Infant Death Syndrome with VEGF and IL-6 Gene polymorphisms. *Human Immunology*, *67*(8), 627-33. https://doi.org/10.1016/J.HUMIMM.2006.05.002

61 경제의 건강 측정:

Ma, Y. Z. (2015). Simpson's paradox in GDP and per capita GDP growths. *Empirical Economics*, *49*(4), 1301-15. https://doi.org/10.1007/s00181-015-0921-3

62 유권자 프로필 이해:

Nurmi, H. (1998). Voting paradoxes and referenda. *Social Choice and Welfare*, *15*(3), 333-50. https://doi.org/10.1007/s003550050109

63 의약품 개발:

Abramson, N. S., Kelsey, S. F., Safar, P., & Sutton-Tyrrell, K. (1992). Simpson's paradox and clinical trials: What you find is not necessarily what you prove. *Annals of Emergency Medicine*, *21*(12), 1480-82. https://doi.org/10.1016/S0196-0644(05)80066-6

64 낮은 출생체중은 오랫동안 높은 영아 사망률과 연관이 있다고 알려졌지만, 임신 기간의 흡연 은 저체중아에게 어떤 보호를 제공하는 것처럼 보였다:

Yerushalmy, J. (1971). The relationship of parents' cigarette smoking to outcome of pregnancy—implications as to the problem of inferring causation from observed associations. *American Journal of Epidemiology*, *93*(6), 443-56. https://doi.org/10.1093/oxfordjournals.aje.a121278

65 그러나 사실은 전혀 그런 것이 아니었다:

Wilcox, A. J. (2001). On the importance—and the unimportance—of birthweight. *International Journal of Epidemiology*, *30*(6), 1233-41. https://doi.org/10.1093/ije/30.6.1233

66 계산에 따르면, 두 번의 영아 살해보다는 영아 돌연사 증후군으로 두 아이가 죽는 일이

10~100배 더 많이 일어난다:

Dawid, A. P. (2005). Bayes's theorem and weighing evidence by juries. In Richard Swinburne (ed.), *Bayes's Theorem*. British Academy. https://doi.org/10.5871/bacad/9780197263419.003.0004

Hill, R. (2004). Multiple sudden infant deaths — coincidence or beyond coincidence? *Paediatric and Perinatal Epidemiology*, 18(5), 320 – 26. https://doi.org/10.1111/j.1365-3016.2004.00560.x

67 그러나 『법정에 선 수학Math on Trial』을 쓴 레일라 슈넵스와 코랄리 콜메즈는 헬만의 생각이 틀렸다고 주장한다. 신뢰할 수 없는 두 번의 테스트가 한 번의 테스트보다 더 나을 때가 가끔 있기 때문이다:

Schneps, L., & Colmez, C. (2013). *Math on Trial: How Numbers Get Used and Abused in the Courtroom*.

68 요로 감염 치료에 크랜베리를 사용하는 것:

Jepson, R. G., Williams, G., & Craig, J. C. (2012). Cranberries for preventing urinary tract infections. *Cochrane Database of Systematic Reviews*, (10). https://doi.org/10.1002/14651858.CD001321.pub5

69 감기 예방에 비타민 C를 사용하는 것:

Hemilä, H., Chalker, E., & Douglas, B. (2007). Vitamin C for preventing and treating the common cold. *Cochrane Database of Systematic Reviews*, (3). https://doi.org/10.1002/14651858.CD000980.pub3

4장

70 진실성과 정확성은 거의 모든 언론 윤리와 정직성 강령 목록에서 꼭대기 근처에(꼭대기는 아니라 하더라도) 있다:

American Society of News Editors. (2019). ASNE Statement of Principles. Retrieved March 16, 2019, from https://www.asne.org/content.asp?pl=24&sl=171&contentid=171

International Federation of Journalists. (2019). Principles on Conduct of Journalism —IFJ. Retrieved March 16, 2019, from https://www.ifj.org/who/rules-and-policy/principles-on-conduct-of-journalism.html

Associated Press Media Editors. (2019). Statement of Ethical Principles—APME. Retrieved March 16, 2019, from https://www.apme.com/page/EthicsStatement?&hhsearchterms=%22ethics%22

Society of Professional Journalists. (2019). SPJ Code of Ethics. Retrieved March 16, 2019, from https://www.spj.org/ethicscode.asp

71 이 조사를 바탕으로:

Troyer, K., Gilboy, T., & Koeneman, B. (2001). A nine STR locus match between two apparently unrelated individuals using AmpFlSTR® Profiler Plus and Cofiler. In *Genetic Identity Conference Proceedings, 12th International Symposium on Human Identification*. Retrieved from https://www.promega.ee/~/media/files/resources/conference proceedings/ishi 12/poster abstracts/troyer.pdf

72 표본 수가 6만 5000여 명밖에 안 되는 작은 데이터베이스에서 일치하는 프로필이 122쌍이나 나왔다면, 인구가 3억 명이나 되는 나라에서 용의자를 유일무이하게 확인하는 방법으로 DNA를 신뢰할 수 있겠는가?:

Curran, J. (2010). Are DNA profiles as rare as we think? Or can we trust DNA statistics? *Significance*, 7(2), 62–6. https://doi.org/10.1111/j.1740-9713.2010.00420.x

73 2014년, 미국 연방거래위원회FTC는 로레알에 제니피끄 계열 상품에 대해 기만 광고를 했다는 내용의 서한을 보냈다:

Ramirez, E., Brill, J., Ohlhausen, M. K., Wright, J. D., Terrell, M., & Clark, D. S. (2014). In the matter of L'Oreal USA, Inc., a corporation. Docket No. C. Retrieved from https://www.ftc.gov/system/files/documents/cases/140627lorealcmpt.pdf

74 4년 전인 1932년에는 루스벨트의 승리를 1% 이내의 오차로 알아맞혔다:

Squire, P. (1988). Why the 1936 *Literary Digest* poll failed. *Public Opinion Quarterly*, 52(1), 125. https://doi.org/10.1086/269085

75 확인된 대상자들 전원에게 8월에 여론 조사 설문지를 보냈고, 잡지를 통해 그 결과를 자랑스럽게 알렸다:

Simon, J. L. (2003). *The Art of Empirical Investigation*. Transaction Publishers.

76 《리터러리 다이제스트》는 결과를 집계해 발표할 준비를 끝냈다. 그 기사의 헤드라인은 "랜든 129만 3669표, 루스벨트 97만 2897표"였다:

Literary Digest. (1936). Landon, 1,293,669; Roosevelt, 972,897: Final Returns in 'The Digest's' Poll of Ten Million Voters. *Literary Digest*, 122, 5–6.

77 같은 해에 《포춘》은 불과 4500명의 참여자만 사용해 루스벨트의 승리를 1% 이내의 오차로 예측했다:

Cantril, H. (1937). How accurate were the polls? *Public Opinion Quarterly*, *1*(1), 97. https://doi.org/10.1086/265040

Lusinchi, D. (2012). 'President' Landon and the 1936 *Literary Digest* poll. *Social Science History*, *36*(01), 23-54. https://doi.org/10.1017/S014555320001035X

78 예측 결과를 바탕으로 유지돼온 이전의 흠잡을 데 없는 신뢰도에 생긴 상처는 2년도 안 돼 이 잡지의 몰락을 재촉한 주요 요인으로 꼽힌다:

Squire, P. (1988). Why the 1936 *Literary Digest* poll failed. *Public Opinion Quarterly*, *52*(1), 125. https://doi.org/10.1086/269085

79 수학적 성향이 강한 어느 블로그 게시글:

'Rod Liddle said, "Do the math". So I did.' Blog post from polarizingthevacuum, 8 September 2016. Retrieved 21 March, 2019, from https://polarizingthevacuum.wordpress.com/2016/09/08/rod-liddle-saiddo-the-math-so-i-did/#comments

80 FBI의 통계에 따르면:

Federal Bureau of Investigation. (2015). *Crime in the United States: FBI — Expanded Homicide Data Table 6*. Retrieved from https://ucr.fbi.gov/crime-in-the-u.s/2015/crime-in-the-u.s.-2015/tables/expanded_homicide_data_table_6_murder_race_and_sex_of_vicitm_by_race_and_sex_of_offender_2015.xls

81 2015년 당시 미국 전체 인구에서 흑인이 차지하는 비율은 12.6%, 백인은 73.6%였다는 사실을 감안하면, 흑인이 전체 살인 사건 피해자 중 45.6%를 차지한다는 사실이 놀랍다:

U.S. Census Bureau. (2015). *American FactFinder—Results*. Retrieved from https://factfinder.census.gov/bkmk/table/1.0/en/ACS/15_5YR/DP05/0100000US

82 FBI는 미국에서 경찰관이 저지르는 전체 살인 건수 중 절반에도 못 미치는 건수만 기록하는 것으로 드러났다:

Swaine, J., Laughland, O., Lartey, J., & McCarthy, C. (2016). The counted: people killed by police in the US. Retrieved from https://www.theguardian.com/us-news/series/counted-us-police-killings

83 이 캠페인은 아주 큰 성공을 거두어, 2015년 10월에 당시 FBI 국장이던 제임스 코미[James Comey] 는 경찰관 손에 죽은 민간인에 관해 《가디언》이 FBI보다 더 나은 통계 자료를 갖고 있다는 사실은 '부끄럽고 우스꽝스러운' 일이라고 말했다:

Tran, M. (2015, October 8). FBI chief: 'unacceptable' that *Guardian* has better data on police violence. *The Guardian*. Retrieved from https://www.theguardian.com/us-news/2015/oct/08/fbi-chief-says-ridiculous-guardianwashington-post-better-informa-tion-police-shootings

84 정규직 '법 집행 공무원'(총기와 배지를 소유한)은 63만 5781명뿐이라는 사실:
Federal Bureau of Investigation. (2015). Crime in the United States: Full-time Law En-forcement Employees. Retrieved from https://ucr.fbi.gov/crime-in-the-u.s/2015/crime-in-the-u.s.-2015/tables/table-74

85 《선》이 통계 수치를 둘러싼 논란에 휘말린 사건은 리들의 비평이 처음도 아니고 마지막도 아니었다. 2009년, 《선》은 '부주의한 돼지고기 섭취가 생명을 위협한다'라는 헤드라인 아래 세계암연구재단이 매일 가공육을 50g씩 섭취하는 식습관이 건강에 미치는 효과에 대한 연구 결과를 발표한 500쪽짜리 보고서에서 수백 가지 결과 중 단 하나만 소개했다:
World Cancer Research Fund, & American Institute for Cancer Research. (2007). Second Expert Report | World Cancer Research Fund International. http://discovery.ucl.ac.uk/4841/1/4841.pdf

86 《네이처 제네틱스》에 보고된 실제 수치는 유전자 변이를 가진 10%의 사람들은 인구 집단 중 다른 변이를 가진 나머지 90%의 사람들보다 위험이 15% 더 낮다는 것이었다:
Newton-Cheh, C., Larson, M. G., Vasan, R. S., Levy, D., Bloch, K. D., Surti, A., ······ Wang, T. J. (2009). Association of common variants in NPPA and NPPB with circulat-ing natriuretic peptides and blood pressure. *Nature Genetics*, *41*(3), 348-53. https://doi.org/10.1038/ng.328

87 2010년에 실시된 한 연구는 피험자들에게 의학적 절차를 수치로 나타낸 진술을 여러 개 제시하고, 각각에 대해 느끼는 위험도를 1점(전혀 위험하지 않음)부터 4점(아주 위험함)까지의 점수로 매기게 했다:
Garcia-Retamero, R., & Galesic, M. (2010). How to reduce the effect of framing on messages about health. *Journal of General Internal Medicine*, *25*(12), 1323-29. https://doi.org/10.1007/s11606-010-1484-9

88 이런 관행을 '잘못된 틀 짓기'(mismatched framing)라고 부르는데, 세계적인 의학 학술지 세 곳에 의학적 치료의 이득과 부작용을 보고한 논문 중 약 3분의 1에서 그런 사례가 발견되었다:
Sedrakyan, A., & Shih, C. (2007). Improving depiction of benefits and harms. *Medical Care*, *45*(10 Suppl 2), S23 - S28. https://doi.org/10.1097/MLR.0b013e3180642f69

89 이 온라인 앱은 많은 연구 결과와 함께 유방암 발병 위험이 증가한 여성 1만 3000명을 대상으로 타목시펜의 이득과 잠재적 부작용을 평가한 최근의 임상 시험 결과를 보고했다:

Fisher, B., Costantino, J. P., Wickerham, D. L., Redmond, C. K., Kavanah, M., Cronin, W. M., ... Wolmark, N. (1998). Tamoxifen for prevention of breast cancer: report of the National Surgical Adjuvant Breast and Bowel Project P-1 Study. *JNCI: Journal of the National Cancer Institute*, 90(18), 1371-88. https://doi.org/10.1093/jnci/90.18.1371

90 지각된 이득을 강조하기 위해 소수로 나타내는 비 대신에 백분율을 사용하는 것은 '비율 편향 ratio bias'이라는 트릭에 속한다:

Passerini, G. and Macchi, L. and Bagassi, M. (2012). A methodological approach to ratio bias. *Judgment and Decision Making*, 7(5).

91 우리가 비율 편향에 잘 빠지는 성향은 눈을 가린 피험자들에게 트레이에 담긴 젤리빈 중에서 무작위로 하나를 고르게 하는 간단한 실험을 통해 확인되었다:

Denes-Raj, V., & Epstein, S. (1994). Conflict between intuitive and rational processing: When people behave against their better judgment. *Journal of Personality and Social Psychology*, 66(5), 819-29. https://doi.org/10.1037/0022-3514.66.5.819

92 1987년에 실시된 한 연구에서는 시험 불안증 때문에 객관식 수학 능력 시험sat에서 예상 밖으로 낮은 점수를 얻은 미국인 학생 25명에게 고혈압 치료제 프로프라놀롤을 복용한 뒤에 시험을 다시 보게 했다:

Faigel, H. C. (1991). The effect of beta blockade on stress-induced cognitive dysfunction in adolescents. *Clinical Pediatrics*, 30(7), 441 - 5. https://doi.org/10.1177/000992289103000706

93 이런 종류의 임상 시험은 흔히 비윤리적인 것으로 간주되지만, 과거에 이미 충분히 많은 연구가 진행되었는데, 그 결과는 플라세보 효과 중 다수는 실제로 평균으로의 회귀(환자가 받은 실질적 이득이 전혀 없는) 때문에 일어난다고 시사한다:

Hróbjartsson, A., & Gøtzsche, P. C. (2010). Placebo interventions for all clinical conditions. *Cochrane Database of Systematic Reviews*, (1). https://doi.org/10.1002/14651858.CD003974.pub3

94 이 법이 도입되기 전과 후의 범죄 발생률을 비교한 최초의 연구들은 은닉 무기 소지 법이 공표된 직후에 살인과 폭력 범죄 비율이 줄었다고 알려주는 것처럼 보였다:

Lott, J. R. (2000). *More Guns, Less Crime: Understanding Crime and Gun Control Laws* (2nd edn). University of Chicago Press.

Lott, Jr., J. R., & Mustard, D. B. (1997). Crime, deterrence, and right-tocarry concealed handguns. *The Journal of Legal Studies*, 26(1), 1-68. https://doi.org/10.1086/467988

Plassmann, F., & Tideman, T. N. (2001). Does the right to carry concealed handguns deter countable crimes? Only a count analysis can say. *The Journal of Law and Economics*, 44(S2),

771-98. https://doi.org/10.1086/323311

Bartley, W. A., & Cohen, M. A. (1998). The effect of concealed weapons laws: an extreme bound analysis. *Economic Inquiry*, *36*(2), 258-65. https://doi.org/10.1111/j.1465-7295.1998.tb01711.x

Moody, C. E. (2001). Testing for the effects of concealed weapons laws: specification errors and robustness. *The Journal of Law and Economics*, *44*(S2), 799-813. https://doi.org/10.1086/323313

95 1990년부터 2001년까지 치안 유지 활동 증가와 범죄자 투옥 증가, 크랙 코카인 유행 퇴조 등의 요인이 겹쳐 미국 전역에서는 살인 발생률이 연간 10만 명당 약 10명에서 약 6명으로 줄어들었다:

Levitt, S. D. (2004). Understanding why crime fell in the 1990s: four factors that explain the decline and six that do not. *Journal of Economic Perspectives*, *18*(1), 163-90. https://doi.org/10.1257/089533004773563485

96 아마도 이보다 훨씬 중요한 것은 한 연구에서 발견한 사실이 아닐까 싶은데, 이 연구는 일단 평균으로의 회귀를 고려하면, 그 데이터는 "······은닉 무기 소지 법이 살인 발생률을 줄이는 데 긍정적 효과가 있다는 가설을 전혀 뒷받침하지 않는다."라고 주장했다:

Grambsch, P. (2008). Regression to the mean, murder rates, and shall-issue laws. *The American Statistician*, *62*(4), 289-95. https://doi.org/10.1198/000313008X362446

5장

97 예를 들면, 1992년 독일 총선에서는 승리를 거둔 사회민주당 당수가 단순한 반올림 실수 때문에 의석을 얻지 못할 뻔한 일이 있었는데, 녹색당이 얻은 득표율이 4.97% 대신에 5.0%로 보고되는 바람에 벌어진 해프닝이었다:

Weber-Wulff, D. (1992). Rounding error changes parliament makeup. *The Risks Digest*, *13*(37).

98 1982년에는 이와는 완전히 다른 맥락에서 비슷한 사건이 벌어졌는데, 막상 시장에서는 주가가 상승했는데도 불구하고 새로 설립된 밴쿠버증권거래소의 주가 지수가 거의 2년 동안 계속해서 곤두박질쳤다:

McCullough, B. D., & Vinod, H. D. (1999). The numerical reliability of econometric software. *Journal of Economic Literature*, *37*(2), 633-65. https://doi.org/10.1257/jel.37.2.633

99 미국은 거의 보편적으로 영국 도량형을 사용하는 마지막 산업 국가로 남아 있는데:

엄밀하게 말하면, 미국에서 통상적으로 사용되는 단위는 가까운 친척인 영국 도량형과는 약간 차이가 있다. 하지만 그 차이는 이 책의 맥락에서는 그렇게 큰 것이 아니기 때문에, 둘 다 그냥 '영국 도량형'으로 부르기로 한다.

100 그래서 첫 번째 레이더의 미사일 경보는 거짓 경보로 간주되어 시스템에서 제거되었다:

Wolpe, H. (1992). *Patriot missile defense: software problem led to system failure at Dhahran, Saudi Arabia*, United States General Accounting Office, Washington D.C. Retrieved from https://www.gao.gov/products/IMTEC-92-26.

6장

101 2000년, 클레이수학연구소는 수학 분야의 가장 중요한 미해결 문제로 간주되는 7개의 '밀레니엄 문제' 목록을 발표했다:

Jaffe, A. M. (2006). The millennium grand challenge in mathematics. *Notices of the AMS* 53.6.

102 2002년과 2003년, 은둔 생활을 하던 러시아 수학자 그리고리 페렐만Grigori Perelman이 난해한 수학 논문 세 편을 수학계에 공개했다:

Perelman, G. (2002). The entropy formula for the Ricci flow and its geometric applications. Retrieved from http://arxiv.org/abs/math/0211159

Perelman, G. (2003). Finite extinction time for the solutions to the Ricci flow on certain three-manifolds. Retrieved from http://arxiv.org/abs/math/0307245

Perelman, G. (2003). Ricci flow with surgery on three-manifolds. Retrieved from http://arxiv.org/abs/math/0303109

103 만약 여러분도 이와 비슷한 여행이나 단순히 자기 고장의 술집 순례를 계획하고 있다면, 먼저 쿡의 알고리듬을 참고하는 편이 좋을 것이다:

Cook, W. (2012). *In Pursuit of the Traveling Salesman: Mathematics at the Limits of Computation*. Princeton University Press.

104 내비게이션 사용자들에게는 다행하게도 다항식 시간 내에 '최단 경로 문제'의 답을 찾는 효율적인 방법—데이크스트라 알고리듬Dijkstra's algorithm—이 있다:

Dijkstra, E. W. (1959). A note on two problems in connexion with graphs. *Numerische Mathematik*, *1*(1), 269-71.

105 더 정확하게 말하면, 전체 선택지에서 $\frac{1}{e}$에 해당하는 비율을 배제하는데, 여기서 e는 오일러

수Euler's number를 나타내는 수학 기호이다:

오일러수는 17세기에 스위스 수학자 야코프 베르누이Jacob Bernoulli (초기의 수리생물학자 다니엘 베르누이의 삼촌. 다니엘 베르누이가 역학 분야에서 세운 업적은 7장에서 다룰 것이다)가 복리를 연구하던 도중에 처음 나타났다. 이자에 다시 이자가 붙어 원금에 합산되는 복리는 1장에서 다룬 바 있다. 베르누이는 복리 지급 기간을 얼마나 잘게 쪼개느냐에 따라 1년 뒤에 누적되는 이자가 어떻게 변하는지 알고 싶었다.

설명을 단순하게 하기 위해 은행이 1파운드의 원금에 연 100%의 특별 이자를 지급한다고 하자. 이자는 일정 기간 뒤에 원금에 합산되며, 그 뒤에 일정 기간이 또 지나면 이자에 대한 이자도 합산된다. 만약 은행이 이자를 1년에 한 번만 지불한다면 어떻게 될까? 1년이 지난 뒤 우리는 이자를 1파운드 받게 되겠지만, 그 이자에 다시 이자가 붙을 시간이 없으므로 우리가 받는 돈은 원금과 합쳐 2파운드이다. 만약 은행이 이자를 6개월마다 한 번씩 지급한다면, 6개월 뒤에는 반년치 이자(즉, 50%)가 더해져 원리합계는 1.5파운드가 된다. 1년 뒤에 같은 절차를 반복해 1.5파운드에 50%의 이자를 더하면, 원리합계는 2.25파운드가 된다.

이렇게 복리 지급 기간을 더 잘게 쪼갤수록 1년 뒤에 받는 원리합계가 더 커진다. 예를 들어 3개월마다 복리를 지급하면 1년 뒤에 받는 금액은 2.44파운드, 1개월마다 복리를 지급하면 2.61파운드가 된다. 베르누이는 연속 복리(즉, 복리 지급 기간을 아주 짧게 하여 비록 이자는 무한히 작지만 지급 횟수를 무한히 늘린 방식)를 사용하면, 1년 뒤에 받는 금액이 약 2.72파운드라는 최댓값에 이른다는 사실을 입증했다. 더 정확하게 말하면, 1년 뒤에 우리가 받는 금액은 정확하게 오일러수에 해당하는 e파운드이다.

106 사실, 최적 정지 문제 중에서 맨 처음 수학자들의 관심을 끈 것은 '채용 문제'였다:

Ferguson, T. S. (1989). Who solved the secretary problem? *Statistical Science*, 4(3), 282–89. https://doi.org/10.1214/ss/1177012493

Gilbert, J. P., & Mosteller, F. (1966). Recognizing the maximum of a sequence. *Journal of the American Statistical Association*, 61(313), 35. https://doi.org/10.2307/2283044

7장

107 2000년, 당국은 미국에서 홍역이 박멸되었다고 공식적으로 선언했다:

Fiebelkorn, A. P., Redd, S. B., Gastanaduy, P. A., Clemmons, N., Rota, P. A., Rota, J. S., ⋯⋯ Wallace, G. S. (2017). A comparison of postelimination measles epidemiology in the United States, 2009–2014 versus 2001–2008. *Journal of the Pediatric Infectious Diseases Society*, 6(1), 40–48. https://doi.org/10.1093/jpids/piv080

108 1796년, 제너는 자신의 가설을 검증하기 위해 오늘날이라면 매우 비윤리적인 것으로 간주될 획기적인 질병 예방 실험을 했다:

Jenner, E. (1798). *An inquiry into the causes and effects of the variolae vaccinae, a disease discovered in some of the western counties of England, particularly Gloucestershire, and known by the name of the cow pox*. (Ed. S. Low).

109 이 방법은 170여 년이 지난 뒤에야 덜 침습적인 방법으로 대체되었다:
  Booth, J. (1977). A short history of blood pressure measurement. *Proceedings of the Royal Society of Medicine, 70*(11), 793-9.

110 베르누이는 천연두에 한 번도 걸린 적이 없어서 앞으로 감염될 가능성이 있는 특정 연령대 사람들의 비율을 나타내는 방정식을 제시했다:
  Bernoulli, D., & Blower, S. (2004). An attempt at a new analysis of the mortality caused by smallpox and of the advantages of inoculation to prevent it. *Reviews in Medical Virology, 14*(5), 275-88. https://doi.org/10.1002/rmv.443

111 19세기 말에 영국 식민지이던 인도에서는 나쁜 위생과 혼잡한 생활 환경 때문에 콜레라와 이질, 말라리아를 포함해 치명적인 유행병이 전국적으로 발생하여 수백만 명이 죽었다:
  Hays, J. N. (2005). *Epidemics and Pandemics: Their Impacts on Human History*. ABC-CLIO.
  Watts, S. (1999). British development policies and malaria in India 1897 - c.1929. *Past &Present, 165*(1), 141-81. https://doi.org/10.1093/past/165.1.141
  Harrison, M. (1998). 'Hot beds of disease': malaria and civilization in nineteenth-century British India. *Parassitologia, 40*(1-2), 11-18. Retrieved from http://www.ncbi.nlm.nih.gov/pubmed/9653727
  Mushtaq, M. U. (2009). Public health in British India: a brief account of the history of medical services and disease prevention in colonial India. *Indian Journal of Community Medicine: Official Publication of Indian Association of Preventive &Social Medicine, 34*(1), 6-14. https://doi.org/10.4103/0970-0218.45369

112 이 질병이 1896년 8월에 봄베이(오늘날의 뭄바이)에 어떻게 도착했는지 정확하게 아는 사람은 아무도 없지만, 이 질병이 초래한 엄청난 피해는 아주 잘 알려져 있다:
  Simpson, W. J. (2010). *A Treatise on Plague Dealing with the Historical, Epidemiological, Clinical, Therapeutic and Preventive Aspects of the Disease*. Cambridge University Press. https://doi.org/10.1017/CBO9780511710773

113 매켄드릭이 인도에 머물 때 수집한 봄베이의 페스트 대규모 발병 데이터에서 영감을 얻어 두 사람은 수리역학 역사에서 단일 연구로는 가장 큰 영향력을 떨친 연구를 진행했다:
  Kermack, W. O., & McKendrick, A. G. (1927). A contribution to the mathematical theory of epidemics. *Proceedings of the Royal Society A: Mathematical, Physical and Engineering Sciences,*

115 (772), 700-721. https://doi.org/10.1098/rspa.1927.0118

114 한 연구에 따르면, 2009년부터 2012년까지 4년 동안 미국에서 일어난 노로바이러스 발병 사례 중 1000건 이상이 오염된 음식과 관련이 있는 것으로 드러났다:

Hall, A. J., Wikswo, M. E., Pringle, K., Gould, L. H., Parashar, U. D. (2014). Vital signs: food-borne norovirus outbreaks —United States, 2009-2012. *MMWR. Morbidity and Mortality Weekly Report, 63* (22), 491-5.

115 S-I-R 모형은 결국에는 감염 대상자가 부족해서가 아니라 감염자가 부족해서 돌발 발병이 사라진다고 예측한다:

Murray, J. D. (2002). *Mathematical Biology I: An Introduction*. Springer.

116 전체 자궁경부암 발병 사례 중 60% 이상은 두 종류의 HPV가 원인이 되어 일어난다:

Bosch, F. X., Manos, M. M., Muñoz, N., Sherman, M., Jansen, A. M., Peto, J., ······ Shah, K. V. (1995). Prevalence of human papillomavirus in cervical cancer: a worldwide perspective. International Biological Study on Cervical Cancer (IBSCC) Study Group. *Journal of the National Cancer Institute, 87* (11), 796-802.

117 사실, HPV는 세상에 가장 많이 퍼져 있는 성병 바이러스이다:

Gavillon, N., Vervaet, H., Derniaux, E., Terrosi, P., Graesslin, O., & Quereux, C. (2010). Papillomavirus humain (HPV): comment ai-je attrapé ça? *Gynecologie Obstetrique & Fertilite, 38* (3), 199-204. https://doi.org/10.1016/J.GYOBFE.2010.01.003

118 이 백신이 사용될 무렵에 영국에서 진행된 연구들은 가장 비용 효율적인 전략은 장래에 자궁경부암에 걸릴 가능성이 있는 12~13세의 여자 청소년에게 면역력을 제공하는 것이라고 시사했다:

Jit, M., Choi, Y. H., & Edmunds, W. J. (2008). Economic evaluation of human papillomavirus vaccination in the United Kingdom. *BMJ (Clinical Research Ed.), 337*, a769. https://doi.org/10.1136/bmj.a769

119 이성 간 성관계를 통한 질병 전파에 관한 수학 모형을 고려해 다른 나라들에서 진행된 관련 연구들도 여성에게 백신을 접종하는 것이 최선의 행동 방침이라고 확인했다:

Zechmeister, I., Blasio, B. F. de, Garnett, G., Neilson, A. R., & Siebert, U. (2009). Cost-effectiveness analysis of human papillomavirus-vaccination programs to prevent cervical cancer in Austria. *Vaccine, 27* (37), 5133-41. https://doi.org/10.1016/J.VACCINE.2009.06.039

120 그것은 이 백신이 예방하려고 하는 종류의 HPV가 남녀 모두에게서 자궁경부암 이외의 다양

한 질병을 일으킬 수 있다는 사실이었다:

Kohli, M., Ferko, N., Martin, A., Franco, E. L., Jenkins, D., Gallivan, S., ······ Drummond, M. (2007). Estimating the long-term impact of a prophylactic human papillomavirus 16/18 vaccine on the burden of cervical cancer in the UK. *British Journal of Cancer*, *96*(1), 143-50. https://doi.org/10.1038/sj.bjc.6603501

Kulasingam, S. L., Benard, S., Barnabas, R. V, Largeron, N., & Myers, E. R. (2008). Adding a quadrivalent human papillomavirus vaccine to the UK cervical cancer screening programme: a cost-effectiveness analysis. *Cost Effectiveness and Resource Allocation*, *6*(1), 4. https://doi.org/10.1186/1478-7547-6-4

Dasbach, E., Insinga, R., & Elbasha, E. (2008). The epidemiological and economic impact of a quadrivalent human papillomavirus vaccine (6/11/16/18) in the UK. *BJOG: An International Journal of Obstetrics & Gynaecology*, *115*(8), 947-56. https://doi.org/10.1111/j.1471-0528.2008.01743.x

121 HPV 16형과 18형은 자궁경부암뿐만 아니라, 음경암 중 50%, 항문암 중 80%, 구강암 중 30%의 원인이다:

Hibbitts, S. (2009). Should boys receive the human papillomavirus vaccine? Yes. *BMJ*, *339*, b4928. https://doi.org/10.1136/BMJ.B4928

Parkin, D. M., & Bray, F. (2006). Chapter 2: The burden of HPV-related cancers. *Vaccine*, *24*, S11-S25. https://doi.org/10.1016/J.VACCINE.2006.05.111

Watson, M., Saraiya, M., Ahmed, F., Cardinez, C. J., Reichman, M. E., Weir, H. K., & Richards, T. B. (2008). Using population-based cancer registry data to assess the burden of human papillomavirus-associated cancers in the United States: Overview of methods. *Cancer*, *113*(S10), 2841-54. https://doi.org/10.1002/cncr.23758

122 미국과 영국에서 HPV가 원인이 되어 일어나는 암 중 대부분은 자궁경부암이 아니다:

Hibbitts, S. (2009). Should boys receive the human papillomavirus vaccine? Yes. *BMJ*, *339*, b4928. https://doi.org/10.1136/BMJ.B4928

ICO/IARC Information Centre on HPV and Cancer. (2018). United Kingdom Human Papillomavirus and Related Cancers, Fact Sheet 2018.

Watson, M., Saraiya, M., Ahmed, F., Cardinez, C. J., Reichman, M. E., Weir, H. K., & Richards, T. B. (2008). Using population-based cancer registry data to assess the burden of human papillomavirus-associated cancers in the United States: Overview of methods. *Cancer*, *113*(S10), 2841-2854. https://doi.org/10.1002/cncr.23758

123 게다가 항문 성기 사마귀 10건 중 9건은 HPV 6형과 11형이 원인이 되어 일어난다:

Yanofsky, V. R., Patel, R. V, & Goldenberg, G. (2012). Genital warts: a comprehensive review. *The Journal of Clinical and Aesthetic Dermatology*, *5*(6), 25-36.

124 미국에서는 자궁경부암을 제외한 HPV 감염 치료에 투입되는 의료 비용 중 약 60%가 이러한 사마귀 치료에 쓰인다:

Hu, D., & Goldie, S. (2008). The economic burden of noncervical human papillomavirus disease in the United States. *American Journal of Obstetrics and Gynecology*, *198*(5), 500.e1-500.e7. https://doi.org/10.1016/J.AJOG.2008.03.064

125 동성애 관계가 포함된 성적 네트워크를 바탕으로 만든 모형들은 이성애 관계만 고려한 모형들보다 질병 전파율이 훨씬 높게 나타난다:

Gómez-Gardeñes, J., Latora, V., Moreno, Y., & Profumo, E. (2008). Spreading of sexually transmitted diseases in heterosexual populations. *Proceedings of the National Academy of Sciences of the United States of America*, *105*(5), 1399-404. https://doi.org/10.1073/pnas.0707332105

126 동성과 섹스를 하는 남성들 사이에서 HPV 발병률은 일반 인구 집단에 비해 상당히 높다:

Blas, M. M., Brown, B., Menacho, L., Alva, I. E., Silva-Santisteban, A., & Carcamo, C. (2015). HPV Prevalence in multiple anatomical sites among men who have sex with men in Peru. *PLOS ONE*, *10*(10), e0139524. https://doi.org/10.1371/journal.pone.0139524

McQuillan, G., Kruszon-Moran, D., Markowitz, L. E., Unger, E. R., & Paulose-Ram, R. (2017). Prevalence of HPV in Adults aged 18-69: United States, 2011-2014. *NCHS Data Brief*, (280), 1-8. Retrieved from http://www.ncbi.nlm.nih.gov/pubmed/28463105

127 미국에서 이 집단의 항문암 발병률은 15배 이상 높다. 그 비율은 10만 명당 35명으로, 자궁경부암 선별 검사가 도입되기 '이전'에 여성 사이에서 발생한 자궁경부암 발병률과 비슷하며, 현재의 미국 내 자궁경부암 발병률보다는 현저히 높다:

D'Souza, G., Wiley, D. J., Li, X., Chmiel, J. S., Margolick, J. B., Cranston, R. D., & Jacobson, L. P. (2008). Incidence and epidemiology of anal cancer in the multicenter AIDS cohort study. *Journal of Acquired Immune Deficiency Syndromes (1999)*, *48*(4), 491-99. https://doi.org/10.1097/QAI.0b013e31817aebfe

Johnson, L. G., Madeleine, M. M., Newcomer, L. M., Schwartz, S. M., & Daling, J. R. (2004). Anal cancer incidence and survival: the surveillance, epidemiology, and end results experience, 1973-2000. *Cancer*, *101*(2), 281-8. https://doi.org/10.1002/cncr.20364

Qualters, J. R., Lee, N. C., Smith, R. A., & Aubert, R. E. (1987). Breast and cervical cancer surveillance, United States, 1973-1987. *Morbidity and Mortality Weekly Report: Surveillance Summaries*. Centers for Disease Control & Prevention (CDC).

U.S. Cancer Statistics Working Group. U.S. Cancer Statistics Data Visualizations Tool, based on November 2017 submission data (1999-2015): U.S. Department of Health and Human Services, Centers for Disease Control and Prevention and National Cancer Institute; www.cdc.gov/cancer/dataviz. June 2018.

Noone, A. M., Howlader, N., Krapcho, M., Miller, D., Brest, A., Yu, M., Ruhl, J., Talovich, Z., Mariotto, A., Lewis, D. R., Chen, H. S., Feuer, E. J., Cronin, K. A. (eds). SEER Cancer Statistics Review, 1975-2015, National Cancer Institute. Bethesda, MD, https://seer.cancer.gov/csr/1975_2015/.External based on November 2017 SEER data submission, posted to the SEER website, April 2018.

Chin-Hong, P. V., Vittinghoff, E., Cranston, R. D., Buchbinder, S., Cohen, D., Colfax, G., ······ Palefsky, J. M. (2004). Age-specific prevalence of anal human papillomavirus infection in HIV-negative sexually active men who have sex with men: The EXPLORE Study. *The Journal of Infectious Diseases, 190*(12), 2070-76. https://doi.org/10.1086/425906

128 같은 해 7월, 비용 효율성에 관한 새로운 연구를 바탕으로 나온 권고는 영국의 모든 남자 청소년도 여자 청소년과 같은 나이에 HPV 백신 접종을 받게 하라고 했다:

Brisson, M., Bénard, É., Drolet, M., Bogaards, J. A., Baussano, I., Vänskä, S., ······ Walsh, C. (2016). Population-level impact, herd immunity, and elimination after human papillomavirus vaccination: a systematic review and meta-analysis of predictions from transmission-dynamic models. *Lancet. Public Health, 1*(1), e8-e17. https://doi.org/10.1016/S2468-2667(16)30001-9

Keeling, M. J., Broadfoot, K. A., & Datta, S. (2017). The impact of current infection levels on the cost-benefit of vaccination. *Epidemics*, 21, 56-62. https://doi.org/10.1016/J.EPIDEM.2017.06.004

Joint Committee on Vaccination and Immunisation. (2018). Statement on HPV vaccination. Retrieved from https://www.gov.uk/government/publications/jcvi-statement-extending-the-hpv-vaccination-programmeconclusions

Joint Committee on Vaccination and Immunisation. (2018). Interim statement on extending the HPV vaccination programme. Retrieved March 7, 2019, from https://www.gov.uk/government/publications/jcvi-statementextending-the-hpv-vaccination-programme

129 런던위생열대의학대학원의 한 수학자 팀은 쓸데없이 과민한 반응을 보인 그 조처와 비용을 감안하고 잠복기까지 포함시켜 간단한 수학 모형을 개발했다:

Mabey, D., Flasche, S., & Edmunds, W. J. (2014). Airport screening for Ebola. *BMJ (Clinical Research Ed.), 349*, g6202. https://doi.org/10.1136/bmj.g6202

130 덜 극단적인 경우에는 단순히 수학 모형을 적용함으로써 감염자의 격리 기간을 얼마로 하는

게 가장 효과적인지 알아낼 수 있다:

Castillo-Chavez, C., Castillo-Garsow, C. W., & Yakubu, A.-A. (2003). Mathematical Models of Isolation and Quarantine. *JAMA: The Journal of the American Medical Association*, *290*(21), 2876-77. https://doi.org/10.1001/jama.290.21.2876

131 질병 확산에 관한 수학 모형은 격리 전략의 성공 정도가 감염성이 정점에 이른 '시기'에 달려 있음을 보여주었다:

Day, T., Park, A., Madras, N., Gumel, A., & Wu, J. (2006). When is quarantine a useful control strategy for emerging infectious diseases? *American Journal of Epidemiology*, *163*(5), 479-85. https://doi.org/10.1093/aje/kwj056

Peak, C. M., Childs, L. M., Grad, Y. H., & Buckee, C. O. (2017). Comparing non-pharmaceutical interventions for containing emerging epidemics. *Proceedings of the National Academy of Sciences of the United States of America*, *114*(15), 4023-8. https://doi.org/10.1073/pnas.1616438114

132 에볼라 돌발 발병이 정점에 이른 2014년, 한 수학 연구는 새로운 에볼라 발병 사례 중 약 22%는 사망한 에볼라 환자가 원인이 되어 발생했다고 결론 내렸다:

Agusto, F. B., Teboh-Ewungkem, M. I., & Gumel, A. B. (2015). Mathematical assessment of the effect of traditional beliefs and customs on the transmission dynamics of the 2014 Ebola outbreaks. *BMC Medicine*, *13*(1), 96. https://doi.org/10.1186/s12916-015-0318-3

133 모형을 사용해 2015년 디즈니랜드 홍역 발병—모비우스 루프를 감염시켰던—의 확산을 분석한 연구는 이 질병에 노출된 사람들이 백신 접종을 받은 비율은 50%로 낮을지 모른다고 주장했는데, 이것은 집단 면역에 필요한 문턱값보다 훨씬 낮은 값이다:

Majumder, M. S., Cohn, E. L., Mekaru, S. R., Huston, J. E., & Brownstein, J. S. (2015). Substandard vaccination compliance and the 2015 measles outbreak. *JAMA Pediatrics*, *169*(5), 494. https://doi.org/10.1001/jamapediatrics.2015.0384

134 이 공중 보건 재난은 질병에 걸린 동물이나 나쁜 위생, 정부 정책 실패 때문이 아니라, 명성 높은 의학 학술지 《란싯Lancet》에 실린 우울한 5쪽짜리 보고서가 원인이 되어 일어났다:

Wakefield, A., Murch, S., Anthony, A., Linnell, J., Casson, D., Malik, M., ... Walker-Smith, J. (1998). RETRACTED: Ileal-lymphoid-nodular hyperplasia, non-specific colitis, and pervasive developmental disorder in children. *Lancet*, *351*(9103), 637-41. https://doi.org/10.1016/S0140-6736(97)11096-0

135 세계보건기구가 발표하는 수치는 백신이 해마다 수백만 명의 목숨을 구하며, 만약 전 세계에

서 백신 접종을 받는 사람의 수를 늘리면 수백만 명을 더 구할 수 있다는 것을 보여준다:

World Health Organisation: strategic advisory group of experts on immunization. (2018). *SAGE DoV GVAP Assessment report 2018*. WHO. World Health Organization. Retrieved from https://www.who.int/immunization/global_vaccine_action_plan/sage_assessment_reports/en/

수학으로 생각하는 힘

초판 1쇄 발행 2020년 7월 27일
초판 10쇄 발행 2023년 12월 4일

지은이 키트 예이츠
옮긴이 이충호

발행인 이재진 **단행본사업본부장** 신동해
편집장 김경림 **디자인** 김은정 **교정교열** 김미경
마케팅 최혜진 이은미 **홍보** 반여진 허지호 정지연 송임선
국제업무 김은정 김지민 **제작** 정석훈

브랜드 웅진지식하우스
주소 경기도 파주시 회동길 20
문의전화 031-956-7213(편집) 02-3670-1123(마케팅)
홈페이지 www.wjbooks.co.kr
인스타그램 www.instagram.com/woongjin_readers
페이스북 https://www.facebook.com/woongjinreaders
블로그 blog.naver.com/wj_booking

발행처 ㈜웅진씽크빅
출판신고 1980년 3월 29일 제406-2007-000046호

한국어판 출판권 © ㈜웅진씽크빅, 2020
ISBN 978-89-01-24393-1 (03410)

웅진지식하우스는 ㈜웅진씽크빅 단행본사업본부의 브랜드입니다.